科学出版社“十三五”普通高等教育本科规划教材
普通高等院校工程实践系列教材

机械工程实训

（第二版）

主　编　廖　凯　邱显焱
副主编　张　宇　赵　青
　　　　张　灵　周　静

科学出版社
北　京

内 容 简 介

本书以目前大学阶段实训课程的基本要求为指导编写，内容共 10 章，包括传统的车、铣、刨、磨、钳、铸、焊等实训内容，以及现代加工技术及机械创新设计案例。

本书可作为普通高等教育本科院校工科类各专业学生金工实习的指导用书，也可作为高职高专类院校工科各专业学生金工实习的指导用书和学生参加技能鉴定的教学辅导用书，还可供各相关工种技术人员参考。

图书在版编目(CIP)数据

机械工程实训 / 廖凯，邱显焱主编. —2 版. —北京：科学出版社，2020.8
（科学出版社“十三五”普通高等教育本科规划教材·普通高等院校工程实践系列教材）
ISBN 978-7-03-064253-0

Ⅰ. ①机… Ⅱ. ①廖… ②邱… Ⅲ. ①机械工程－高等学校－教材 Ⅳ. ①TH

中国版本图书馆 CIP 数据核字(2020)第 017603 号

责任编辑：邓 静 / 责任校对：王 瑞
责任印制：霍 兵 / 封面设计：迷底书装

科学出版社 出版
北京东黄城根北街 16 号
邮政编码：100717
http://www.sciencep.com
北京九州迅驰传媒文化有限公司印刷
科学出版社发行 各地新华书店经销
*
2014 年 1 月第 一 版 开本：787×1092 1/16
2020 年 8 月第 二 版 印张：15
2025 年 1 月第十五次印刷 字数：374 000

定价：49.80 元

(如有印装质量问题，我社负责调换)

第二版前言

本书为机械工程训练（金工实习）的实训教材，由中南林业科技大学和湖南工业大学联合组织编写。本书秉持“坚持能力培养、拓宽工程眼界、加强课程思政、打造实践金课”的要求，着重于大学生现场实训的知识引导，同时，在内容上扩展了加工技术的前沿、我国加工技术的现状和先进性，完善课程思政建设。

本书在内容和架构上较第一版进行了调整、优化和补充，具体如下。

(1)在工程实训中没有涉及或涉及较少的工种，尽量不提或者少提。例如，删除了焊接中关于有色金属焊接的部分，以及工程材料中关于有色金属的部分，因为在工程实训中学生并没有用到，所以本书中就不再赘述。

(2)大部分工种增加了现代技术的内容。在目前新工科和智能制造的背景下，学生多了解一些前沿的、先进的加工方法非常必要，这些知识既能丰富学生的工程视野，也是对理论学习的知识扩展。

(3)在焊接部分增加有关我国加工技术发展现状和领先世界的技术简介，这是要明确地告诉学生们：中国正在从一个制造大国走向制造强国，虽然在工业技术尖端领域我们与发达国家存在着一定的差距，但是，我们一直在稳步快速地追赶世界一流机械制造水平，在有些领域我们实现了并跑甚至是领跑，中国制造在世界制造强国行列中已经有了一席之地。

本书由中南林业科技大学赵青(第 1 章和第 7 章)、张宇(第 2 章和第 4 章)、廖凯(第 5 章、第 6 章和第 10 章)，湖南工业大学邱显焱(第 3 章)、周静(第 9 章)、张灵(第 8 章)编写。本书由廖凯、邱显焱统稿并担任主编，张宇、赵青、张灵、周静担任副主编，李立君和李光主审。

在本书编写过程中得到了中南林业科技大学机械设计制造及其自动化专业教师，以及湖南工业大学工程训练中心的各位教师与工程技术人员的大力支持和帮助。其中司家勇、陈飞、张立强和丁敬平对本书提供了大力支持和协助，在此一并表示感谢！

限于编者水平，本书难免有不足和欠妥之处，敬请批评指正！

编　者

2019 年 11 月

目　　录

第 1 章　机械工程材料基础 ………… 1
1.1　金属材料的性能 ………… 1
1.1.1　物理性能和化学性能 ………… 1
1.1.2　力学性能 ………… 1
1.1.3　工艺性能 ………… 4
1.2　机械工程材料分类及应用 ………… 5
1.2.1　常用的钢铁材料(黑色金属) ………… 5
1.2.2　常用非铁材料(有色金属) ………… 8
1.3　材料研究新进展 ………… 8
1.3.1　复合材料 ………… 9
1.3.2　高分子材料 ………… 13
1.3.3　石墨烯 ………… 14
1.3.4　飞行石墨 ………… 15
1.3.5　超导材料 ………… 15
1.3.6　纳米材料 ………… 16
思考和练习 ………… 19

第 2 章　金属热处理 ………… 20
2.1　概述 ………… 20
2.2　钢的普通热处理工艺 ………… 21
2.2.1　退火 ………… 21
2.2.2　正火 ………… 22
2.2.3　淬火 ………… 22
2.2.4　回火 ………… 24
2.3　钢的表面热处理工艺 ………… 25
2.3.1　表面淬火 ………… 25
2.3.2　化学热处理 ………… 26
2.4　热处理新技术 ………… 27
2.5　热处理工艺实例与分析 ………… 30
思考和练习 ………… 32

第 3 章　铸造 ………… 33
3.1　概述 ………… 33
3.2　砂型铸造 ………… 34
3.2.1　砂型铸造的生产过程 ………… 34
3.2.2　砂型与造型材料 ………… 35
3.2.3　造型 ………… 37
3.2.4　造芯 ………… 43
3.2.5　浇冒口系统 ………… 45
3.3　特种铸造 ………… 46
3.3.1　熔模铸造 ………… 46
3.3.2　金属型铸造 ………… 46
3.3.3　离心铸造 ………… 47
3.3.4　压力铸造 ………… 48
3.3.5　实型铸造 ………… 48
3.4　铸造实习安全技术守则 ………… 49
思考和练习 ………… 49

第 4 章　锻压 ………… 51
4.1　锻压的基础知识 ………… 51
4.1.1　锻造概述 ………… 52
4.1.2　冲压概述 ………… 52
4.1.3　锻压的安全技术 ………… 53
4.1.4　锻造温度范围 ………… 54
4.2　自由锻 ………… 54
4.2.1　自由锻设备 ………… 55
4.2.2　自由锻的工序 ………… 57
4.3　胎模锻 ………… 59
4.4　固定模膛模锻 ………… 60
4.5　板料冲压 ………… 62
4.5.1　冲压设备 ………… 62
4.5.2　板料冲压的基本工序 ………… 65
4.6　新技术、新工艺 ………… 66
思考和练习 ………… 70

第 5 章　焊接 ………… 71
5.1　焊接原理与分类 ………… 71

5.2 手工电弧焊 …… 72
5.2.1 电弧形成原理 …… 72
5.2.2 焊机类型及其他 …… 74
5.2.3 手工电弧焊工艺 …… 75
5.2.4 操作技术 …… 78
5.3 气焊与气割 …… 79
5.3.1 气焊的原理 …… 79
5.3.2 气焊工艺 …… 80
5.3.3 操作技术 …… 83
5.3.4 气割 …… 84
5.4 其他焊接方法 …… 85
5.4.1 CO_2气体保护焊 …… 85
5.4.2 堆焊 …… 87
5.4.3 等离子弧焊接 …… 88
5.4.4 搅拌摩擦焊 …… 89
5.5 焊接缺陷与检测 …… 90
5.5.1 缺陷分类和成因 …… 90
5.5.2 检测 …… 91
5.6 焊接技术发展现状 …… 92
5.6.1 人工焊接 …… 92
5.6.2 焊接机器人 …… 94
5.6.3 智能焊接机器人 …… 94
5.7 安全规程 …… 95
思考和练习 …… 96

第 6 章 切削加工和车削 …… 97
6.1 切削加工的基础知识 …… 97
6.1.1 切削分类和切削要素 …… 98
6.1.2 影响切削质量的因素 …… 99
6.2 车削加工 …… 100
6.2.1 车床、车刀、夹具和量具 …… 100
6.2.2 车削步骤 …… 106
6.2.3 车削外圆和端面训练 …… 108
6.2.4 车削台阶训练 …… 110
6.2.5 车槽和切断训练 …… 111
6.2.6 车削轴类零件综合训练 …… 112
6.2.7 车外圆锥面 …… 114
6.2.8 车三角形螺纹训练 …… 115
6.2.9 工艺卡的制作 …… 118
思考和练习 …… 123

第 7 章 铣销、刨削和磨削 …… 124
7.1 铣削 …… 124
7.1.1 铣削概述 …… 124
7.1.2 铣床 …… 128
7.1.3 铣刀及其安装 …… 130
7.1.4 铣床附件与工件安装 …… 132
7.1.5 铣削加工工程训练 …… 134
7.1.6 铣床安全操作规范 …… 135
7.2 刨削 …… 136
7.2.1 刨削概述 …… 136
7.2.2 刨床 …… 136
7.2.3 刨刀及其安装 …… 139
7.2.4 工件安装 …… 140
7.2.5 刨削工艺 …… 141
7.2.6 刨床安全操作规程 …… 144
7.3 磨削 …… 144
7.3.1 磨削概述 …… 144
7.3.2 磨床 …… 145
7.3.3 砂轮 …… 148
7.3.4 工件安装 …… 150
7.3.5 磨削工艺 …… 150
7.3.6 磨床安全操作规程 …… 153
思考和练习 …… 154

第 8 章 钳工 …… 155
8.1 钳工概述 …… 155
8.1.1 钳工的常用设备 …… 155
8.1.2 钳工安全操作规程 …… 157
8.2 划线 …… 157
8.2.1 划线的作用 …… 157
8.2.2 划线的种类 …… 157
8.2.3 划线工具及使用要点 …… 158
8.2.4 划线基准的确定 …… 161
8.2.5 划线步骤 …… 162
8.3 锯削 …… 162
8.3.1 锯削工具及使用方法 …… 162
8.3.2 锯削操作 …… 163
8.3.3 锯削常见缺陷分析 …… 165

8.4 錾削 ………… 166
8.4.1 錾削工具 ………… 166
8.4.2 錾削操作 ………… 167
8.4.3 錾削常见缺陷分析 ………… 169
8.5 锉削 ………… 170
8.5.1 锉刀 ………… 170
8.5.2 锉削操作 ………… 171
8.5.3 锉削常见缺陷分析 ………… 173
8.6 钻孔、扩孔和铰孔 ………… 174
8.6.1 孔加工概述 ………… 174
8.6.2 钻孔的设备 ………… 174
8.6.3 刀具及其附件 ………… 176
8.6.4 钻孔操作 ………… 177
8.6.5 钻孔常见缺陷分析 ………… 177
8.7 攻螺纹和套螺纹 ………… 178
8.7.1 攻螺纹 ………… 178
8.7.2 套螺纹 ………… 180
8.8 刮削与研磨 ………… 182
8.8.1 刮削 ………… 182
8.8.2 研磨 ………… 184
8.9 装配 ………… 185
8.9.1 装配概述 ………… 185
8.9.2 装配工艺 ………… 185
8.9.3 典型组件的装配 ………… 186
8.9.4 拆卸操作规程 ………… 187
8.10 钳工实训 ………… 187
思考和练习 ………… 189
第 9 章 现代加工技术 ………… 191
9.1 数控机床概述 ………… 191
9.1.1 数控设备的产生与发展 ………… 191
9.1.2 数控机床的工作原理、组成和特点 ………… 191
9.1.3 数控机床分类 ………… 192
9.1.4 数控机床的坐标系统 ………… 193
9.1.5 数控加工编程 ………… 197
9.2 数控车床 ………… 199
9.2.1 数控车床的加工对象 ………… 199
9.2.2 FANUC 系统数控车床的操作方法 ………… 199
9.2.3 数控车床加工实例 ………… 204
9.3 数控铣床 ………… 208
9.3.1 数控铣床的加工对象 ………… 208
9.3.2 FANUC 系统数控铣床的操作方法 ………… 208
9.3.3 数控铣床加工实例 ………… 210
9.4 数控加工中心 ………… 213
9.4.1 加工中心简介 ………… 213
9.4.2 加工中心机加工实例 ………… 213
9.5 特种加工技术 ………… 216
9.5.1 特种加工概述 ………… 216
9.5.2 电火花成型加工 ………… 217
9.5.3 电火花线切割加工 ………… 218
9.5.4 超声波加工 ………… 219
9.5.5 激光加工 ………… 220
思考和练习 ………… 221
第 10 章 机械创新设计案例 ………… 222
10.1 案例 1：硬币清分机 ………… 222
10.2 案例 2：背负手持式梨果采集器 ………… 224
10.3 案例 3：便携式扎钢筋钳 ………… 227
10.4 案例 4：自动穿脱鞋套机 ………… 228
10.5 创新如何准备 ………… 230
参考文献 ………… 232

第 1 章　机械工程材料基础

📖 **教学提示**　本章主要介绍金属材料的性能指标，在选用金属和制造机械零件时，主要考虑力学性能和工艺性能，在某些特定条件下工作的零件，还要考虑物理性能和化学性能；以及机械工程材料的分类，包括金属材料、非金属材料和新型材料。

📖 **教学要求**　掌握材料的强度、塑性、韧性、疲劳等力学性能的基本概念及应用，熟悉常见有色金属材料和非金属材料、新型材料的用途。

1.1　金属材料的性能

金属材料的性能分为使用性能和工艺性能。使用性能是指材料在使用过程中表现出来的特性，如物理性能、化学性能、力学性能等。工艺性能是指加工制造过程中表现出来的特性，如铸造性能、可锻性、可焊性、切削加工性、热处理性等。

1.1.1　物理性能和化学性能

金属材料的物理性能和化学性能主要有密度、熔点、导电性、导热性、热膨胀性、耐热性、耐腐蚀性等。机械零件根据用途不同，对材料的物理性能和化学性能要求也不同。金属材料的物理性能和化学性能对制造工艺也有一定的影响。

1.1.2　力学性能

金属材料在加工和使用过程中都要承受不同外力的作用，这个外力一般称为载荷。载荷按作用方式不同，可分为拉伸、压缩、弯曲、剪切及扭转等；按大小和方向不同又可分为静载荷和动载荷。静载荷是指力的大小不变或变化缓慢的载荷，如静拉力、静压力等；动载荷是指力的大小和方向随时间而发生改变，如冲击载荷、交变载荷及循环载荷等。

当外力达到或超过某一限度时，材料就会发生变形，甚至断裂。金属材料的力学性能是指金属材料在外力作用下所表现出来的性能。常用的力学性能指标主要有强度、塑性、硬度和韧性等。

1. 强度

强度是指材料抵抗外力作用下变形和断裂的能力。强度指标一般用单位面积所承受的载荷(应力)表示，符号为 σ，单位为 MPa。测定强度最基本的方法为拉伸试验。工程中常用的强度指标有屈服强度 σ_s 和抗拉强度 σ_b，可用拉伸试验测定。图 1-1 所示为低碳钢的拉伸应力-应变曲线。

屈服强度是指材料在拉伸过程中，载荷不增大而试样伸长量却在继续增加时的应力值，用 σ_s 表示。机械设计中，有时机械零件不允许发生塑性变形，或只允许少量的塑性变形，否则会失效，因此屈服强度是机械零件设计的主要依据。抗拉强度是指材料在破坏前所能承受的最大应力值，用 σ_b 表示，它是机械零件设计和选材的重要依据。

2. 塑性

塑性是指金属材料在断裂前产生永久变形而不被破坏的能力。塑性指标也是由拉伸试验测得的，常用的塑性指标用断后伸长率 δ 和断面收缩率 ψ 来表示。一般来说，塑性材料的 δ 或 ψ 较大，而脆性材料的 δ 或 ψ 较小。由于 δ 的大小随试样尺寸而变化，所以它不能充分代表材料的塑性，而断面收缩率与试样尺寸无关，它能较可靠地代表金属材料的塑性。

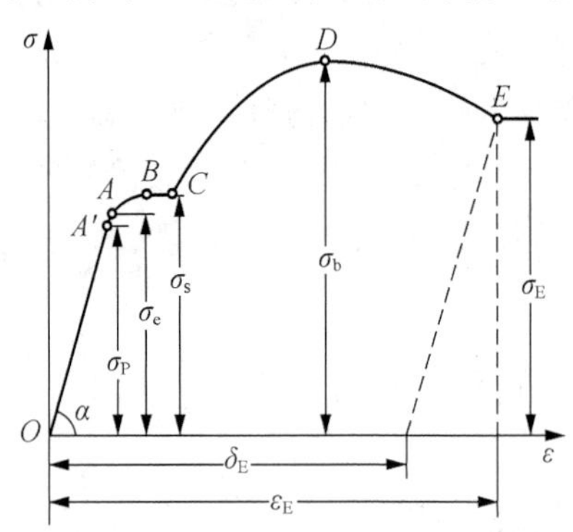

图 1-1　低碳钢拉伸应力-应变曲线

塑性指标在工程技术中具有重要的实际意义。首先，良好的塑性可顺利完成某些成型工艺，如冷冲、冷拔等。其次，良好的塑性使零件在使用时，即使超载，也能由于塑性变形使材料强度提高而避免突然断裂，故在静载荷下使用的机械零件都需要具有一定的塑性。零件根据不同的工艺而有不同的要求，但是一般并不需要很大的塑性。δ 达 5%或 ψ 达 10%能满足绝大多数零件的要求，过高的塑性是没有必要的。

3. 硬度

硬度是指材料抵抗局部变形特别是塑性变形、压痕或划痕的能力。它是衡量材料软硬程度的指标。硬度越高，材料的耐磨性越好。机械加工中所用的刀具、量具、磨具以及大多数机械零件都应具备足够的硬度，以保证使用性能和寿命，否则容易因磨损而失效。因此，硬度是金属材料一项重要的力学性能。硬度值可以间接地反映金属的强度及金属在化学成分、金相组织和热处理工艺上的差异，与拉伸试验相比，硬度试验简单易行，因而硬度试验应用十分广泛。

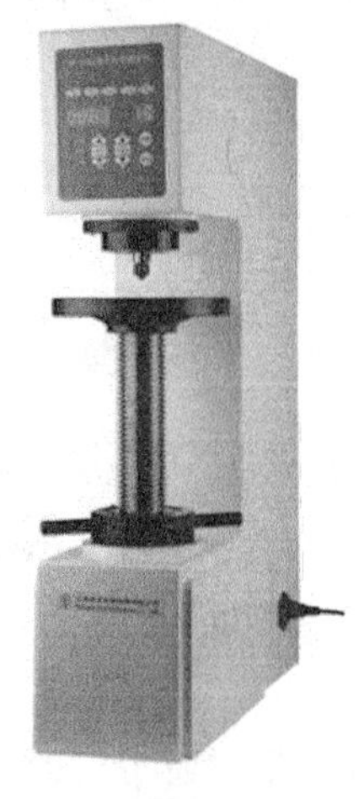

图 1-2　布氏硬度试验计

工业上应用广泛的是静试验力压入法硬度试验，即在规定的静态试验力下将压头压入材料表面，用压痕面积或压痕深度来评定硬度。常用的方法有布氏硬度试验法、洛氏硬度试验法等。

1）布氏硬度

布氏硬度是通过布氏硬度试验确定的。在布氏硬度试验计（图 1-2）上，用一定直径的球体（钢球或硬质合金球），以相应的试验力压入试样表面，经规定保持时间后卸除试验力，测量圆球在金属表面上所压出的圆形凹陷压痕的直径 d，据此计算压痕球面积，求出每单位面积所受的测出的金属的硬度值，称为布氏硬度值，以符号 HB 来表示（图 1-3）。

试验所得的压痕直径应在下列范围之内：$0.25D < d < 0.6D$。若 $d<0.25D$ 则灵敏度和准确性随之降低；若 $d>0.6D$ 则钢球的压下量太大亦引起不准确。对于钢来讲，一般确定采用钢球的直径 D 为 10mm，载荷 P 为 3000kgf①，压入时间为 10s。假如用一般规定试验条件所得压痕直径不在上列范围内，则应考虑选用其他载荷量进行试验，并在布氏硬度值符号 HB 的右下角加以注明。如 $HB_{10/1000/10}$，表示用 10mm 直径的钢球，在 1000kgf 的载荷下保持 10s 后所得的结果。它的使用上限一般不超过 450HB，所以适用于测定退火、正火、调板钢、铸铁及有色金属的硬度。进行布氏硬度试验时，应根据金属的种类和试件的厚度正常选择。

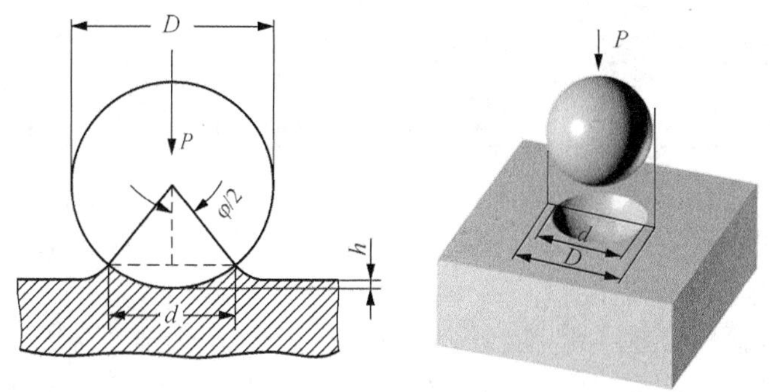

图 1-3　布氏硬度试验原理图

布氏硬度试验方法的优缺点如下。

优点：测量值较准确。与其他力学性能，特别与 σ_b 之间存在一定的关系。

缺点：由于钢球本身存在变形问题，不能测量硬度大于 450HB 的材料。压痕较大，对成品检测不适宜。

2）洛氏硬度

洛氏硬度值是通过洛氏硬度试验测定获得的。试验时，在洛氏硬度试验计(图 1-4)上，采用金刚石圆锥体或硬质合金球压头，压入金属表面，经规定保持时间后卸除主试验力，以测量的压痕深度来计算洛氏硬度值，如图 1-5 所示。

图 1-4　洛氏硬度试验计

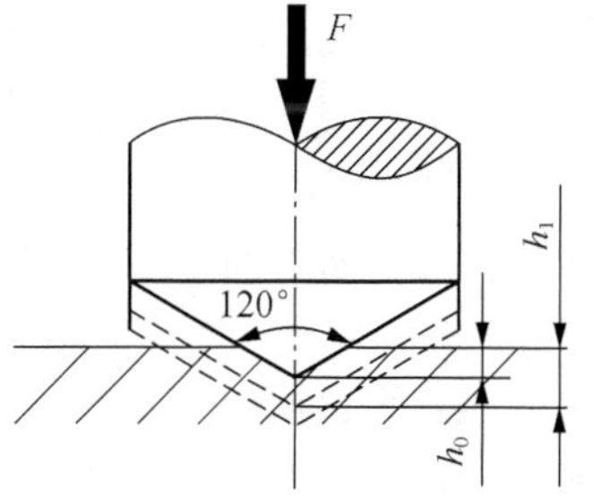

图 1-5　洛氏硬度试验原理图

① 1kgf=9.80665N。

与布氏硬度不同，洛氏硬度以测量压痕凹陷深度来表示硬度值。实际测定时，试件的洛氏硬度值由洛氏硬度计的表盘上直接读出，材料越硬，表盘上的示值越大。

通常，硬质压头是顶角为120°的金刚石圆锥体，适用于淬火钢材等较硬材料的硬度测定，软质压头由直径为1.588mm的钢球制成。洛氏硬度所加负荷根据试验金属本身硬度不同而作不同规定，如表1-1所示，常用的三种符号以HRA、HRB、HRC表示。

表1-1 常用的三种洛氏硬度试验范围

符号	压头类型	载荷/N	硬度值有效范围	使用范围
HRA	120°金刚石圆锥	558.4	60～85(相当于350HB以上)	适用于测量硬质合金、表面淬火层或渗碳层
HRB	1.588mm钢球	980.7	25～100(相当于60～230HB)	适用于测量有色金属、退火、正火钢等
HRC	120°金刚石圆锥	1471.0	20～67(相当于230～700HB)	适用于调质钢、淬火钢等

洛氏硬度试验方法的优缺点如下。

优点：操作迅速、简便，可以直接得出硬度值，压痕小，不损伤工件表面，可以测量较软到极硬的或厚度较薄的材料硬度。

缺点：用不同硬度级测得硬度值无法比较，误差稍大。金刚石圆锥压头顶角和圆弧半径的误差，造成了各国洛氏硬度标准的差别，给比较和使用不同国家试验数据造成了困难。

4. 韧性

机械零件除了受到静载荷的作用，还经常受到各种冲击动载荷的作用，如活塞销、锻锤杆、冲模等。制造此类零件所用的材料，必须考虑其抗冲击载荷的能力。冲击韧度就是衡量材料抵抗冲击破坏能力的指标。

冲击韧度是冲击试样缺口处单位横截面积上的冲击吸收功。为了测量材料的冲击韧性，在冲击试验机上利用升高的摆锤将试样打断，算出打断试样所需要的冲击功 A_k，再用试样断口处的截面积 S 去除，所得商值即冲击韧度 α_k (J/m^2)。α_k 值越大，冲击韧度越大，表示材料的冲击韧性越好，在受到冲击时越不容易断裂。对于重要零件要求 α_k>500kJ/m^2。

1.1.3 工艺性能

材料的工艺性能是指材料在各种加工过程中，适应加工工艺要求的能力。它是物理性能、化学性能和力学性能的综合表现。工艺性能主要有铸造性、可锻性、可焊性、切削加工性和热处理性等。在机械零件设计和制造中，以及选择材料和工艺方法时，必须考虑材料的工艺性能。

1. 铸造性能

材料的铸造性能主要是指流动性、收缩性和产生偏析的倾向。流动性是流体金属充满铸型的能力。流动性好的金属能铸出细薄精致的复杂铸件，能减少缺陷。收缩性是指金属材料在冷却凝固中，体积和尺寸缩小的性能。收缩是使铸件产生缩孔、缩松、内应力、变形、开裂的基本原因。偏析是指金属材料在凝固时造成零件内部化学成分不均匀的现象。它使零件各部分力学性能不一致，影响零件使用的可靠性。

2. 可锻性

材料的可锻性是指它是否易于锻压的性能。可锻性常用材料的塑性和变形抗力来综合量化。可锻性好的材料，不但塑性好，可锻温度范围宽，再结晶温度低，变形时不易产生加工硬化，而且所需的变形外力小。如中、低碳钢，低合金钢等都有良好的可锻性，高碳钢、高合金钢的可锻性较差，而铸铁则根本不能锻造。

3. 可焊性

材料的可焊性是指材料在一定条件下获得优质焊接接头的难易程度。对于易氧化、吸气性强、导热性好(或差)、膨胀系数大、塑性低的材料，一般可焊性差。可焊性好的材料，在焊缝内不易产生裂纹、气孔、夹渣等缺陷，同时焊接接头强度高。如低碳钢具有良好的可焊性，而铸铁、高碳钢、高合金钢、铝合金等材料的可焊性则较差。

4. 切削加工性

材料的切削加工性是指其切削加工的难易程度。切削加工性好的材料，切削时消耗的能量少，刀具寿命长，易于保证加工表面的质量，切屑易于折断和脱落。材料的切削加工性与它的强度、硬度、塑性、导热性等有关。如灰口铸铁、铜合金及铝合金等均有较好的切削加工性，而高碳钢的切削性能则较差。

5. 热处理性

材料在进行热处理时反映出来的性能，称为热处理性，如淬透性、淬硬性、淬火变形开裂的倾向、氧化脱碳的倾向等。如含锰、铬、镍等合金元素的合金钢淬透性比较好，碳钢的淬透性较差。

1.2　机械工程材料分类及应用

常用的机械工程材料分类如图 1-6 所示。本节主要介绍钢铁材料和非铁材料。

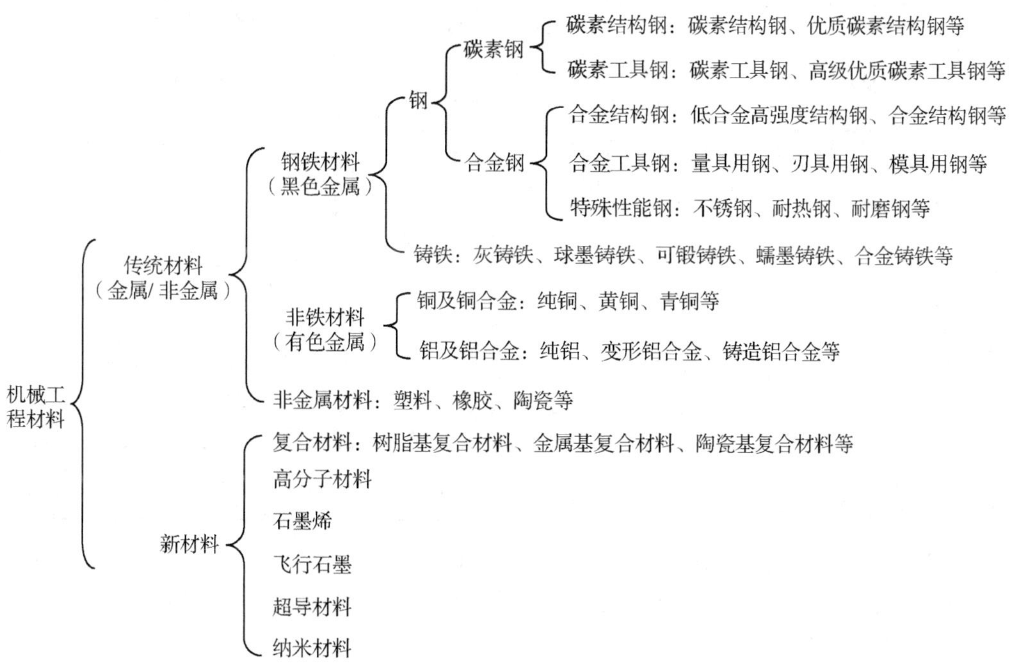

图 1-6　常用的机械工程材料分类

1.2.1　常用的钢铁材料(黑色金属)

钢铁材料是指钢和铸铁。工业上将碳的质量分数小于 2.11%的铁碳合金称为钢。工业用钢按化学成分可分为碳素钢和合金钢两大类。合金钢是为了改善和提高碳素钢的性能或使之获得某些特殊性能，在碳素钢的基础上，特意加入某些合金元素而得到的以铁为基础的多元合金。钢具有良好的使用性能和工艺性能，因此获得了广泛的应用。

铸铁在一般机械中占机器重量的40%～70%，在机床和重型机械中甚至高达80%～90%，尤其是稀土镁球墨铸铁的发展，更进一步打破了钢与铁的使用界限。

1．**碳素钢**

碳素钢是以铁和碳为主要元素而组成的，常含有硅、锰、硫、磷等杂质成分。由于这类钢容易冶炼、价格低廉、工艺性好，在机械制造业中得到了广泛的应用。碳素钢按照用途分为碳素结构钢和碳素工具钢等。

常见碳素结构钢的牌号用“Q+数字”表示，其中Q为屈服点的“屈”字的汉语拼音首字母，数字表示屈服强度的数值。若牌号后标注字母，则表示钢材质量等级不同。优质碳素结构钢的牌号用两位数字表示钢的平均含碳量的质量分数的万分数，例如，20钢的平均碳质量分数为0.2%。表1-2列出了常用碳素结构钢的牌号、力学性能及其用途。

表1-2　常用碳素结构钢的牌号、力学性能及其用途

类别	常用牌号	力学性能			用途
		屈服点 σ_s/MPa	抗拉强度 σ_b/MPa	伸长率 δ/%	
碳素结构钢	Q195	195	315～390	33	塑性较好，有一定的强度，通常轧制成钢筋、钢板、钢管等。可作为桥梁、建筑物等的构件，也可用作螺钉、螺帽、铆钉等
	Q215	215	335～410	31	
	Q235A	235	375～460	26	
	Q235B				
	Q235C				可用于重要的焊接件
	Q235D				强度较高，可轧制成型钢、钢板，作构件用
	Q255	255	410～510	24	
	Q275	275	490～610	20	
优质碳素结构钢	08F	175	295	35	塑性好，可制造冷冲压零件
	10	205	335	31	冷冲压性与焊接性能良好，可用作冲压件及焊接件，经过热处理也可以制造轴、销等零件
	20	245	410	25	
	35	315	530	20	经调质处理后，可获得良好的综合力学性能，用来制造齿轮、轴类、套筒等零件
	40	335	570	19	
	45	355	600	16	
	50	375	630	14	
	60	400	675	12	主要用来制造弹簧
	65	410	695	10	

碳素工具钢主要用于制造各种刀具、量具和模具。这类钢含量较高(0.65%～1.35%)，一般属于高碳钢。钢号用“T+数字”来表示，其中数字表示平均含碳量为千分之几，如T9表示含碳量为0.9%的碳素工具钢。

碳素钢均为优质钢，若含硫、磷量更低，则为高级优质钢，钢号后面标注“A”字母，如T12A表示碳质量分数为1.2%的高级优质碳素工具钢。

碳素工具钢用来制造各种刃具、量具、模具等。T7、T8硬度高、韧性较高，可制造冲头、锤子等工具。T9、T10、T11硬度高、韧性适中，可制造钻头、刨刀、丝锥、手锯条等刃具及冷作模具等。T12、T13 硬度高，韧性较低，耐磨性好，可制作锉刀、刮刀等刃具及量规、样套等量具。碳素工具钢使用前都要进行热处理。

2. 合金钢

为了提高钢的性能，在碳素钢基础上特意加入合金元素所获得的钢种称为合金钢。常用的合金元素有锰、硅、铬、镍、钼、钨、钒、钛、硼等。工业上常按用途把合金钢分为合金结构钢(主要用于制造各种机械零件和工程构件)、合金工具钢(主要用于制造各种刀具、量具和模具等)、特殊性能钢(具有特殊的物理、化学性能的钢，可分为不锈钢、耐热钢、耐磨钢等)。

合金钢的牌号用“两位数(平均碳质量分数的万分之几)+元素符号+数字(该合金元素质量分数，小于 1.5%不标出，1.5%～2.5%标 2，2.5%～3.5%标 3，依次类推)”表示。对合金工具钢的牌号而言，当碳的质量分数小于 1%时，用“一位数(表示碳质量分数的千分之几)+元素符号+数字”表示；当碳的质量分数大于 1%时，用“元素符号+数字”表示。(注：高速钢的碳质量分数小于 1%，其含碳量不标出。)表 1-3 列出了常见合金钢的牌号、力学性能及其用途。

表 1-3　常见合金钢的牌号、力学性能及其用途

类别	常用牌号	力学性能			用途
		屈服点 σ_s/MPa	抗拉强度 σ_b/MPa	伸长率 δ/%	
低合金高强度结构钢	Q295	≥295	390～570	23	具有高强度、高韧性、良好的焊接性能和冷成型性能。主要用于制造桥梁、船舶、车辆、锅炉、高压容器、输油输气管道、大型钢结构等
	Q345	≥345	470～630	21～22	
	Q390	≥390	490～650	19～20	
	Q420	≥420	520～680	18～19	
	Q460	≥460	550～720	17	
合金渗碳钢	20Cr	540	835	10	主要用于制造汽车、拖拉机中的变速齿轮、内燃机上的凸轮轴、活塞销等机器零件
	20CrMnTi	835	1080	10	
	20Cr2Ni4	1080	1175	10	
合金调质钢	40Cr	785	980	9	主要用于汽车和机床上的轴、齿轮等
	30CrMnTi	—	1470	9	
	38CrMoAl	835	980	14	

3. 铸铁

铸铁是碳质量分数大于 2.11%，并含有较多硅、锰、硫、磷等元素的铁碳合金。铸铁的生产工艺和生产设备简单，价格便宜，具有许多优良的使用性能和工艺性能，所以应用非常广泛，是工程上最常用的金属材料之一。

铸铁按照碳存在的形式可以分为白口铸铁、灰口铸铁、麻口铸铁；按铸铁中石墨的形态可以分为灰铸铁、可锻铸铁、球墨铸铁、蠕墨铸铁。表 1-4 给出了常见灰铸铁的牌号及其用途。

表 1-4　常见灰铸铁的牌号及其用途

牌号	铸件壁厚	力学性能		用途举例
		σ_b/ MPa	HBS	
HT100	2.5～10	130	110～166	适用于载荷小、对摩擦和磨损无特殊要求的不重要的零件，如防护罩、盖、油盘、手轮、支架、底板、重锤等
	10～20	100	93～140	
	20～30	90	87～131	

续表

牌号	铸件壁厚	力学性能		用途举例
		σ_b/ MPa	HBS	
HT150	2.5～10	175	137～205	适用于承受中等载荷的零件，如机座、支架、箱体、刀架、床身、轴承座、工作台、带轮、阀体、飞轮、电动机座等
	10～20	145	119～179	
	20～30	130	110～166	
HT200	2.5～10	220	157～236	适用于承受较大载荷和要求一定气密性或耐腐蚀性等较重要的零件，如气缸、齿轮、机座、飞轮、床身、气缸体、活塞、齿轮箱、制动轮、联轴器盘、中等压力阀体、泵体、液压缸、阀门等
	10～20	195	148～222	
	20～30	170	134～200	
HT250	4.0～10	270	175～262	
	10～20	240	164～247	
	20～30	220	157～236	
HT300	10～20	290	182～272	适用于承受高载荷、耐磨和高气密性的重要零件，如重型机床、剪床、压力机、自动机床的床身、机座、机架、高压液压件、活塞环、齿轮、凸轮、车床卡盘、衬套、大型发动机的气缸体、缸套、气缸盖等
	20～30	250	168～251	
	30～50	230	161～241	
HT350	10～20	340	199～298	
	20～30	290+	182～272	
	30～50	260	171～257	

1.2.2 常用非铁材料(有色金属)

工业上把钢铁以外的金属称为非铁材料(有色金属)，非铁材料及其合金具有钢铁材料所没有的许多特殊的力学、物理和化学性能。非铁材料常用的有铜及其合金、铝及其合金、钛及其合金、镁及其合金、锌及其合金、轴承合金等。常用的非铁材料及其合金的牌号、种类和用途如表 1-5 所示。

表 1-5 常用非铁材料及其合金的牌号、种类和用途

名称	牌号	应用举例	说明
纯铜	T1	电线、导电螺钉、储藏器及各种管道等	纯铜分 T1～T4 四种。如 T1(一号铜)表示铜的质量分数为 99.95%；T4 含铜量为 99.50%
黄铜	H62	散热器、垫圈、弹簧、各种网、螺钉及其他零件等	H 表示黄铜，后面数字表示铜的质量分数，如 62 表示铜的质量分数为 60.5%～63.5%
铸造黄铜	ZCuZn38、ZCuZn33Pb2	常用于铸造机械、热压轧制零件及轴承、轴套等	Z 表示铸，Cu、Zn、Pb 分别代表合金里面包含的化学成分
纯铝	1070A 1060 1050A	电缆、电气零件、装饰件及日常生活用品等	铝的质量分数为 98%～99.7%
铸铝合金	ZL102	耐磨性中上等，用于制造载荷不大的薄壁零件等	Z 表示铸，L 表示铝，后面数字表示顺序号。如 ZL102 表示 Al-Si 系 02 号合金
锻铝	LD5、LD7	良好的热塑性，可用于制造复杂的大型锻件	D 表示锻

1.3 材料研究新进展

新材料是当前高新技术发展的支柱，现代科学技术，特别是交通、能源、航空航天、通信、核工程、海洋工程、生物工程等领域的发展，对所需要的结构材料提出了更高的要求，既希望它们具有良好的综合性能，如低密度、高强度、高刚度、高韧性、高耐磨性和良好的抗疲劳性能，又期望它们能够在高温、高压、高真空、强烈腐蚀及辐照等极端环境条件下服役。新材料发展的重要标志是可以根据产品需要来设计新材料，改变了传统意义上根据材料的功能来设计产品的观念。新材料设计可以从材料的组成、结构和工艺设计来实现其所需功能。一种新材料已经不是只具有单一功能，在一定条件下可实现多种功能。传统的单一材料，如金属材料、陶瓷材料和高分子材料已远远不能满足上述要求。因此，人们设法采用某种可能的工艺将两种或两种以上组织结构、物理及化学性能不同的物质结合在一起，形成一类新的多相材料(所谓的复合材料)，使之既可保留原有组分材料的优点，又可能具有某些新的特性，以扩大结构设计师的选材余地，从而适应现代高技术发展的需要。

1.3.1　复合材料

复合材料使用的历史可以追溯到古代。例如，用稻草或麦秸增强黏土作建筑材料，砂石和水泥基体复合制作混凝土等。19 世纪末复合材料开始进入工业化生产。20 世纪 40 年代，因航空工业的需要，发展了玻璃纤维增强塑料(俗称玻璃钢)，从此出现了复合材料这一名称。20 世纪 50 年代，复合材料进入高速发展的快车道，陆续发展了碳纤维、石墨纤维和硼纤维等高强度和高模量纤维；70 年代出现了芳纶纤维和碳化硅纤维。这些高强度、高模量纤维能与合成树脂、碳、石墨、陶瓷、橡胶等非金属基体或铝、镁、钛等金属基体复合，构成各具特色的复合材料。

现代高科技的发展离不开复合材料，复合材料对现代科学技术的发展，有着十分重要的作用。复合材料的研究深度和应用广度及其生产发展的速度及规模，已成为衡量一个国家科学技术先进水平的重要标志之一。有人预言，21 世纪将是复合材料的时代。

1. 复合材料的定义

复合材料是由两种或两种以上异质、异性、异形的材料，在宏观尺度上复合而成的一种完全不同于其组成材料的新型材料，如图 1-7 所示。

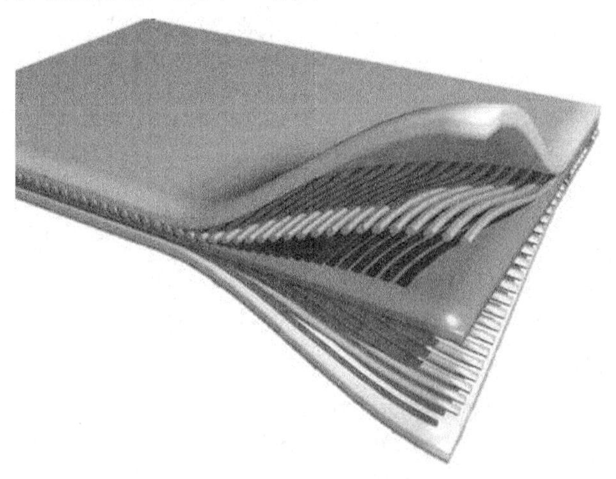

图 1-7　复合材料的组成

复合材料的定义包括以下四个方面。

(1)包含两种或两种以上物理上不同并可用机械方法分离的材料。

(2)可以通过将几种分离的材料混合在一起而制成，混合的方法是在人为控制下将一种材料分散在其他材料之中，使其达到最佳性能。

(3) 复合后的性能优于各单独的组成材料，并在某些方面可能具有组成材料所没有的独特性能。

(4) 通过选取不同的组成材料、改变组成材料的含量与分布等微结构参数，可以改变复合材料的性能，即材料性能具有可设计性，并拥有最大的设计自由度。

复合材料的组成材料称为组分材料。组分材料分为两部分：一部分为增强体，承担结构的各种工作载荷；另一部分为基体，起黏结增强体以赋形并传递应力和增韧作用。

增强体分为纤维(连续纤维、短切纤维、晶须)、颗粒(微米颗粒和纳米颗粒)、片材(人工晶片和天然片状物)。基体主要分为有机聚合物、金属、陶瓷、水泥和碳(石墨)等。

构造出的复合材料，能改善的性能主要体现在强度、刚度、疲劳寿命、耐高温性、耐腐蚀性、耐磨性、吸引性、质量、抗震性、导热性、绝热性、隔声性等方面。

2. 复合材料的分类

复合材料的分类方法种类繁多，下面按照基体材料、增强剂形状、复合材料的用途三种分类方法进行介绍。

(1) 按基体材料分类，有金属基复合材料，陶瓷基复合材料，水泥、混凝土基复合材料，塑料基复合材料，橡胶基复合材料等。

(2) 按照增强剂形状可分为粒子、纤维及层状复合材料。以各种粒子填料为分散质的是粒子复合材料，若分布均匀，则各向同性；以纤维为增强剂得到的是纤维增强复合材料，根据纤维的铺排方式，可以是各向同性的也可以是各向异性的；层状复合材料如胶合板由交替的薄板层胶合而成，因而是各向异性的。

(3) 按照复合材料的用途可分为结构复合材料和功能复合材料，目前结构复合材料占绝大多数，而功能复合材料有广阔的发展前途。预计 21 世纪会出现结构复合材料与功能复合材料并重的局面，而且功能复合材料更具有与其他功能材料竞争的优势。

结构复合材料是作为承力结构使用的材料，基本上由能承受载荷的增强体组元与能连接增强体成为整体材料同时又能起传递力作用的基体组元构成。由不同的增强体和不同的基体即可组成名目繁多的结构复合材料，并以所用的基体来命名，如金属基复合材料、陶瓷基复合材料等。

功能复合材料一般由功能体组元和基体组元组成，基体不仅起到构成整体的作用，而且有产生协同或加强功能的作用。如导电材料、导磁材料、导热材料、屏蔽材料、阻燃材料、阻尼材料等凸显某一功能。多元功能体的复合材料可以具有多种功能，还有可能由于复合效应而产生新的功能。多功能复合材料是功能复合材料的发展方向。

3. 复合材料的特性

复合材料不仅能保持原组分材料的部分优点和特性，而且还可借助对组分材料、复合工艺的选择与设计，使组分材料的性能互相补充，从而显示出比原有单一组分材料更为优越的性能。除性能可设计外，各种类型的复合材料，尤其是先进复合材料还具有优异的力学性能、物理性能和工艺性能。

1) 性能的可设计性

复合材料最显著的特性，是其性能在一定范围内具有可设计性。可以根据材料的基本特性、材料间的相互作用和使用性能要求，人为设计和改变材料基体与增强体的界面状态；再由它们的复合效应获得常规材料难以达到的某一性能或综合性能。

2) 力学性能特点

常用的工程复合材料，与其相应的基体材料相比，具有以下力学性能特点。

(1) 比强度、比模量高：增强体一般为高强度、高模量而相对密度小的材料，从而大大增加了复合材料的比强度(强度/密度)和比模量(弹性模量/密度)。高的比强度、比模量可使结构质量大幅度减小，以飞机为例，低结构质量的军用飞机，可增加弹载、提高航速、改善机动特性、延长巡航时间，而民用飞机可以提高客载、多载燃油。

(2) 抗疲劳性能好：疲劳是材料在交变载荷下，因裂纹的形成和扩展而产生的低应力破坏。纤维增强复合材料中含有许多的纤维——树脂界面，这些界面能阻止裂纹的进一步扩展，从而推迟疲劳破坏的产生，因此纤维增强复合材料的抗疲劳性能好。

(3) 耐高温性能好：复合材料增强体一般在高温下仍会保持高的强度和模量。如铝合金在 400℃时强度从室温的 500MPa 降至 30～50MPa，弹性模量几乎降为零；但是使用碳纤维或硼纤维增强后 400℃时材料的强度和模量与室温的相差不大，从而提高了金属材料的高温性能。

(4) 减振能力强：共振会造成灾难性事故，纤维增强复合材料的自振频率较高，可以避免共振。此外，纤维与基体的界面具有吸振能力，具有很高的阻尼作用。

(5) 断裂安全性高：复合材料的工作安全性高，当其受力发生过载时，纤维增强复合材料截面上分布的相互隔离的细纤维，会发生部分纤维断裂；随后会进行应力的重新分配，由未断的纤维来承担载荷，避免构件在瞬间完全丧失承载能力而发生脆断。

(6) 化学稳定性好：能耐酸碱腐蚀，还具有一些特殊性能，如隔热性、烧蚀性、特殊的电磁性能等。

3) 物理性能特点

除力学性能外，根据不同的增强体的特性及其与基体复合工艺的多样性，经过设计的复合材料还可以具有各种需要的优异的物理性能，如密度低、膨胀系数小、导热导电性好、阻尼性好、吸波性好、耐烧蚀、抗辐照等。因此，在选择增强体和基体组分材料进行设计时，尽可能降低材料的密度和膨胀系数，这是结构复合材料需要考虑的重要因素。

密度的降低有利于提高复合材料的比强度和比刚度，而通过调整增强体的数量及其在基体中的排列方式，可有效降低复合材料的热膨胀系数，甚至在一定条件使其为零，这对于保持在如交变温度作用等极端环境下工作的构件的尺寸稳定性具有特别重要的意义。金属基复合材料中尽管加入的增强体大都为非金属材料，但仍可保持良好的导电和导热特性，这对扩展其应用范围非常有利。

基于不同材料复合在一起所具有的导电、导热、压电效应、换能、吸波及其他特殊性能，目前已开发出了压电复合材料、导电及超导材料、磁性材料、耐磨减摩材料、吸波材料、隐身材料和各种敏感材料，其中的许多材料已经在航天、航空、能源、电子、电工等工业领域获得实际应用，成为功能材料中的重要成员，同时复合化的方式也是功能材料领域的重要研究和开发方向。

4) 工艺性能特点

复合材料的成形及加工工艺因材料种类不同而各有差别，但一般来说相对于其所用的基体材料而言，成形加工工艺并不复杂。例如，以金属基、陶瓷基复合材料可以整体成形，从而减少了结构件中的装配零件数量；以短纤维或颗粒增强的金属基复合材料可采用传统的金属工艺进行制备和二次加工，从而增加了这类复合材料的实用性和适应性。

4. 复合材料的应用

除陶瓷基复合材料尚处在研究阶段、有少量应用外，聚合物、金属、碳基和混凝土基复合材料已广泛应用于各个领域中。

1) 在机械工业的应用

复合材料在机械工业主要用于阀、泵、齿轮、风机、叶片、轴承及密封件等。用酚醛玻璃钢和纤维增强聚丙烯制成的阀门，使用寿命长，且价格便宜，玻璃钢不仅质量小而且耐腐蚀，常用于泵壳、叶轮、风机机壳及叶片。碳-碳复合材料耐高温，摩擦系数低，常用于机械密封件。

2) 在汽车工业的应用

聚合物基复合材料可用作汽车车身、驱动轴、操纵杆、方向盘(图 1-8)、客舱隔板、底盘、结构梁、发动机罩、散热器罩等部件，其优点是质量小、比强度高、比刚度大、比疲劳强度高、耐腐蚀，且可以整体成形。

3) 在建筑领域的应用

在建筑业，玻璃钢广泛用于冷却塔、储水塔、卫生间的浴盆浴缸(图 1-9)、桌椅门窗、安全帽、通风设备等。玻璃纤维、碳纤维增强混凝土复合材料具有优异的力学性能，在强碱中的化学稳定性、尺寸稳定性和在盐水介质中的耐腐蚀性好，广泛用作高层建筑墙板。

图 1-8　在汽车工业的应用

图 1-9　在建筑领域的应用

日本采用碳纤维增强聚合物复合材料来修补加固了在阪神大地震造成损坏的钢筋混凝土桥墩板桥；英国也采用碳纤维复合材料来增强伦敦地下隧道的铸铁梁和石油平台的耐冲击波性能。

4) 在化学工业的应用

通常采用非金属取代金属，抗击化学工业的腐蚀问题。玻璃钢的特点是耐腐蚀、强度高、使用寿命长、价格远远低于不锈钢，主要用于各种槽、罐、管道、泵、风机等化工设备以及配件。

5) 在其他领域的应用

在船舶业，可以用玻璃钢制造船体，具有抗海洋生物吸附和耐盐水腐蚀的特性。

在生物医学方面，由于碳-碳复合材料具有良好的生物相容性，可以用作高应力下使用的外科植入物、牙根植入体以及人工关节。

在文体活动领域，碳纤维增强聚合物复合材料应用广泛，由于比强度高、比模量大，广泛用于制造网球拍、高尔夫球棒、钓鱼竿、赛车赛艇、滑雪板、乐器等文体用品。

另外，采用团状模塑料工艺，将 3～12mm 短切纤维与树脂混合，广泛用于制作家庭用品。

1.3.2　高分子材料

高分子材料是以高分子化合物为主要组分的材料，高分子材料分为天然和人工合成两大类。天然高分子材料有羊毛、蚕丝、淀粉、纤维素及橡胶等。工程上应用的高分子材料主要是人工合成的，如聚苯乙烯、聚氯乙烯等。机械工程中常用的高分子材料主要有塑料和橡胶。

1．塑料

塑料是以单体为原料，通过加聚或缩聚反应聚合而成的高分子化合物，主要成分是合成树脂。塑料是最主要的工程结构材料之一。

根据各种塑料不同的使用特性，通常将塑料分为通用塑料、工程塑料和特种塑料三种类型。通用塑料是指产量大、用途广、成型性好、价格便宜的塑料，有五大品种，即聚乙烯(PE)、聚丙烯(PP)、聚氯乙烯(PVC)、聚苯乙烯(PS)及丙烯腈-丁二烯-苯乙烯共聚合物(ABS),它们是一般工农业生产和日常生活不可缺少的塑料。工程塑料是指能承受一定外力作用，具有良好的力学性能和耐高、低温性能，尺寸稳定性较好，可以用作工程结构的塑料，主要包括聚酰胺(尼龙)、聚碳酸酯(PC)、聚甲醛(POM)等。特种塑料是指具有特种功能，可用于航空、航天等特殊应用领域的塑料。如聚四氟乙烯(F-4)能在 100～2000℃的温度下工作。如表 1-6 所示为常用塑料的名称、性能和用途。

表 1-6　常用塑料的名称、性能和用途

名称	性能	应用举例
聚乙烯(PE)	无毒、无味；质地较软，比较耐磨、耐腐蚀，绝缘性较好	薄膜、软管；塑料管、板、绳等
聚丙烯(PP)	具有良好的耐腐蚀性、耐热性、耐曲折性、绝缘性	机械零件、医疗器械、生活用具，如齿轮、叶片、壳体、包装袋等
聚苯乙烯(PS)	无色、透明；着色性好；耐腐蚀、耐绝缘但易燃、易脆裂	仪表零件、设备外壳及隔音、包装、救生等器材
ABS	具有良好的耐腐蚀性、耐磨性、加工工艺性、着色性等综合性能	轴承、齿轮、叶片、叶轮、设备外壳、管道、容器、车身、方向盘等
聚酰胺(PA)即尼龙	强度、韧性较高；耐磨性、自润滑性、成型工艺性、耐腐蚀性良好；吸水性较大	仪表零件、机械零件、电缆护层，如油管、轴承、导轨、涂层等
聚碳酸酯(PC)	透明度高，耐冲击性突出，强度较高，抗蠕变性好，自润滑性能差	齿轮、涡轮、凸轮；防弹窗玻璃，安全帽、汽车风窗等
聚甲醛(POM)	优异的综合性能，如良好的耐磨性、自润滑性、耐疲劳性、冲击韧性及较高的强度、刚性等	齿轮、轴承、凸轮、制动闸瓦、阀门、化工容器、运输带等
聚四氟乙烯(F-4)	耐热性、耐寒性极好；耐腐蚀性极高；耐磨、自润滑性优异等	化工用管道、泵、阀门；机械用密封圈、活塞环；医用人工心脏、肺等
PMMP 即有机玻璃	透明度、透光率很高；强度较高；耐酸、碱，不易老化；表面易擦伤	油标、窥镜、透明管道、仪器、仪表等

根据塑料的热性能不同，通常将塑料分为热塑性塑料和热固性塑料。热塑性塑料加热时软化，可塑造成形，冷却后变硬，再次加热又软化，冷却又变硬，可多次变化。常用的热塑性塑料有聚乙烯、聚氯乙烯、聚丙烯、ABS、聚甲醛、聚碳酸酯、聚苯乙烯、聚四氟乙烯、聚砜等，表 1-6 所列出的常用塑料都是热塑性塑料。热固性塑料是指在受热或其他条件下能固化或具有不溶(熔)特性的塑料，常用的热固性塑料有酚醛塑料、氨基塑料(UF)、环氧塑料(EP)等。表 1-7 所示为常用热固性塑料的名称、性能和用途。

表 1-7　常用热固性塑料的名称、性能和用途

名称	性能	应用举例
酚醛塑料(PF)	较高的强度、硬度；绝缘性、耐热性、耐磨性好	电器开关、插座、灯头；齿轮、轴承、汽车制动片等
氨基塑料(UF)	表面硬度较高、颜色鲜艳、有光泽、绝缘性良好	仪表外壳、电话外壳、开关、插座等
环氧塑料(EP)	强度高；韧性、化学稳定性、绝缘性、耐寒、耐热性较好；成型工艺性好	船体、电子工业零部件等

2. **橡胶**

橡胶是一种以生胶为基础，适量加入配合剂而制成的高分子材料。橡胶的弹性模量很低，伸长率很高(100%～1000%)，具有优良的拉伸性能和储能性能。此外，还有优良的耐磨性、隔音性和绝缘性。如表 1-8 所示为常见橡胶的名称、性能和用途。

表 1-8　常见橡胶的名称、性能和用途

名称	性能	应用举例
天然橡胶	电绝缘性优异；弹性很好；耐碱性较好；耐溶剂性差	轮胎、胶带、胶管等
合成橡胶	耐磨、耐热、耐老化性能较好	轮胎、胶布胶板、三角带、减振器、橡胶弹簧等
特种橡胶	耐油性、耐蚀性较好；耐热、耐磨、耐老化性较好	输油管、储油箱、密封件、电缆绝缘层等

生胶按原料来源不同可分为天然生胶和合成生胶两类。天然生胶是将橡胶树流出来的胶乳经过凝固、干燥、加压后制成的片状固体。合成生胶是利用化学合成的方法制成的与天然生胶相似的高分子材料，包括氯丁橡胶、丁苯橡胶、聚氨酯胶等，合成橡胶中有少数品种的性能与天然橡胶相似，大多数与天然橡胶不同，但两者都是高弹性的高分子材料，一般均需经过硫化和加工之后，才具有实用性和使用价值。

配合剂是指为改善和提高生胶性能而加入的物质，主要包括润滑剂、增塑剂、填充剂、防老剂、着色剂等。不同的合成生胶加入不同的配合剂可得到性能有一定差别的橡胶。

1.3.3　石墨烯

石墨烯(graphene)称为新材料之王，是一种由碳原子以 sp2 杂化轨道组成呈六角形蜂巢晶格的平面薄膜，它只有一个碳原子厚度的二维材料，如图 1-10 所示。石墨烯是目前世界上最硬、最薄的新材料，同时也具有高强度、高比表面积、导热性和导电性。英国曼彻斯特大学采用微机械剥离法成功从石墨中分离出石墨烯，这一成果获得了 2010 年诺贝尔物理学奖。

图 1-10　石墨烯

(1) 力学特性。石墨烯是已知强度最高的材料之一，同时还具有很好的韧性，且可以弯曲。石墨烯的理论杨氏模量达 1.0TPa，固有的拉伸强度为 130GPa。而利用氢等离子改性的还原石墨烯也具有非常好的强度，平均模量可达 0.25TPa。由石墨烯薄片组成的石墨纸拥有很多孔，因而石墨纸显得很脆，然后经氧化得到功能化石墨烯，再由功能化石墨烯做成石墨纸则会异常坚固强韧。

(2) 光学性能。石墨烯具有非常好的光学特性，在较宽波长范围内吸收率约为 2.3%，看上去几乎是透明的。在几层石墨烯厚度范围内，厚度每增加一层，吸收率增加 2.3%，大面积的石墨烯薄膜同样具有优异的光学特性，且其光学特性随石墨烯厚度的改变而发生变化。

(3) 化学性能。石墨烯可以吸附并脱附各种原子和分子。当这些原子或分子作为给体或受体时可以改变石墨烯载流子的浓度，而石墨烯本身却可以保持很好的导电性。石墨烯的结构非常稳定，碳碳键仅为 1.42。石墨烯内部的碳原子之间的连接很柔韧，当施加外力于石墨烯时，碳原子面会弯曲变形，使得碳原子不必重新排列来适应外力，从而保持结构稳定。这种稳定的晶格结构使石墨烯具有优秀的导热性。

石墨烯广泛应用在电池电极材料、半导体器件、透明显示屏、传感器、电容器、晶体管等方面。石墨烯具有优异的光学、电学、力学特性，在材料学、微纳加工、能源、生物医学和药物传递等方面具有重要的应用前景，被认为是一种未来革命性的材料。

1.3.4　飞行石墨

飞行石墨(aerographite)是目前世界上最轻的材料，密度为 $0.2mg/cm^3$。飞行石墨是由英国基尔大学和德国汉堡科技大学联合研制的，貌似一块不透明的灰黑色海绵，如图 1-11 所示，其 99.99%的成分是空气。其材料性能稳定，天然具备良好的纳米和微米级别延展，以三维交织方式组成网状结构。尽管很轻，但拥有极强的抗压能力和张力负荷，即使被压缩 98%仍可自然恢复到原来大小。此外，它还能吸收几乎所有光线。

图 1-11　飞行石墨

飞行石墨的性能十分稳定，因而涉及的应用领域十分广泛，发展前景也十分广阔。

(1) 由于其独具的特性，飞行石墨可以使锂离子电池需要的电解液大量减少，从而大大减轻电池质量和体积。因而在供电需要相对不大的电动汽车上或电动自行车上，可以大大减轻这类交通工具的质量。它还能让合成材料具有导电性，解决规模生产中的静电干扰问题。

(2) 由于飞行石墨具有密度小、弹性好的特性，它也表现出优异的抗震性，所以在经常承受大量振动的位置可以使用，如在航空航天、卫星和电气屏蔽等领域大有用武之地。

(3) 飞行石墨比石墨的吸附性能更为突出，它能氧化或分解并移除水中的污染物。所以在水净化方面，可作为吸附剂氧化、吸附或分解水中污染物。

(4) 飞行石墨具有出色的导电性和力学稳定性，加之表面积大，可以作为恒温箱设备通风或者净化空气。

1.3.5　超导材料

超导材料是指在一定的低温条件下呈现出电阻等于零以及排斥磁力线的性质的材料。至今，已发现的超导元素接近 50 种，其中常压下有 28 种元素具有超导性，其余的元素在高压下或者经过特殊工艺处理(如制备成薄膜、电磁波辐照、离子注入等)显示出具有超导性。如图 1-12 所示为不同类别的超导体。

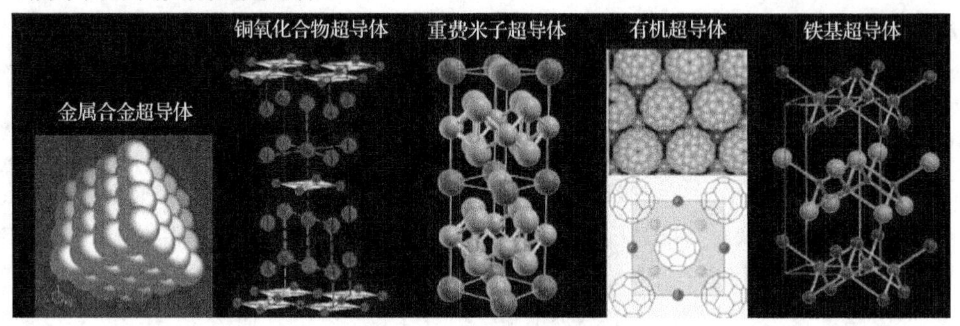

图 1-12　不同类别的超导体

利用超导体的零电阻效应、完全抗磁效应和约瑟夫森效应，超导体在国防、交通、电工、地质探矿和科学研究(回旋加速器、受控热核反应装置)中都有广泛应用。利用超导隧道效应，可制造世界上最灵敏的电磁信号的探测元件和用于高速运行的计算机元件。用这种探测器制造的超导量子干涉磁强计可以测量地球磁场几十亿分之一的变化，能测量人的脑磁图和心磁图，还可用于探测深水下的潜水艇；放在卫星上可用于矿产资源普查，通过测量地球磁场的细微变化为地震预报提供信息。超导体用于微波器件可以大大改善卫星通信质量。在超导应用中，一般分为强电方面的应用和弱电方面的应用两大类，如表 1-9 所示。

表 1-9　超导材料应用领域

强电		弱电	
超导电力技术	超导电力电缆	微波应用	滤波器
	超导限流器		延迟线
	超导储能系统		
	超导变压器		单光子探测器
	超导电动机、发电机		
超导磁体技术	强磁场磁体	结型器件	量子干涉仪
	磁悬浮技术		超导芯片

目前我国在超导技术研究方面居于世界领先地位，其中超导电缆、超导线圈、磁悬浮列车等超导技术均已进入应用领域。在超导电缆方面，我国的苏州新材料研究所 2016 年底制备出千米 YBCO 高温超导带材 $I_c \times L$ 值达到 644100A·m，居于世界领先。在超导线圈方面，我国的西部超导材料科技有限公司在低温超导材料的生产方面具有一定的竞争优势，已经为中国聚变工程实验堆(CFETR)、超级质子对撞机(SPPC)和国内核磁共振(MRI)提供成熟的产品。在磁悬浮列车应用方面，我国 2016 年 5 月开始运营的长沙中低速磁浮线和 2017 年 12 月 30 日开通的北京中低速磁浮线(S1 线)均为中国自主研发，具有完全自主知识产权。

1.3.6　纳米材料

纳米材料是指在三维空间中至少有一维处于纳米尺寸(0.1～100nm)或由它们作为基本单元构成的材料，相当于 10～100 个原子紧密排列在一起的尺度，如图 1-13 所示。

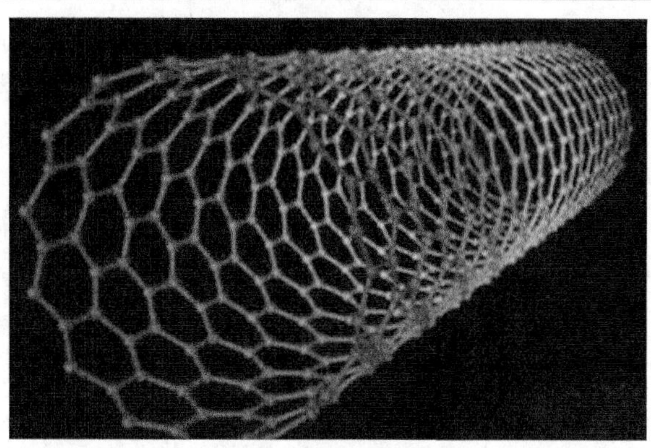

图 1-13　纳米材料

1) 纳米材料的分类

纳米材料的分类方法有很多，按照化学组成可分为纳米金属、纳米晶体、纳米陶瓷、纳米玻璃、纳米高分子、纳米复合材料等。按照材料物性可以分为纳米半导体、纳米磁性材料、纳米非线性材料、纳米生物医用材料、纳米敏感材料、纳米光电子材料、纳米储能材料等。

2) 纳米材料的应用

有科学家预言，在 21 世纪纳米材料将是“最有前途的材料”，纳米技术甚至会超过计算机技术和基因技术，成为“决定性技术”。

纳米材料高度的弥散性和大量的界面为原子提供了短程扩散途径，导致了高扩散率，对蠕变、超塑性有显著影响，并使有限固溶体的固溶性增强、烧结温度降低、化学活性增大、耐腐蚀性增强。因此，纳米材料表现出的力、热、声、光、电、磁性等，往往不同于该物质在粗晶状态时表现的性质。

(1) 传感器方面的应用。由于纳米材料具有大的比表面积、高的表面活性及与气体相互作用强等优点，纳米微粒对周围环境(如光、温、气氛、湿度等)十分敏感，因此可用作各种传感器，如温度、气体、光、湿度等传感器。

(2) 催化方面的应用。纳米微粒由于尺寸小、表面原子数占较大的百分数、表面的键态和电子态与颗粒内部不同、表面原子配位不全等导致表面活性增强，因此具备了作为催化剂的基本条件。最近，关于纳米材料表面形态的研究指出，随着粒径的减小，表面光滑程度变差，形成凹凸不平的原子台阶，这就增加了化学反应的接触面。近年来国际上对纳米微粒催化剂十分重视，称为第四代催化剂。利用纳米微粒高的比表面积和活性，可以显著提高催化效率。

(3) 光学方面的应用。纳米微粒由于小尺寸效应使其具有常规大块材料不具备的光学特性，如光学非线性、光吸收、光反射、光传输过程中的能量损耗等，都与纳米微粒的尺寸有关。

(4) 医学上的应用。随着纳米技术的发展，在医学上的应用技术也开始崭露头角，由于纳米微粒的尺寸一般比生物体内的红细胞小得多，因此研究人员可利用纳米微粒进行细胞分离、细胞染色及利用纳米微粒制成特殊药物或新型抗体进行局部定向治疗。

(5) 电子功能材料中的应用。纳米可以用作磁记录介质。磁记录是信息储存与处理的重要手段，随着科学技术的发展，记录密度要求越来越高。20 世纪 80 年代日本就利用铁、钴、镍等金属超微粒制备高密度磁带。金属超微粒颗粒尺寸为 20～30nm，由它制成的磁带、磁盘也已商品化。磁性存储技术在现代技术中占有举足轻重的地位。由于磁信号的记录密度在很大程度上取决于磁头缝隙的宽度、磁头的飞行高度以及记录介质的厚度，为了进一步提高磁存储的密度和容量，就需要不断减小磁头的体积，同时还要减小磁记录介质的厚度。因此薄膜磁头材料与薄膜磁存储介质是磁性材料当前发展的主要方向之一。

纳米材料也可以用作电磁波、光波吸收材料。超微颗粒对光具有强烈的吸收能力，因此通常是黑色的。它可在电镜-核磁共振波谱仪和太阳能利用中作光照吸收材料，还可作防红外线、防雷达的隐身材料，在国防中有重要作用，美国已经实用化。如 1991 年的海湾战争中美国的隐身战斗攻击机 F-117A，如图 1-14 所示，共执行 1270 次空袭任务，无一损伤。

图 1-14　隐身战斗攻击机 F-117A

3）纳米材料的前沿应用

香港中文大学 2018 年 12 月 17 日宣布研发出了“数码全息纳米 3D 打印机”，获全球百大科技研发奖(R&D100)。该打印机采用革命性的数码全息激光扫描及光束整形技术，能以高速印制结构复杂、细如发丝的精细组件，并达至纳米级别的打印精度。

该打印机的多焦点扫描技术可在相同速度下，移动至打印空间中的任何一点，即使没有结构及材料支撑，仍可打印出复杂的悬垂结构及精密细致的微型成品，如光子晶体、微纳流体器件、仿真生物组织及支架、药物传输工具等，为纳米科技、先进材料及医疗工具创造了革新技术。在光遗传学研究应用中，该打印机还能准确刺激生物大脑中多个神经元而不伤害周围结构，可用于研究大脑神经回路及特定功能，如小鼠的嗅觉、斑马鱼的视觉等，将 3D 激光扫描的优点延伸至医学及基础生物研究。

国际生物医学工程领域权威学术期刊《生物材料》发表了一项研究成果，由中国科学院合肥物质科学研究院技术生物研究所与上海交通大学医学部合作研发的一种对肿瘤微环境智能响应的新型纳米复合材料，可通过智能造影、智能送药协同杀死癌细胞。这种新型纳米复合材料可智能协同抗癌，它在正常的组织和血液中不会发挥造影功能，而一旦进入肿瘤组织，即可释放出锰离子，发挥高效肿瘤 T1 磁共振造影功能。同时，该纳米复合材料装载的抗癌药物顺铂也会释放出来，与锰离子和磁性氧化铁协同杀死癌细胞，达到协同治疗肿瘤的效果。

中国科学技术大学研究团队成功制备了类似竹节结构的纳米“竹子”复合异质结，充分利用太阳能，并将其有效转化为氢能源。该研发团队设计了一种“脉冲式轴向外延生长”方法，成功制备了尺寸、结构可调的一维胶体量子点——纳米线分段异质结，该结构是类似竹节结构的纳米“竹子”复合异质结，可以充分利用太阳能，并将其有效转化为氢能源。

这种人造纳米“竹子”的竹节和竹茎，分别由硫化镉和硫化锌两种不同的半导体材料组成，二者交替生长，非常类似于我们生活中看到竹子拔地而起的生长过程。有趣的是，研究人员设计的这种独特生长方式，可以精确控制每根人造纳米“竹子”的粗细、节数以及每个竹节的间距。这种丰富的调控能力为进一步开发利用该类材料提供了更多的空间。

此外，研究者发现，此类人造纳米“竹子”中不同组分之间存在协同效应，二者的取向结合极大地提升了单一材料所具有的性能。相比于单一材料，纳米“竹子”的太阳能制氢效率提高了一个数量级，这为今后设计开发新型高效太阳能制氢材料提供了新途径。

思考和练习

1. 金属材料的力学性能主要包括哪几个方面？其主要指标有哪些？
2. 什么是金属的工艺性能？主要包括哪几个方面？
3. 45 钢、T12 钢、HT200 各属于什么钢种？它们常用于制造什么工件？
4. 有一批 45 钢材中混入了少量的外观无任何区别的 T12 钢，可用哪几种简易方法将它们区分开？
5. 铸铁按其中石墨的形态可以分为哪几类？
6. 常见有色金属及其合金有哪些？
7. 常见合金钢的牌号、力学性能及其用途如何？
8. 谈谈对新材料的认识。

第 2 章　金属热处理

教学提示　本章涉及热处理的基本概念、分类、工艺实例和分析等几部分内容。本章以锯条的加工工艺为引题，引起大家对热处理工艺的浓厚兴趣，然后介绍热处理的基本概念和应用；在热处理的类型中除了对普通热处理和表面热处理进行重点介绍，还对近些年来出现的一些新的热处理技术进行介绍，以扩大学生的知识面；最后以手工丝锥、汽车齿轮等常用零件为实例，进行热处理工序的分析和介绍。

教学要求　掌握热处理的概念、目的、分类；掌握常用热处理(退火、正火、淬火、回火、调质、时效处理)的目的、方法和应用；掌握钢的表面热处理和化学热处理的一般方法；了解热处理的新技术、新工艺及其在工程前沿中的应用现状。

在正式介绍金属热处理的相关内容之前，请大家思考一个问题：机械工程实训中使用的手锯条，上面有锋利的锯齿，可以用来锯割金属。锯条一般是使用冲压的方法加工而成的，在进行冲压时锯条的材料是很软的，如果材料很硬根本不可能进行冲压加工，冲压成形后的锯条坯料必须进行硬化处理后才能成为合格的锯条。锯条坯料冲压前的软化处理和冲压后的硬化处理都属于金属的热处理。同样情况，钻头、锉刀、铣刀等切削刀具，自身必须具有很高的硬度，可是这么硬的工具本身也是通过切削加工出来的，那么它们是如何被加工的？

2.1　概　　述

金属热处理是将金属在固态下，经历一定的加热、保温、冷却过程，通过改变金属内部的组织，从而获得所需性能的加工方法。金属热处理方法很多，其基本共同点是：只改变材料内部组织结构，不改变表面形状与尺寸，且都是由加热、保温、冷却三个阶段构成的，如图 2-1 所示。

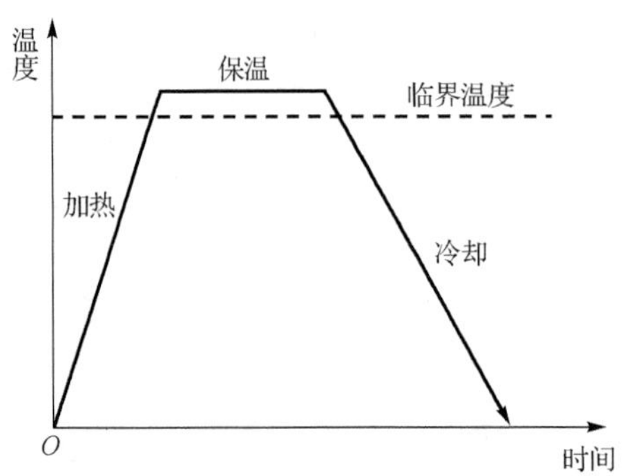

图 2-1　金属热处理的工艺曲线示意图

通过适当的热处理可以显著提高钢的力学性能，延长机器零件的使用寿命。例如，用 T7 钢制造一把钳工用的錾子，若不热处理，即使錾子刃口磨得很好，在使用时刃口也会很快发生卷刃；若将已磨好錾子的刃口局部加热至一定温度以上，保温以后进行水冷及其他热处理工艺，则錾子变得锋利而有韧性。在使用过程中，即使用榔头经常敲打，錾子也不易发生卷刃和崩裂现象。热处理不但可以强化金属材料、充分挖掘材料性能潜力、降低结构重量、节省材料和能源，而且能够提高机械产品质量、大幅延长机器零件的使用寿命，做到一个顶几个、十几个。据统计，机床工业中有 60%～70%的零件需要进行热处理；汽车、拖拉机工业中 70%～80%的零件需要进行热处理；各类工具(刀具、量具、模具等)几乎 100%需要进行热处理。因此，热处理在机械制造中占有十分重要的地位。

金属材料经热处理后性能之所以发生如此重大的变化，是因为经过不同的加热和冷却过程，钢的内部组织结构发生了变化。因此，热处理工艺就是创造一定的外因(加热、保温、冷却)，使金属内部组织根据其固有规律，发生我们所希望的某些变化，以期满足零件所要求的使用性能。表 2-1 给出了 45 钢加热到同样的温度 840℃保温后，采用不同的冷却速度时，获得的不同力学性能数据。由表可知，冷却速度不同，材料获得的内部组织差别较大，具备不同的力学性能，因此，冷却过程是热处理的最关键环节。

表 2-1　45 钢不同冷却条件下的力学性能

冷却方法	抗拉强度 σ_m/MPa	屈服强度 σ_{el}/MPa	伸长率 $A_{11.3}$	收缩率 Z	硬度/HRC
炉冷(退火)	530	280	32.5%	49.3%	15～18
空冷(正火)	670～720	340	15%～18%	45%～50%	18～24
油冷(油淬)	900	620	12%～20%	48%	40～50
水冷(水淬)	1100	720	7%～8%	12%～14%	52～60

热处理的种类很多，根据加热、冷却方式及获得组织和性能的不同，金属的热处理工艺可分为普通热处理(退火、正火、淬火和回火，合称为热处理的“四把火”)、表面热处理(表面淬火和化学热处理)及特殊热处理(形变热处理、磁场热处理等)。根据热处理在零件整个生产工艺过程中位置和作用的不同，热处理工艺又分为预备热处理和最终热处理。

2.2　钢的普通热处理工艺

2.2.1　退火

退火是将组织偏离平衡状态的钢加热到工艺预定的某一温度(碳钢为 740～880℃)，经保温后缓慢冷却下来(一般为随炉冷却或埋入石灰中)，以获得接近平衡状态组织的热处理工艺。其主要目的是降低硬度，提高塑性，改善切削加工性能；细化晶粒，消除组织缺陷，改善钢的性能，并为最终热处理做好组织准备；消除内应力，稳定工件尺寸，减小变形，防止开裂；提高钢的塑性和韧性，便于进行各种冷加工。

根据钢的成分和退火的目的、要求的不同，退火可分为完全退火、球化退火、扩散退火、去应力退火等。

(1)**完全退火**。完全退火是指将钢加热到一定温度后缓慢冷却的一种退火工艺，所谓完全是指加热时获得完全的奥氏体组织。通常是工件随炉冷却或把工件埋入砂或石灰中，冷却到500～600℃出炉，在空气中冷却至室温。完全退火的目的是降低钢的硬度，细化晶粒，充分消除内应力，便于后续的机械加工(一般情况下，工件硬度在170～230HB时易于切削加工，高于或低于这个硬度范围时，都会使切削困难)。完全退火主要应用于中碳钢及低、中碳合金结构钢的锻件、铸件、热轧型材等，有时也用于焊接件。

(2)**球化退火**。球化退火是钢中碳化物球化，获得粒状珠光体的一种热处理工艺。通常将钢加热到一定温度，保温一段时间后，随炉缓慢冷却到600℃以下，再出炉空冷至室温。球化退火的目的是降低硬度、改善切削加工性能，并为以后的淬火做准备，也可减小工件淬火冷却时的变形和开裂。球化退火主要用于共析钢和过共析钢(含碳量大于0.77%)，如碳素钢、合金工具钢、滚动轴承钢等。这些钢在锻造以后必须进行球化退火才适用于切削加工，同时也可为最后的淬火做准备。

(3)**扩散退火**。又可称为均匀化退火。通常是将钢锭、铸钢件或锻坯加热到熔点温度以下100～200℃，长时间保温(一般为10～15h)，然后缓慢冷却，以获得化学成分和组织均匀化的热处理工艺。由于扩散退火加热温度高，因此退火后晶粒粗大，可用完全退火或正火细化晶粒。扩散退火的目的是消除铸锭或铸件在凝固过程中产生的枝晶偏析及区域偏析，使成分或组织均匀化。

(4)**去应力退火**。去应力退火又称为低温退火，通常是将钢加热到500～650℃，保温一段时间，然后随炉缓慢冷却至200～300℃，再出炉空冷至室温。其主要是为了消除铸件、锻件和焊件以及冷变形等加工中所造成的内应力。因去应力退火温度低、不改变工件原来的组织，故应用广泛。

2.2.2　正火

正火是将钢件加热到一定温度(碳钢为760～920℃)，保温适当的时间后，在空气中冷却的热处理工艺。正火的目的主要有以下三个方面。

(1)**作为最终热处理**。对强度要求不高的零件，正火可以作为最终热处理。正火可以细化晶粒，使组织均匀化，从而提高钢的强度、硬度和韧性。

(2)**作为预先热处理**。截面较大的结构钢件，在淬火或调质处理(淬火加高温回火)前常进行正火，可以消除魏氏组织和带状组织，并获得细小而均匀的组织。对于含碳量大于0.77%的碳钢和合金工具钢中存在的网状渗碳体，正火可减少二次渗碳体量，并使其形不成连续网状，为球化退火做组织准备。

(3)**改善切削加工性能**。正火可改善低碳钢(含碳量小于0.25%)的切削加工性能。低碳钢退火后硬度过低，切削加工时容易“粘刀”，表面粗糙度很差，通过正火使其硬度提高至140～190HB，接近于最佳切削加工硬度，从而改善切削加工性能。

正火与退火相比，所得温室组织相同，但正火的冷却速度比退火要快。因此，正火后的组织比退火组织要细小些，钢件的强度、硬度比退火高一些。正火具有操作简便、生产周期短、生产效率较高、成本低等特点。

2.2.3　淬火

淬火是将钢件加热到某一温度(碳钢为770～870℃)，保温一段时间，然后在冷却介质中快速冷却，以获得一种高硬度组织(马氏体)的热处理工艺。淬火的主要目的是获得高硬度的组织，并与适当的回火工艺相配合，以提高钢的力学性能。所以淬火和回火又是不可分割的、紧密衔接在一起的两种热处理工艺。淬火、回火作为各种机器零件及工具、模具的最终热处理是赋予钢件最终性能的关键性工序，也是钢件热处理强化的重要手段之一。例如，淬火加低温回火可以提高工具、轴承、渗碳零件或其他高强度耐磨件的硬度和耐磨性；结构钢通过淬火加高温回火可以得到强韧结合的优良综合力学性能；弹簧钢通过淬火加中温回火可以显著提高钢的弹性极限。

1. **淬火介质**

在生产上淬火常用的冷却介质有水、盐水、油和熔融盐碱等，其冷却特点见表2-2。

表2-2 常用淬火冷却介质的冷却特点

冷却介质	冷却能力/(℃/s)	
	550～650℃	200～300℃
水(18℃)	600	270
水(26℃)	500	270
水(50℃)	100	270
水(74℃)	30	200
10%食盐水溶液(18℃)	1100	300
10%苛性钠水溶液(18℃)	1200	300
10%碳酸钠溶液(18℃)	800	270
肥皂水	30	200
矿物机油	150	30
菜籽油	200	35

(1)**水**：最常用的冷却介质，其特点是冷却能力强，使用方便，成本低。水对550～650℃的材料冷却能力较大，但要注意使用温度，水温不能超过30～40℃，否则冷却能力下降。主要用于形状简单和大截面碳钢零件的淬火。

(2)**盐水**：5%～10% NaCl或NaOH等水溶液的冷却能力比水更强。被冷却材料的温度为200～300℃时，盐水的冷却能力仍很强，但对减少变形不利，因此它们也只能用于形状简单、截面尺寸较大的碳钢工件。

(3)**油**：一种应用广泛的冷却介质，主要是各种矿物油，如机油、锭子油、变压器油和柴油等。油对温度为200～300℃的材料冷却能力较低，有利于减少工件的变形和开裂。对温度为550～650℃的材料冷却能力差，不利于碳钢的淬火。因此，油主要用于合金钢和小尺寸碳钢工件的淬火。

(4)**熔融盐碱**：为了减少零件淬火时的变形和开裂，常用盐浴和碱浴作为淬火冷却介质，它们冷却材料的范围一般为150～500℃，冷却能力介于油和水之间，其特点是高温区间有较强的冷却能力，而在接近使用温度时冷却能力迅速下降，有利于减少零件变形和开裂。这种冷却介质适用于形状复杂、尺寸较小和变形要求较严格的零件，经常用于分级淬火和等温淬火等工艺。

近几年来经研究又出现了聚乙烯醇、三乙烯醇和高浓度硝盐等水溶液作为淬火的冷却介质，其冷却性能介于水与油之间，且有着良好的经济和环境效益，是淬火冷却介质应用与发展的方向。

2. **淬火方法**

由于冷却介质不能完全满足淬火质量的要求，所以在热处理工艺方面还应考虑从淬火方法上加以解决。常见的淬火方法如下。

(1) **单介质淬火**：将加热好的工件放入一种冷却介质中一直连续冷却至室温的操作方法。例如，碳钢在水中冷却、合金钢在油中冷却等均属单介质淬火。这种淬火方法操作简单，易于实现机械化，应用广泛。缺点是在水中淬火应力大，工件容易变形开裂；在油中淬火，冷却速度慢，淬透直径小，大型工件不易淬透。

(2) **双介质淬火**：又称为双液淬火。工件先在较强冷却能力介质中冷却到 300℃左右，再在一种冷却能力较弱的介质中冷却，如先水淬后油淬，可有效减小内应力，减小工件变形开裂的倾向，可用于形状复杂、截面不均匀的工件淬火。双液淬火的缺点是难以掌握双液转换的时刻，转换过早容易淬不硬，转换过迟又容易淬裂。为了克服这一缺点，发展了分级淬火法。这种方法主要用于形状复杂的高碳钢和较大的合金钢等零件。

(3) **分级淬火**：将加热好的工件直接淬入一定温度的盐浴或碱浴中速冷，保持一定时间，使工件的内外温度均匀一致，然后取出在空气中冷却。分级淬火比双介质淬火易于控制，能减小热应力和变形，防止开裂。由于加热的淬火介质中冷却速度比水中或油中慢得多，所以分级淬火主要用于形状复杂、尺寸较小的碳钢和合金钢零件，特别是要求精度高、变形小的零件。例如，手工丝锥(T12 钢)，水淬后常在端部产生纵向裂纹，在刀槽处有弧形裂纹，在分级淬火后不再发生裂纹，切削性能较水淬更好，寿命延长，避免了小丝锥在使用中折断。

(4) **等温淬火**：将加热好的工件放入温度稍高(如 230℃)的盐浴或碱浴中，保温足够长的时间使其完成组织转变，获得高硬度的组织，然后再取出空冷的淬火工艺。等温淬火处理的工件强度高、韧性和塑性好，应力和变形很小，能防止开裂；但生产周期长，生产率较低。等温淬火主要用于各种中、高碳工具钢和低碳合金钢制造的形状复杂、尺寸较小、韧性要求较高的各种模具、成形刃具等工具。

2.2.4 回火

回火是将钢件加热到某一不太高的温度(150～650℃)，保温一定时间后，冷却至室温的热处理工艺。回火是紧接淬火的一道热处理工艺，大多数淬火钢都要进行回火。通过淬火和适当温度的回火配合，可以使工件获得不同的组织和性能，满足各类零件和工具对使用性能的不同要求。通常也是工件进行的最后一道热处理工艺。

回火的目的如下。

(1) 稳定钢的组织和尺寸。淬火钢的组织是不稳定的，从而引起零件形状和尺寸的变化，通过回火可以使其转变为稳定的组织，从而达到稳定其形状和尺寸的目的。

(2) 减少或消除内应力。淬火零件内部存在很大的内应力，如不及时消除，也会引起零件的变形和开裂。通过回火减小甚至消除回火内应力。

(3) 获得所需的力学性能。零件淬火后强度和硬度有很大提高，但淬火后零件的性能很脆、韧性差，不能满足零件的性能要求。通过选择适当温度的回火，可以提高零件的韧性、调整其硬度和强度，达到所需要的力学性能。

淬火钢回火后的性能主要取决于回火温度，根据对钢件的性能要求和回火温度的不同，一般将回火分为以下三种。

(1) **低温回火**(150～250℃)。低温回火的目的是在保持高的硬度、强度和耐磨性的情况下，适当提高淬火钢的韧性和减少淬火内应力。低温回火后硬度一般可达到 55～64HRC。低温回火主要用于各种高碳钢制作的切削工具、冷作磨具、滚动轴承、精密量具、丝杆以及渗碳后淬火及表面淬火的零件等。

(2) **中温回火**(350～500℃)。中温回火的目的是使淬火钢中的内应力大大降低，使钢的弹性极限和屈服极限显著提高，同时又具有足够的强度、塑性、韧性。中温回火主要用于各种弹簧钢、塑料模、热锻模及某些要求强度较高的零件，如刀杆、轴套等。中温回火后硬度为 35～50HRC。

(3) **高温回火**(500～650℃)。高温回火的目的是得到高强度和较高塑性、韧性相配合的综合力学性能。生产中一般把淬火+高温回火的热处理称为调质处理。高温回火主要用于各种重要的结构零件，特别是在交变载荷下工作的连杆、螺栓、螺帽、曲轴和齿轮等零件。调质处理后的硬度为 25～35HRC。

2.3　钢的表面热处理工艺

工程中许多重要的零件(如曲轴、齿轮、花键轴、凸轮轴等)在工作时，总要承受摩擦、扭转、弯曲、交变载荷及冲击载荷作用。因此要求心部有高的韧性，而表面有高的强度、硬度、耐磨性和疲劳强度。但整体热处理工艺很难兼顾零件表面和心部各具有不同的性能要求，因而往往有必要对材料的表面进行特殊的热处理。所谓表面热处理就是仅改变工件表层的组织或同时改变表层的化学成分的一种热处理方法，常用的有表面淬火和化学热处理。其目的是提高表面硬度、耐磨性、耐腐蚀性、耐热性等，防止或降低表面损伤，提高零件的可靠性和使用寿命。

2.3.1　表面淬火

表面淬火是将零件表层以极快的速度加热到奥氏体化温度后(当热量还未传到工件心部)急冷，使表层转变为高硬组织而心部仍保持不变的热处理工艺。表面淬火只改变表层组织性能而不改变钢的化学成分。

表面淬火用钢大多选用中碳钢或中碳低合金钢，如 40、45、40Cr、40MnB 等低淬透性钢。另外，在某些条件下，高碳工具钢、低合金工具钢、铸铁(灰铸铁、球墨铸铁等)等制件也可通过表面淬火进一步提高表面耐磨性。

常用的表面淬火方法有火焰加热表面淬火、感应加热表面淬火等。

(1) **火焰加热表面淬火**。火焰加热表面淬火是用氧-乙炔焰(火焰温度达 3100℃)，喷射在零件表面快速加热，当表面达到淬火温度后，立即喷水冷却的一种方法，如图 2-2 所示。

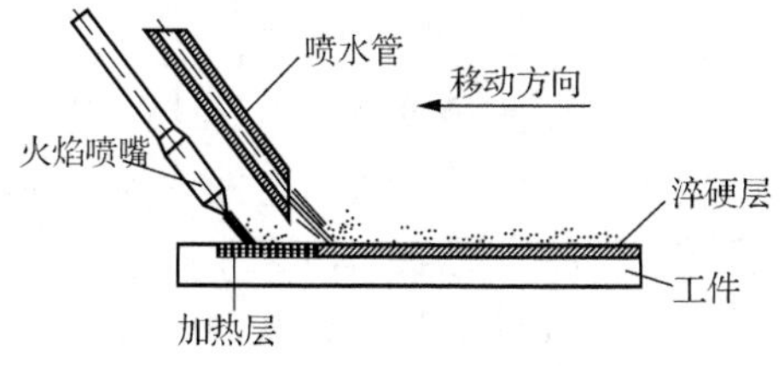

图 2-2　火焰加热表面淬火示意图

火焰加热表面淬火的特点：①操作简便，不需要特殊设备；②淬硬层深度一般为 2～6mm；③加热温度不易控制，淬火质量难以稳定；④适于单件、小批量生产的大型零件和需局部淬火的零件或工具，如大型轴类、大模数齿轮等。

(2) **感应加热表面淬火**。感应加热表面淬火是利用感应电流使零件表面或局部快速加热到淬火温度，然后用水冷却的一种淬火方法，如图 2-3 所示。

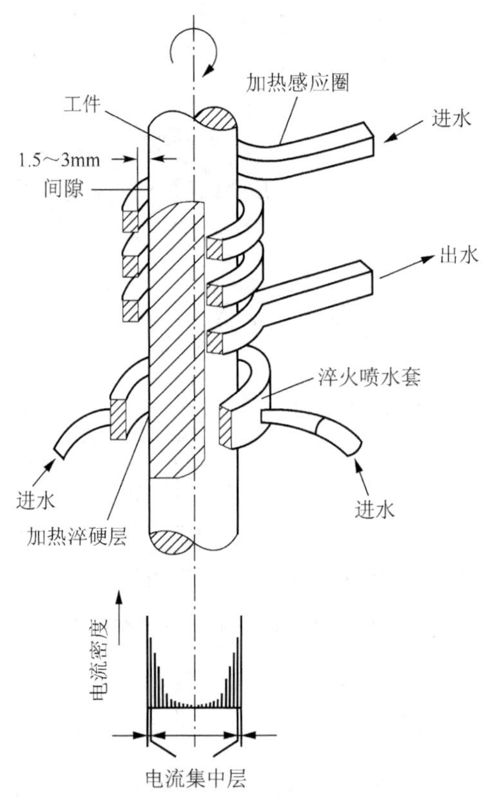

图 2-3　感应加热表面淬火示意图

感应加热淬火的特点：①与普通淬火相比，感应加热表面淬火的加热速度极快(几十秒)，工件不易氧化脱碳，耐磨性好，因心部未被加热，淬火变形小；②工件表层存在残余压应力，能显著提高零件的疲劳强度，小尺寸零件可提高 2～3 倍，大尺寸零件可提高 20%～30%；③加热时间短，硬度高(比普通淬火高 2～3HRC)，脆性小，疲劳强度好；④加热温度和淬硬层深度易控制，便于实现机械化和自动化批量生产，生产率高；⑤感应加热设备较贵，维修、调整较难，不适于形状复杂的零件和单件小批量生产。

2.3.2　化学热处理

化学热处理是将钢件置于一定温度的活性介质中加热、保温，使介质中的一种或几种元素渗入工件表层，以改变工件表层化学成分和组织，进而达到改进表面性能，满足技术要求的热处理工艺。化学热处理的主要作用有：强化表面，提高零件的力学性能，如表面硬度、耐磨性、疲劳强度和多次冲击抗力；保护零件表面，提高某些零件的物理性能和化学性能，如耐高温及耐腐蚀性能等。

化学热处理的优点：与钢的表面淬火相比，化学热处理不受零件外形的限制，可以获得较均匀的淬硬层；由于表面成分和组织同时发生变化，所以耐磨性和疲劳强度更高；表面过热现象可以在随后的热处理过程中得以消除。

化学热处理基本上都是由三个过程组成的。

分解：由介质在一定温度和压力下分解出渗入元素的活性原子。

吸收：工件表面对活性原子进行吸收。

扩散：原子由表面向内部扩散，形成一定的扩散层。

按渗入元素不同，化学热处理可分为渗碳、渗氮、碳氮共渗、渗硼、渗铝等。目前，生产上应用最广的仍然是渗碳、渗氮、碳氮共渗。

(1)**渗碳**。将钢件在渗碳剂中加热到高温(900～950℃)，保温使碳原子渗入钢件表层，以获得高碳表面组织的工艺方法。渗碳的目的：提高钢件表层的硬度和耐磨性，而其内部仍保持原来高的塑性和韧性。渗碳零件必须用低碳钢，为了使零件具有较高的硬度，还可采用低碳合金钢。零件渗碳后应进行淬火加低温回火，以获得高硬度、高耐磨性的表层组织。

(2)**渗氮**。渗氮俗称氮化，是指在一定温度下使活性氮原子渗入工件表面，形成氮硬化层的化学热处理工艺。其目的是提高零件表面硬度(可达 1000～1200HV)、耐磨性、疲劳强度、热硬性和耐腐蚀性等。渗氮主要用于耐磨性要求很高的精密零件，如精密齿轮、高精度机床主轴、镗床镗杆、精密丝杠等；也用于较高温度下工作的耐磨零件，如气缸套筒、气阀及压铸模等。为保证心部有足够的强度，氮化前应先进行调质处理。

渗氮用钢大多是含铬、钼、铝、钛、钒等元素的中碳合金钢，如 38CrMoAl、35CrMo、18CrNiW 等是较为典型的氮化用钢。

(3)**碳氮共渗**。碳氮共渗是向钢件表面同时渗入碳和氮原子的化学热处理工艺，俗称氰化。碳氮共渗零件的性能介于渗碳与渗氮零件之间。目前中温(780～880℃)气体碳氮共渗和低温(500～600℃)气体碳氮共渗的应用较为广泛。前者主要以渗碳为主，用于提高钢件的硬度、耐磨性、疲劳强度；而后者以渗氮为主，主要用于提高工模具的表面硬度、耐磨性与抗咬合性。

碳氮共渗用钢常为低碳钢或中碳钢及中碳合金钢，共渗后可直接淬火和低温回火。

2.4　热处理新技术

近年来，随着科学技术的发展，热处理生产技术也发生着深刻的变化。先进热处理技术正走向定量化、智能化和精确控制的新水平，各种工程和功能新材料、新工艺，为热处理技术提供了更加广阔的应用领域和发展前景。目前，热处理技术一方面是对常规热处理方法进行工艺改进，另一方面是在新能源、新工艺方面取得突破，从而达到既节约能源，提高经济效益，减少或防止环境污染，又能获得优异的性能的目的。热处理新技术的主要发展方向可以概括为八个方面，即少/无污染、少/无畸变、少/无质量分散、少/无能源浪费、少/无氧化、少/无脱碳、少/无废品、少/无人工。

1. 激光热处理

激光热处理又称为激光淬火，是采用激光束照射金属表面，当钢件表面的温度快速升高后关闭激光束，在热传导作用下，工件迅速自然冷却，在其表面形成一层较薄的组织。与常规淬火模式相比，激光热处理后的工件表面硬度更高，成为当前常见的热处理工艺之一，如图 2-4 所示。

图 2-4　激光淬火

激光热处理具有：加热速度快，加热到相变温度以上仅需要百分之几秒；淬火不用冷却介质，而是靠工件自身的热传导自冷淬火；光斑小，能量集中，可控性好，可对复杂的零件进行选择加热淬火；能细化晶粒，显著提高表面硬度和耐磨性；淬火后，几乎无变形，且表面质量好。激光热处理主要用于精密零件的局部表面淬火，也可对微孔、沟槽、盲孔等部件进行淬火。

2. 可控气氛热处理

在炉气成分可控的热处理炉内进行的热处理称为可控气氛热处理。在热处理时实现无氧化加热是减少金属氧化损耗，保证制件表面质量的必备条件。而可控气氛则是实现无氧化加热的最主要措施。正确控制热处理炉内的炉气成分，可为某种热处理过程提供元素的来源，金属零件和炉气通过界面反应，其表面可以获得或失去某种元素。也可以对加热过程的工件提供保护，如可使零件不被氧化、脱碳或增碳，保证零件表面耐磨性和抗疲劳性能，从而可以减少零件热处理后的机加工余量及表面的清理工作，缩短生产周期，节能、省时，提高经济效益。可控气氛热处理已成为在大批量生产条件下应用最成熟、最普遍的热处理技术之一。

3. 真空热处理

真空热处理是在 0.0133～1.33Pa 真空度的真空介质中对工件进行热处理的工艺。它具有无氧化、无脱碳、无元素贫化的特点，可以实现光亮热处理，可以使零件脱脂、脱气，避免表面污染和氢脆；同时可以实现控制加热和冷却，减少热处理变形，提高材料性能；还具有自动化、柔性化和清洁热处理等优点。近年已广泛应用并获得迅速发展。

真空热处理和可控气氛并驾齐驱的应用面很广的无氧化热处理技术，也是当前热处理生产技术先进程度的主要标志之一。真空热处理不仅可实现钢件的无氧化、无脱碳，而且还可以实现生产的无污染和工件的少畸变。据国内外经验，工件真空热处理的畸变量仅为盐浴加热淬火的三分之一，因而它还属于清洁和精密生产技术范畴。除上述优点之外，真空热处理还可以减少或省去热处理后清洁和磨削加工工序，改善劳动条件，实现自动控制。

真空热处理本身所具备的一系列特点使其得到了突飞猛进的发展。现在几乎全部热处理工艺均可以进行真空热处理，如退火、淬火、回火、渗碳、渗氮等。而且淬火介质也由最初仅能气淬，发展到现在的油淬、水淬、硝盐淬火等。

4. 超硬涂层技术

超硬涂层并不是一种技术，而是多种涂层技术的合称，其本质是采用多种技术在金属表面制备涂层，该涂层硬度较高，从而实现金属表面硬度的提升，如图 2-5 所示。一般用于超硬涂层的物质包括氮化金属、碳化金属、硼化金属及氧化金属等金属衍生物，也包括金刚石、氮化硼、氮化碳、纳米结构及纳米晶等。将上述物质涂抹于金属表面，采用蒸镀、溅射、沉积、离子镀等形式完成涂层的制备。超硬涂层技术的优势在于方便快捷，对金属材质内部的影响较小，因此，超硬涂层技术是金属热处理中应用最广泛的技术之一，也是当前提高金属表面硬度的主要方式。目前金属热处理涂层技术不断发展，采用更为先进的方式进行金属材料涂层处理，可以更为简单快捷地提升金属材料表面硬度，具有极高的应用效果。

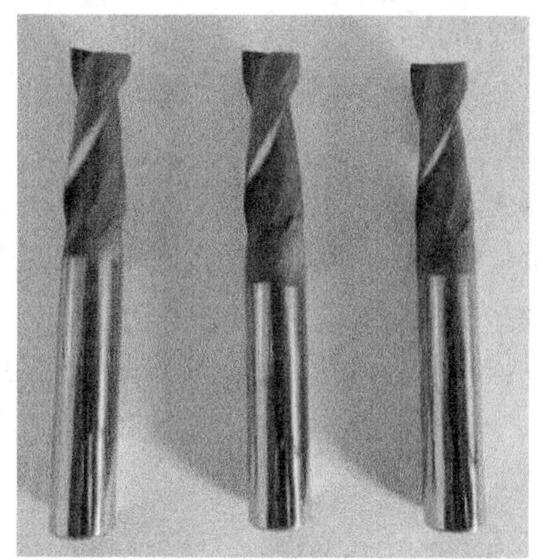

图 2-5　金刚石涂层

5. 化学薄层渗透技术

化学热处理的主要方式是将化学成分薄层渗透到金属材料之上，从而改善金属实际柔韧性和硬度，这种薄层渗透的方式能够改变金属表面形态，从而降低金属材料在生产加工过程中的浪费。另外，采用化学薄层渗透的金属物质在加工过程中能够降低生产成本，并避免金属加工对环境造成的影响。同时，与传统化学处理模式相比，薄层渗透仅作用于金属表面，无须渗入金属的内部结构，其处理方法较为简单，所产生的效果较好，具有极高的性价比，能够提升技术材料热处理效率。

6. 热处理 CAD 技术

CAD（computer aided design）也就是计算机辅助设计。CAD 技术通过计算机进行智能化模拟，将金属材料热处理的全过程进行建模，从而了解该金属材料热处理过程中可能会出现的各种问题，进行智能化调整后，再应用于实际生产操作之中。这种方式能够不断完善金属热处理效果，采用模拟—分析—研究这一结构对金属材料热处理工艺加以完善，实施预见性、全面性的金属热处理模式。同时，通过 CAD 技术进行金属材料热处理，能够重点加强金属材料处理前后各项参数的对比，进而掌握金属热处理前后参数变化情况与处理方式、处理时间等变量之间的关系，根据实际需要制定相应的处理模式，有助于提升金属材料热处理的效果。

为了提升热处理技术的节能性与环保性，可以在计算机平台上有效设置相关的技术参数，不断提升参数的精确性。此外，这种先进的计算机技术还能够实现热能的分析与处理，精准判断金属材料热处理中可能出现的多余热量，并将这些热量有效回收利用好，避免热量的流失以及热量的浪费，全面降低金属材料热处理的能耗。

2.5　热处理工艺实例与分析

热处理是机械制造过程中的重要工序，安排在各个冷热加工工序之间，起着承上启下的作用。合理选择与制定热处理工艺方案，对于改善钢的切削加工性能，保证产品质量，满足使用要求，具有重要的意义。每一种热处理工艺都有其特点，每一种材料也有其适宜的热处理工艺方法，实际工作中零件的结构、形状、尺寸及性能要求等都不一样。因此，要根据多方面的因素正确地选择热处理方案。

1. 热处理工序确定的一般规律

根据热处理的目的和工序位置的不同，热处理工序可分为预备热处理和最终热处理两大类，其工序安排的基本原则如下。

(1)预备热处理：包括退火、正火和调质等，一般安排在毛坯生产之后，切削加工之前，或粗加工之后、半精加工之前。当工件的性能要求不高时，经退火、正火或调质后工件不再进行其他的热处理，此时属于最终热处理。

(2)最终热处理：包括整体淬火、回火(低温、中温)、表面淬火、渗碳和渗氮等。由于经过最终热处理后工件的硬度更高，难以切削加工(磨削除外)，所以最终热处理一般安排在半精加工之后，精加工(一般为磨削)之前。

2. 热处理工艺实例

(1)手用丝锥。手用丝锥是加工内螺纹的切削刃具，工作时载荷较小，切削速度低，失效形式以磨损为主，因此，要求刃部具有较高的硬度和耐磨性，心部具有足够的强度和韧性，如图 2-6 所示。

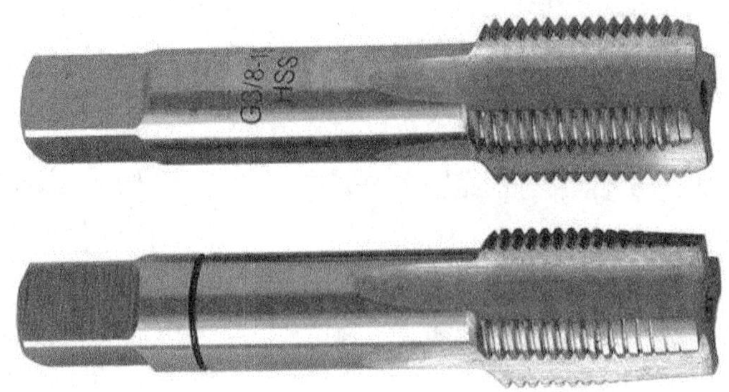

图 2-6　手用丝锥

手工丝锥采用 T12A 钢，热处理技术要求：刃部硬度为 61～63HRC，柄部硬度为 30～45HRC。

手工丝锥的工艺路线：下料→球化退火→机械加工→分级淬火、低温回火→柄部快速回火→防锈处理(发蓝)→检验。

热处理工艺路线中各工序的作用如下。

球化退火：为了降低坯料硬度，改善切削加工性能，并为后面的热处理做好组织准备。加热温度为(760±10)℃，保温 4h 后炉冷。

分级淬火、低温回火：使刃部达到硬度要求，为减少变形，淬火采用硝盐等温淬火，使丝锥的强度和韧性提高。淬火时先预热至 600～650℃停留 8min，再加热(790±10)℃保温 4min，然后在 210～220℃的盐浴中停留 30～45min 后空冷；低温回火时加热温度为 180～220℃，保温 1.5～2h 后空冷。

柄部快速回火：柄部硬度要求不高，常用快速回火的方法，即把柄部的一半浸入 580～620℃的盐浴中加热 15～30s，然后立即水冷，以防热量传到刃部使其硬度降低。

防锈处理(发蓝)：指钢件在高温浓碱(NaOH)和氧化剂($NaNO_2$或$NaNO_3$)中加热，使表面形成致密氧化层的表面处理工艺。致密的氧化层可以保护钢件内部不受氧化，起到防锈的作用。

(2)汽车齿轮。汽车齿轮的任务是将发动机的动力传递到后轮，承受重载和较大冲击力的构件(图 2-7)。其工作条件比较复杂，要求齿面具有高的硬度(60～62HRC)和耐磨性、齿心部具有高的强度和优良的韧性。考虑到渗碳工艺性的要求和淬透性的问题，可选用 20CrMnTi 钢制作。

图 2-7　汽车齿轮

其工艺路线为：下料→锻造→正火→粗加工、半精加工→渗碳→淬火+低温回火→喷丸→校正花键孔→精磨齿。

热处理工艺路线中各工序的作用如下。

正火：为了细化晶粒改善组织，提高切削加工性能，为最终热处理做好准备。

渗碳：为保证齿轮接触表面有足够的强度和硬度，同时零件心部由足够的塑性和韧性，进行的表面化学热处理。

淬火+低温回火：齿轮类零件的最终热处理，通过淬火处理使得齿轮表面得到高硬度、高强度和高的耐磨性；低温回火是为了减小或消除淬火钢件中的内应力，保持淬火工件高的硬度和耐磨性，降低淬火残留应力和脆性。

喷丸：使用丸粒轰击轮齿表面并植入残余压应力，提升齿面疲劳强度。

思考和练习

1. 热处理的目的是什么？

2. 淬火的目的是什么？淬火方法有哪几种？比较几种淬火方法的优缺点？

3. 什么是回火？淬火钢回火的目的是什么？

4. 渗碳的目的是什么？渗碳适用于什么钢？

5. 现有一批45钢普通车床传动齿轮，其工艺路线为：锻造→热处理①→机械加工→热处理②→高频淬火→回火。试问热处理①和热处理②应进行何种热处理？为什么？

6. 已知某机床的主轴的材料为40Cr钢，其生产工艺路线为：下料→锻造→正火→粗车→调质→精车→锥部整体淬火→回火(43HRC)→粗磨→人工时效→精磨。请说明每道热处理工序的作用。

第 3 章　铸　　造

教学提示　铸造是指将熔融金属液浇入铸型，凝固后获得一定形状和性能的金属件（铸件）的成形方法。铸造是机械制造工业中毛坯和零件的主要供应者，在国民经济中占有极其重要的地位。以铸型为分类标志的铸造方法可分为砂型铸造和特种铸造两大类，其中砂型铸造应用最广泛。特种铸造又可分为金属型铸造、压力铸造、消失模铸造、熔模铸造和离心铸造等。

教学要求　熟悉铸造生产的工艺过程、特点和应用；了解主要型（芯）砂的性能及配比；掌握手工两箱造型（整模、分模、挖砂等）的特点及操作技能；了解铸件的落砂和清理以及常见的铸造缺陷；了解铸造生产安全技术、环境保护，并能进行简单的经济分析。

3.1　概　　述

将熔融金属液浇入具有与零件形状相适应的铸型空腔中，待其冷却凝固后获得一定形状和性能的毛坯或零件的方法称为铸造。所铸出的零件称为铸件。

铸造是历史最悠久的金属成形方法之一。早在公元前 4000 年以前，人类就开始使用铸造方法制造箭头、矛头等青铜兵器。在我国历史上所出现的青铜器文化就是以高水平的青铜冶炼和铸造技术为基础的。图 3-1 所示为我国著名国宝后母戊鼎，是目前已出土的最大最重的青铜器，鼎身以雷纹为地、四周浮雕刻出盘龙及饕餮纹样，充分体现了我国古代青铜冶铸生产规模、造型和纹饰等方面高超工艺水平。

大多数铸件作为毛坯，需要经过机械加工才能成为各种机器零件，有的铸件当达到使用的尺寸精度和表面粗糙度要求时，可作为成品或零件直接应用。在机床、汽车、动力机械等制造业中，25%～80%的毛坯为铸造而成，图 3-2 所示的发动机缸体零件，其毛坯就是铸造出来的。

铸造生产可以制成形状复杂的毛坯或零件，如各种复杂的箱体、床身、阀体、叶轮、发动机缸体、机架等；铸造的原材料来源广泛，能熔化成液态的合金材料均可用于铸造，如铸钢、铸铁、各种铝合金、铜合金、镁合金、钛合金及锌合金等；铸造工艺设备费用少、成本低；所得铸件与零件尺寸较接近，加工余量小，节约加工工时和金属材料；但存在铸件内部组织粗大、不均匀，力学性能较差，生产周期长，铸件精度不高，工人劳动强度大、劳动条件差，环境污染严重等问题。

图 3-1　后母戊鼎

图 3-2　发动机缸体

随着近年来铸造合金材料和铸造工艺技术的发展，特别是精密铸造的发展和新型铸造合金材料的成功应用，铸件的表面质量、尺寸精度及力学性能等都有了显著提高，铸造的应用范围也日益扩大。

铸造按照其方法可分为砂型铸造和特种铸造两大类。其中，特种铸造包括金属型铸造、压力铸造、消失模铸造、熔模铸造、离心铸造等。砂型铸造是最基本的铸造方法，因型砂来源广泛，价格低廉，且砂型铸造方法适应性强，因而砂型铸造成为目前铸造生产中应用最广泛的一种铸造方法。

3.2　砂 型 铸 造

3.2.1　砂型铸造的生产过程

砂型铸造生产过程复杂、工序繁多，其主要工序为根据零件的形状和尺寸设计制造模样与芯盒，然后进行配砂、造型、造芯、熔化金属、浇注等工序，待铸件凝固后经落砂、清理、检验后得到所需的铸件。砂型铸造的生产过程如图 3-3 所示。

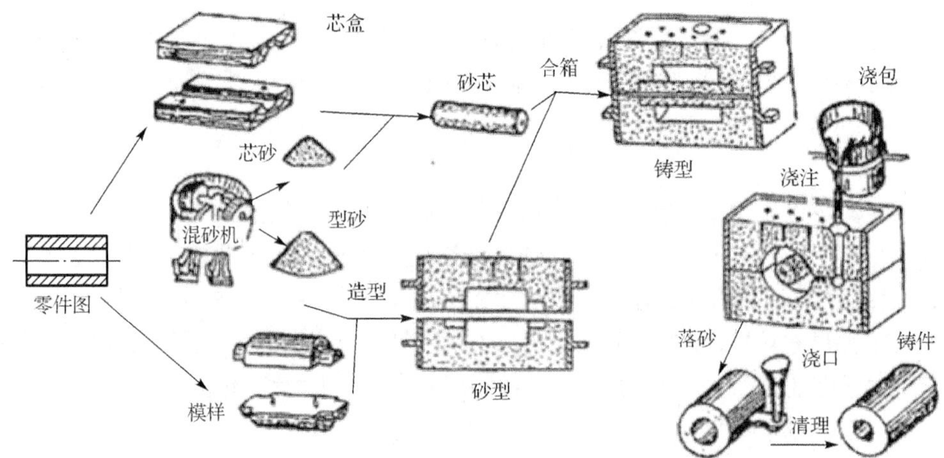

图 3-3　砂型铸造的生产过程

3.2.2 砂型与造型材料

1. 砂型

砂型一般由上型、下型、型腔、型芯、浇注系统等部分组成，如图3-4所示。上、下型的接合面称为分型面。型芯一般用来表示铸件的内孔和内腔。型腔就是造型材料包围形成的空腔部分，与浇注后得到的铸件形状一致。浇注系统是砂型中引导液态金属进入型腔的通道。通气道用于排出铸造生产时型腔中的气体。

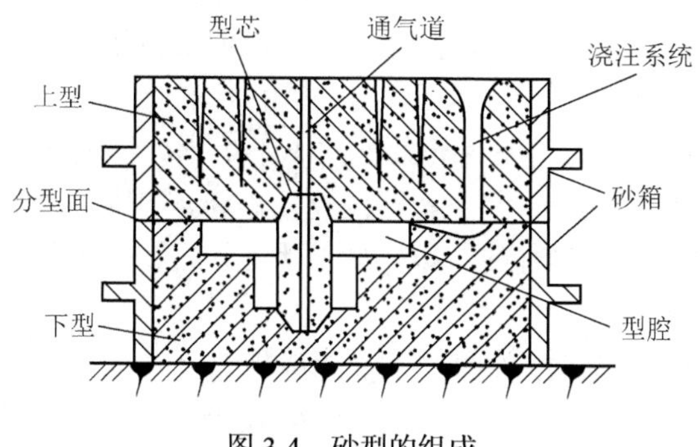

图3-4 砂型的组成

2. 型(芯)砂的组成成分

砂型是由型(芯)砂等作为造型材料制成的。型(芯)砂由原砂、黏结剂、附加物及水等按一定配比混制而成。

(1)原砂。原砂是型砂的主体，其主要成分是SiO_2，耐火温度高达1710℃。原砂颗粒度的大小、形状对型砂的性能影响很大，因此原砂颗粒粗细要适当，粒度一般为50～140目。

(2)黏结剂。黏结剂的作用是使砂粒黏接成具有一定强度和可塑性的型砂。常用的黏结剂有普通黏土和膨润土。它们的吸水性、黏结性均较强时，加入少许即可显著提高型砂的湿强度。当型芯形状复杂或有特殊要求时，可用水玻璃、植物油、合成树脂等作为黏结剂。

(3)附加物。为改善型(芯)砂的性能而加入的材料称为附加物。常用作附加物的材料有煤粉、木屑等。型砂中加入煤粉可以在高温液态金属的作用下燃烧形成气膜，以隔绝液态金属和砂型内腔的直接作用，从而防止铸件表面黏砂，提高铸件表面光洁度；加入木屑能改善型砂的透气性和退让性。

(4)水。黏土中的水分对型砂性能和铸件质量影响很大。黏土只有被水润湿后，其黏性才能发挥作用，在原砂和黏土中加入一定量的水后，在砂粒表面包上一层黏土膜，经紧实后会使型砂具有一定的强度和透气性。加入的水分要适量，水分多造型易黏模，易造成气孔等缺陷，使型砂强度降低；水分少使起模困难，易产生砂眼、黏砂等缺陷，合适的黏土、水分比为3:1。

3. 型(芯)砂的性能要求

铸型在浇注、凝固过程中要承受金属液的冲刷、静压力和高温的作用，并排出大量气体。型芯还要承受铸件凝固时的收缩压力等，因而为获得优质铸件，型(芯)砂应满足如下性能要求。

(1)强度。型(芯)砂抵抗外力破坏的能力称为强度。强度太低，在造型、搬运、合箱过程中易引起塌箱，或在液态金属的冲刷下使铸型表面破坏或变形，造成铸件砂眼、冲砂、夹砂等缺陷。强度过高不仅会使铸型太硬，妨碍铸件冷却时的收缩，导致铸件产生内应力甚至开裂，而且还会使型砂的透气性变差，形成气孔等缺陷。型砂中黏结剂含量的提高、砂粒细小以及紧实度增加均可使型砂强度提高。

(2) 透气性。型(芯)砂具备的让气体通过和使气体顺利逸出的能力称为透气性。浇铸过程中，型腔中的气体和砂型在高温金属液作用下产生的气体都必须透过型砂排出型外。否则易在铸件内形成气孔，甚至引起浇不足现象。型(芯)砂的透气性与砂子的颗粒度、黏土及水分的含量有关。砂粒越粗大、均匀，且为圆形，砂粒间孔隙就越大，透气性就越好。随着黏土含量的增加，型砂的透气性通常会降低；但黏土含量对透气性的影响与水分的含量密切相关，只有含水分量适当时，型砂的透气性才能达到最大值。型砂紧实度增大，砂粒间孔隙就越小，型砂透气性降低。

(3) 耐火性。型(芯)砂在高温液态金属作用下不熔化、不烧结、不软化、保持原本性能的能力称为耐火性。耐火性低的型砂易被高温熔化而破坏，产生黏砂等缺陷。型砂中的耐火性主要取决于原砂中 SiO_2 的含量。原砂中 SiO_2 的含量越高，杂质越少，砂粒粗大而圆整，则耐火性越好。

(4) 可塑性。造型时，型砂在外力作用下能塑制成形，而当外力去除并取出模样后，仍能保持清晰轮廓形状的能力称为可塑性。可塑性好、便于造型、易于起模。可塑性与型砂中的黏土和水分的含量以及砂子的粒度有关。一般砂子颗粒越细、黏土量越多、水分适当时，型砂的可塑性越好。

(5) 退让性。铸件冷却收缩时，型砂能相应地压缩变形，而不阻碍铸件收缩的性能称为退让性。退让性差，铸件在凝固收缩时会受阻而产生内应力、变形和裂纹等缺陷。型砂中的原砂颗粒越细小均匀，黏结剂含量越高，砂型越紧实，退让性就越差。对于一些收缩较大的合金或大型铸件可在型砂中加入少量锯末或焦炭粒等物质，以增加退让性。

此外，芯砂在浇注后处于金属液的包围中，工作条件差，除应具有上述性能外，必须有较低的吸湿性、较小的发气性、良好的溃散性等。

4. 型(芯)砂的制备

型(芯)砂的制备工艺对造型用砂的性能有很大影响。铸造生产用的型砂一般是由新砂、旧砂、黏结剂、附加物和水按一定工艺配制而成的。新砂中常混有水、泥土以及其他杂质，需烘干并筛去固体杂质。旧砂因浇注后会烧结成很多大块的砂团，需经破碎后才能使用。旧砂中含有铁钉、木块等杂质，需拣出或经筛分后除去。一般小型铸铁件型砂比例为新砂 2%～20%，旧砂 80%～98%，黏土 8%～10%，水 4%～8%，其余附加物如木屑、煤粉占新旧砂总和的 2%～5%。铸造铝合金应选用较细砂粒，不必加煤粉。

按一定比例选择好的制砂材料必须混合均匀，才能使型(芯)砂具有良好的强度、透气性和可塑性等性能。大批量生产时用碾轮式混砂机进行混制，并送型砂试验仪检验。在黏土砂混砂过程中，加料顺序是：旧砂→新砂→黏结剂→附加物→水。为使混砂均匀，混砂时间不宜太短，否则会影响型砂的使用性能，一般在加水前先干混 2～3min，再加水湿混约 10min。小批量生产时用手捏法检验，即用手攥一把型砂，感到潮湿但不沾手，柔软易变形，印在砂团上的手指痕迹清楚，掰断砂团时断面不粉碎，说明型砂的干湿适宜、性能合格。

生产中为节约原材料，合理使用型砂，常把型砂分成面砂和背砂。与铸件接触的那一层型砂为面砂，面砂应具有较高的可塑性、强度和耐火性，常用较多的新砂配制。填充在面砂和砂箱之间的型砂称为背砂，又称填充砂，一般用旧砂。

生产中一般型芯可以用黏土芯砂，但黏土加入量要比型砂多。形状复杂、要求强度较高的型芯，要用桐油砂、合脂砂或树脂砂等。为了保证足够的耐火性和透气性，型芯中应多加新砂或全部用新砂。对于复杂的型芯，要加入锯木屑等附加物以增加退让性。

3.2.3　造型

用型砂及模样等工艺装备制造铸型的过程称为造型。造型是铸造生产中的重要工序，根据铸件的尺寸大小、形状、批量以及生产条件，一般分为手工造型和机器造型两类。

1. **手工造型**

全部用手工或手动工具完成的造型工序称为手工造型，其造型工艺简单、操作方便，但劳动强度大、生产效率低，适合单件小批量生产。

1)手工造型常用工具

手工造型常用工具如图3-5所示。

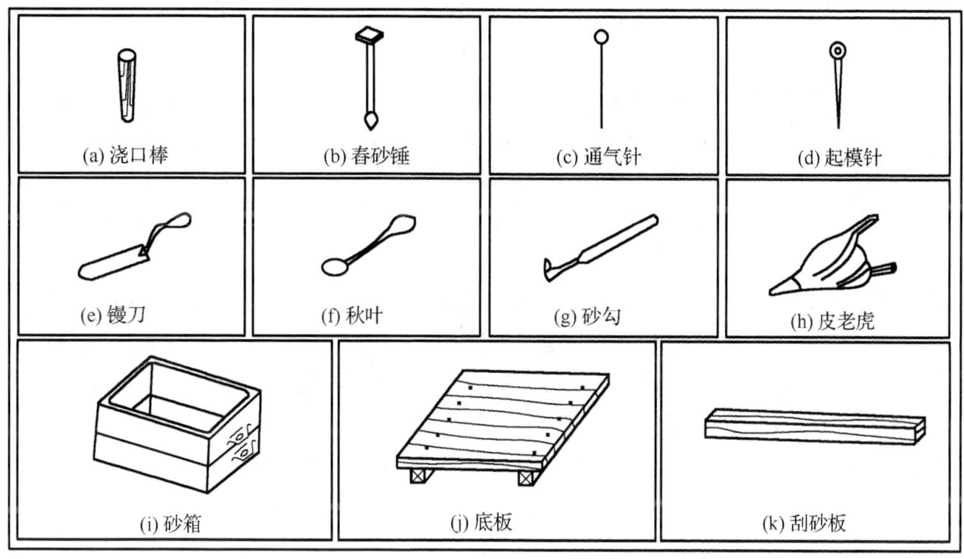

图3-5　手工造型常用工具

(1)浇口棒用于做出直浇道。

(2)舂砂锤(砂冲子)两端形状不同，尖圆头主要是用于舂实模样周围、靠近内壁砂箱处和狭窄部分的型砂，保证砂型内部紧实；平头板用于砂箱顶部砂的紧实。

(3)通气针用于在砂型上适当位置扎通气孔，以便排出型腔中的气体。

(4)起模针用于从砂型中取出模样。

(5)镘刀(又称砂刀)用于修整砂型表面或在砂型表面上挖沟槽。

(6)秋叶(又称压勺)用于在砂型上修补凹的曲面。

(7)砂勾用于修整砂型底部或侧面，也用于勾出砂型中的散砂或其他杂物。

(8)皮老虎(又称手风箱)用于吹去模样以及砂型表面上的砂粒和杂物。

(9)砂箱在造型时用来容纳和支撑砂型，浇注时对砂型起固定作用。

(10)底板用来放置模样，其大小依砂箱和模样的尺寸而定，一般用木材制成。

(11)刮砂板主要用于刮去高出砂箱上平面的型砂和修整大平面。

手工造型常用的工具还有铁锹、筛子、排笔等。

2)手工造型操作基本技术

造型方法很多，但每种造型方法大都包括舂砂、起模、修型、合箱工序。

(1)造型前的准备工作。

① 型砂配制好后，接着准备底板、砂箱、必要的造型工具。开始造型时，首先应选择平整的底板和大小合适的砂箱及确定模样在砂箱中的位置，通常模样与砂箱内壁及顶部之间需留有 30～100mm 的距离，此距离称为吃砂量。吃砂量不宜太大，否则须填入更多的型砂，并且耗费时间，加大砂型的重量；若吃砂量过小，则砂型强度不够，在浇注时，金属液容易流出。

② 擦净木模，以免造型时型砂黏在木模上，造成起模时损坏型腔。

③ 安放木模时，应注意木模上的斜度方向，不要把它放错。

(2)舂砂。模样、底板、砂箱按一定空间位置放置好后，填入型砂并舂紧。填砂和舂砂时应注意以下几点。

① 舂砂时必须分次加入型砂。对小砂箱每次加砂厚 50～70mm。加砂过多舂不紧，而加砂过少又费工时。第一次加砂时须用手将木模周围的型砂按紧，以免木模在砂箱内的位置移动，然后用舂砂锤的尖头分次舂紧，最后改用舂砂锤的平头舂紧型砂的最上层。

② 每加入一次砂，这层砂都应舂紧，然后才能再次加砂，以此类推，直至把砂箱填满紧实。

③ 舂砂用力大小应该适当，不宜过大或过小。用力过大，砂型太紧，浇注时型腔内的气体跑不出来；用力过小，砂型太松易塌箱。此外，应注意同一砂型各部分的松紧是不同的，靠近砂箱内壁的应舂紧，以免塌箱；靠近型腔部分的砂型应稍紧些，使其具有一定强度，以承受液体金属的压力；远离型腔的砂层应适当松些，以利透气。

(3)撒分型砂。下砂型造好后，应在分型面上撒一层细粒无黏土的干砂(分型砂)，然后再造另一个砂型，以便于两个砂型在分型面处分开。应该注意的是模样的分模面上不应有分型砂，如果有，应吹掉，以免在造上型时分型砂黏到上型表面，而在浇注时被液态金属冲下来落入铸件中，使其产生缺陷。撒分型砂时，应均匀撒落，在分型面上有均匀的一薄层即可。

(4)扎通气孔。上砂型制成后，应在模样的上方用直径 2～3mm 的通气针扎通气孔。通气孔分布应垂直均匀，深度不能穿透整个砂型，以便浇注时气体易于逸出。

(5)开外浇口。用浇口棒做出直浇道，开好浇口杯(外浇口)。外浇口应挖成 60° 的锥形，浇口面应修光，与直浇道连接处应修成圆弧过渡，以引导液态金属平稳流入砂型。若外浇口挖得太浅而成碟形，浇注时金属液体会四处飞溅伤人。

(6)做合型线。合型线是上、下砂箱合型的基准。做合型线最简单的方法是在箱壁上涂上粉笔灰，然后用划针画出细线。需进炉烘烤的砂箱，则用砂泥黏敷在砂箱壁上，用镘刀抹平后，再刻出线条，称为打泥号。两处合型线的线数应不相等，以免合箱时弄错。

(7)起模。起模前，可在模样周围的型砂上用毛笔刷些水，以增加该处型砂的强度，防止起模时损坏砂型。起模时，应先轻轻敲击模样，使其与周围的型砂分开。然后慢慢将木模垂直提起，待木模即将全部起出时，再快速取出。起模时注意不要偏斜和摆动，起模方向应尽量垂直于分型面。

(8) 修型。起模后，型腔如有损坏，可用工具修复。如果型腔损坏太大，可将木模重新放入型腔进行修补，然后再起出。

(9) 合箱(合型)。合箱是造型的最后一道工序。合箱时，应注意使上砂箱保持水平下降并找正定位销或对准两砂箱的合型线，防止错箱。合箱后最好用纸或木片盖住浇口，以免砂子或杂物落入浇口中。浇注时如果金属液浮力将上箱顶起会造成跑火，因此要进行上、下型箱紧固，可以用压箱铁、卡子或螺栓紧固。

3) 手工造型方法

手工造型的方法很多，按砂箱特征分为两箱造型、三箱造型、脱箱造型和地坑造型等。按模样特征分为整模造型、分模造型、挖砂造型、假箱造型、活块造型和刮板造型等。可根据铸件的形状、大小和生产批量选择造型方法。常用的手工造型方法如下。

(1) 整模造型。用整体模样进行造型的方法称为整模造型。图 3-6 所示为整模造型的基本过程。整模造型是最简单的造型方法，其造型操作简便，所得型腔的形状和尺寸精度较好，适用于外形轮廓的最大截面在一端而且平直、形状简单的铸件，如齿轮坯、带轮、轴承座等。

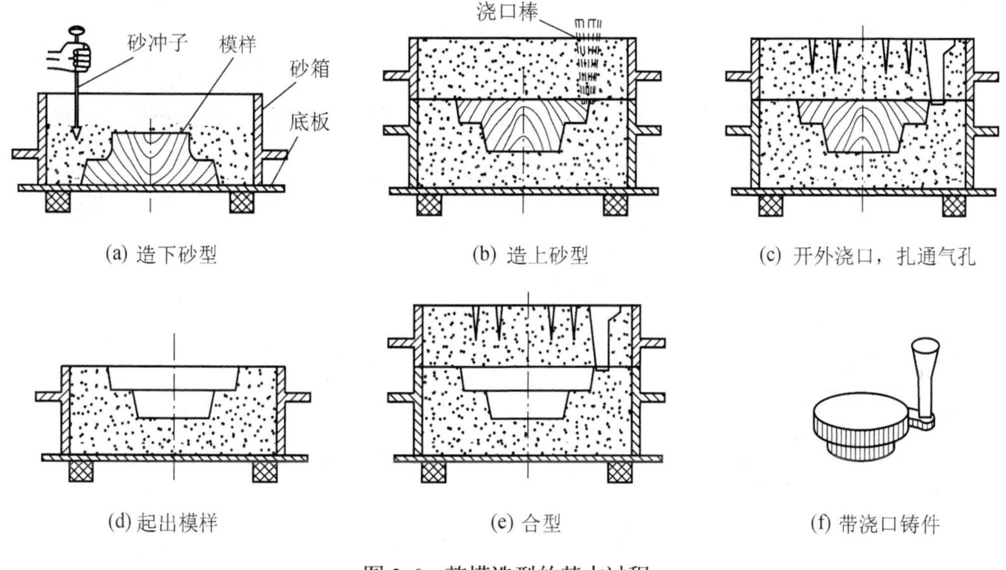

图 3-6 整模造型的基本过程

(2) 分模造型。当铸件外形较复杂或有台阶、环状突缘(法兰边)、凸台等情况时，用整模造型方法，就很难从砂型中取出模样或根本无法取出。这时，可采用将模样沿最大截面处分为两半，型腔位于上、下型内的造型方法，称为分模造型。图 3-7 所示为分模造型的基本过程。分模造型操作简便，应用广泛，主要用于某些没有平整表面，最大截面在模样中部的铸件，如套筒、管子、阀体类以及形状较复杂的铸件。

(3) 挖砂造型。需对分型面进行挖修才能取出模样的造型方法称为挖砂造型。图 3-8 所示为手轮挖砂造型的基本过程。挖砂造型的特点是模样多为整体的；铸型的分型面是不平分型面。挖砂造型需每造一型挖一次砂，操作复杂，生产效率较低，只适用单件小批量生产。

(4) 假箱造型。如果生产数量大，可用假箱造型代替挖砂造型。假箱造型是利用预先制好的半个铸型(假箱)代替底板，省去挖砂的造型方法。假箱只参与造型，不用来组成铸型。假箱分为曲面分型面假箱和平面分型面假箱两种。曲面分型面假箱造型如图 3-9 所示。

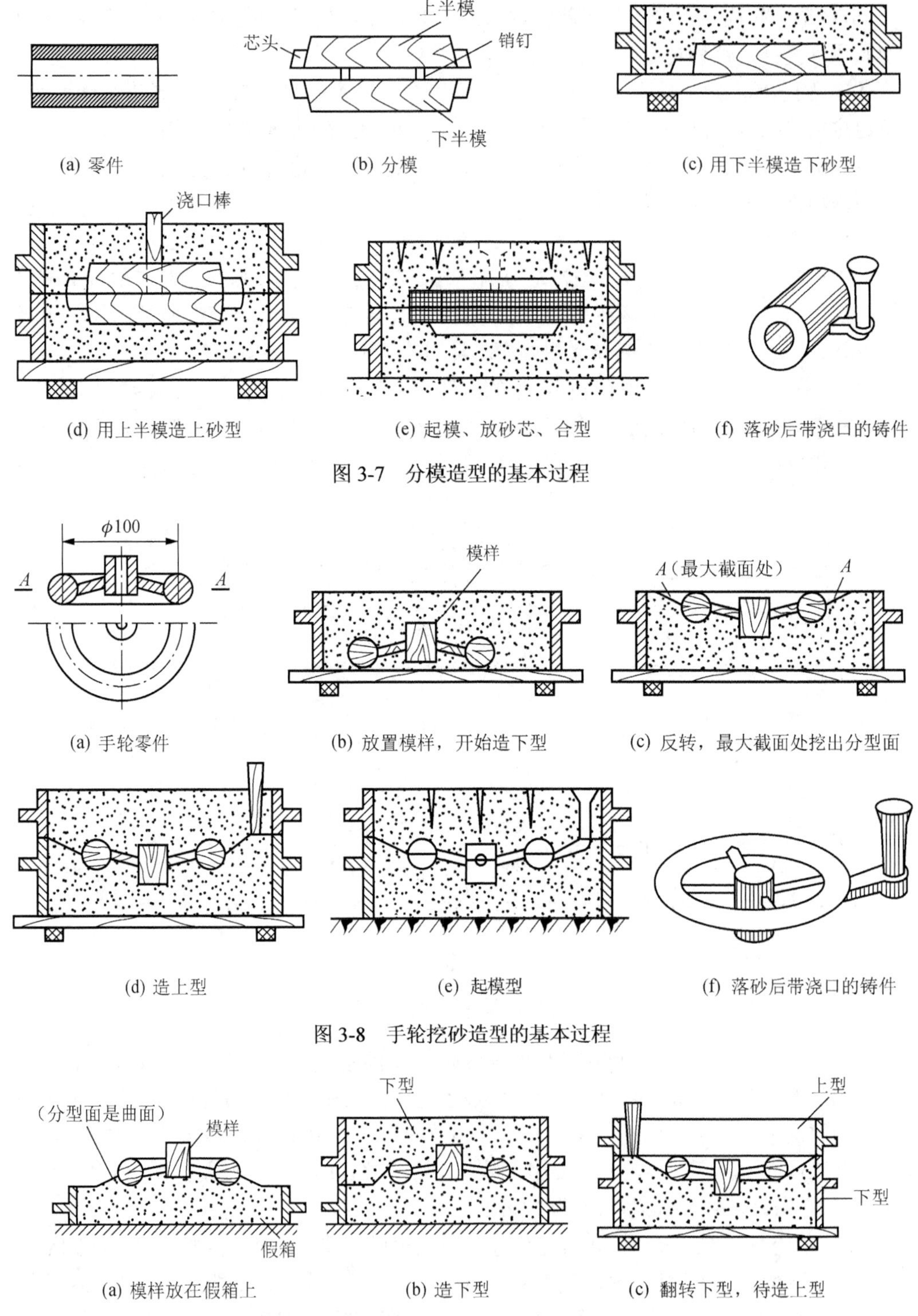

图 3-7　分模造型的基本过程

图 3-8　手轮挖砂造型的基本过程

图 3-9　曲面分型面假箱造型

(5)活块造型。将模样的外表面上局部有妨碍起模的凸起部分做成活块，活块用钉或销与主体模定位连接，起模时先取出模样主体，然后从型腔侧壁取出活块，这种造型方法称为活块造型，如图 3-10 所示。活块造型的操作难度较大，对工人操作技术要求较高，生产率较低，只适于单件小批量生产，产量较大时，可用外型芯取代活块，以便于造型。

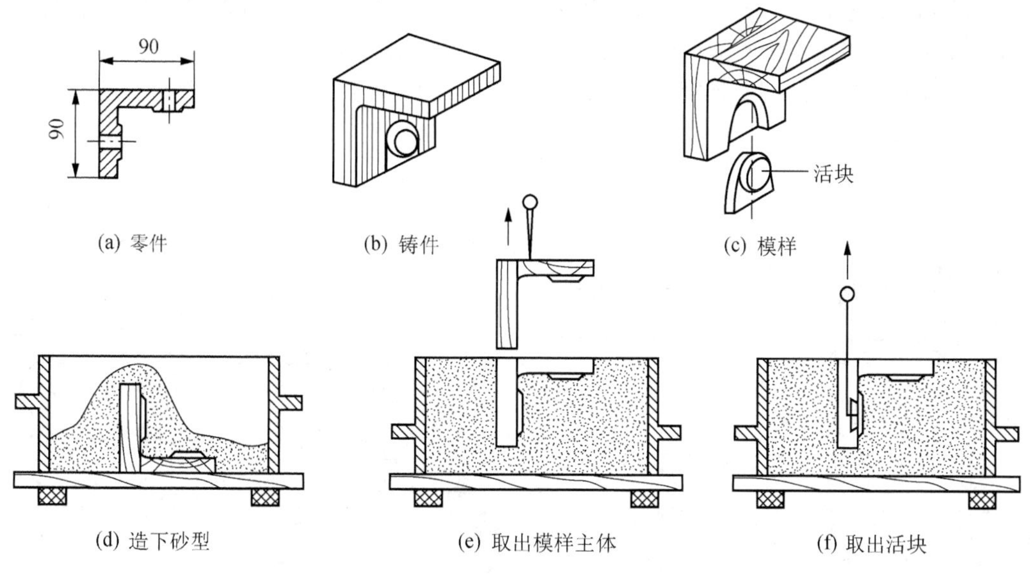

图 3-10 活块造型

(6)刮板造型。用于零件截面形状相适应的特制刮板代替模样进行的造型方法称为刮板造型。图 3-11 所示为刮板造型的基本过程。刮板造型成本低、节约木料和工时，但刮板造型只能手工进行，操作费时，生产效率低，铸件尺寸精度较低，主要用于制造批量较小、尺寸较大的回转体或等截面形状的铸件，如弯管、带轮、飞轮、齿轮。

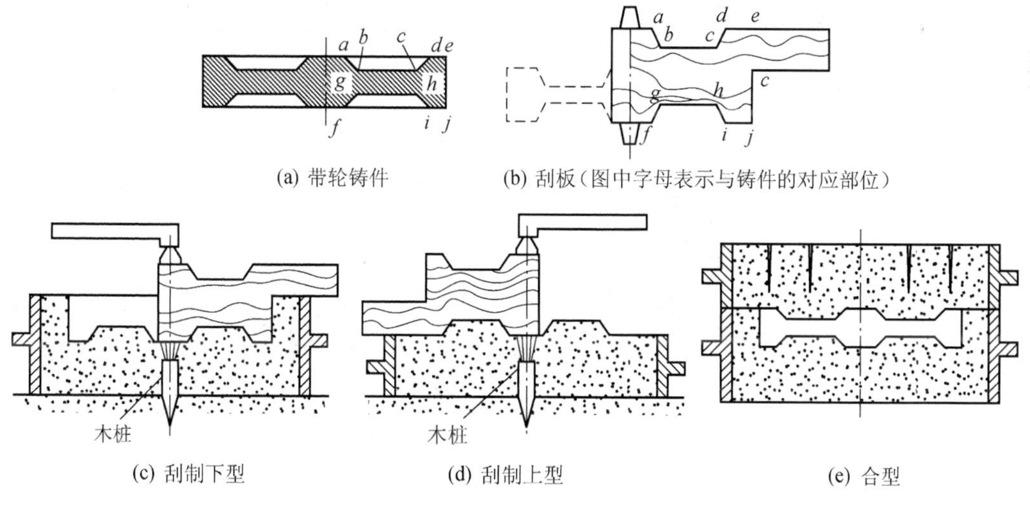

图 3-11 刮板造型的基本过程

(7)三箱造型。有些形状较复杂的铸件，往往具有两头截面大而中间截面小的特点，用一个分型面起不出模样，需要从小截面处分开模样。采用两个分型面和三个砂箱的造型称为三箱造型。图 3-12 所示为三箱造型的基本过程。三箱造型的特点是中箱的上下两面的分型面都要求光滑平整；中箱的高度应与中箱中模样高度相近，必须采用分模。三箱方法较繁杂，生产效率较低，易产生错箱缺陷，只适于单件或小批量生产，大批量生产或用机器造型时，可用带外型芯的两箱造型代替三箱造型。

(8) 地坑造型。大型铸件单件生产时，为节省砂箱，降低铸型高度，便于浇注操作，多采用地坑造型。直接在铸造车间的地面上挖一砂坑代替砂箱进行造型的方法称为地坑造型。造型时常用坑底焦炭垫底，再插入管子，以便将气体排出，然后填入型砂并放模样进行造型，如图 3-13 所示。

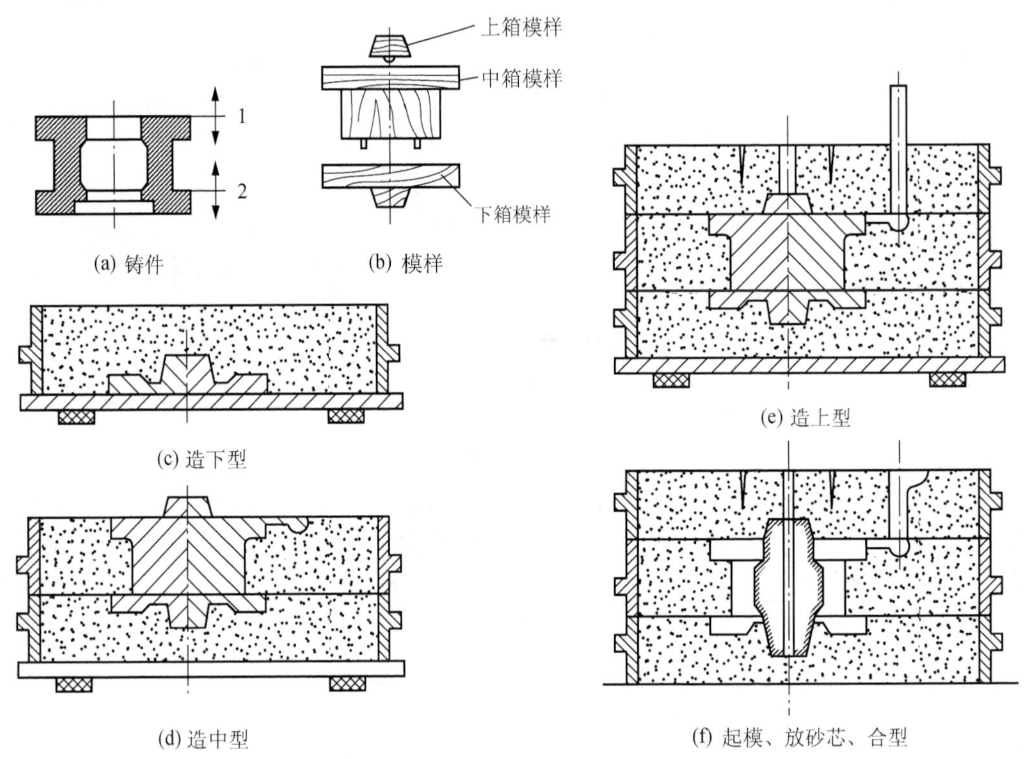

图 3-12　三箱造型的基本过程

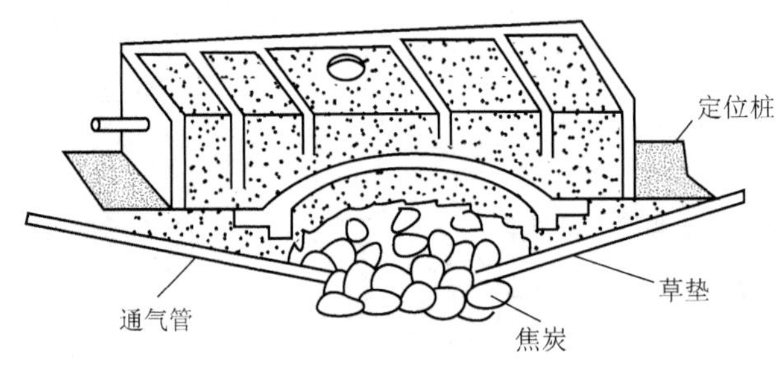

图 3-13　地坑造型

2. 机器造型

手工造型使用的工具和工艺装备(模样、型芯盒、砂箱)简单，操作灵活，可生产各种形状和尺寸的铸件，但劳动强度大、生产效率低、铸件质量也不稳定，主要适用于生产批量小、造型工艺复杂的铸件。对于大批量铸件生产时，应采用机器造型，如汽车、拖拉机和机床铸件等。与手工造型相比，机器造型的特点如下。

(1)生产效率高，每小时可生产几十箱以上；劳动强度低，对工人操作技术水平要求不高。

(2)造型时所用的砂箱和模板用定位导销准确定位，并由造型机精度保证实现垂直起模，铸件尺寸精度和表面质量有所提高。

(3)机器造型的设备及工艺装备费用高，生产准备时间长，故适用于成批大量生产。机器造型一般是两箱造型，采用模板和砂箱在专门的造型机上进行。模板是将铸件及浇注系统的模样与底板装配成一体，并附设有砂箱定位装置的造型工装。机器造型的种类很多，按砂型的紧实方式，一般有振压式造型、高压造型、射压造型、空气冲击造型和静压造型等。图 3-14 所示为我国中、小工厂常用的振压式造型机的工作过程示意图。

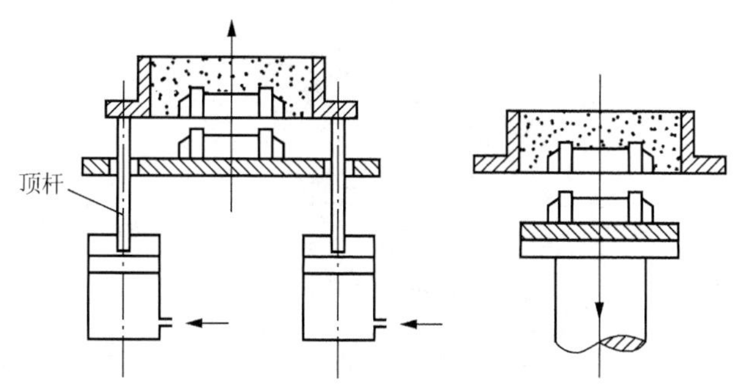

图 3-14　振压式造型机的工作过程示意图

3.2.4　造芯

为获得铸件的内腔或局部外形，用芯砂或其他材料制成的安放在型腔内部的组元称为型芯。绝大部分型芯是用芯砂制成的，又称砂芯。由于砂芯的表面被高温金属液所包围，受到的冲刷及烘烤比砂型厉害，所以砂芯必须具有比砂型更高的强度、透气性、耐火性和退让性等，这主要依靠配制合格的芯砂及采用正确的造芯工艺来保证。

1. 造芯工艺要求

由于砂芯的工作特点，除了在配砂时选择质量较高的原砂和用特殊黏结剂外，在造砂芯时还要采取下列特殊的措施，才能保证砂芯在使用时的性能要求。

(1)安放芯骨。在型芯中安置与型芯形状相适应的芯骨，以提高型芯强度和刚度，如图 3-15 所示。小砂芯的芯骨可用铁丝制作，中、大型砂芯要用铁水浇注而成，为了吊运砂芯方便，往往在芯骨上做出吊环。

(2)开通气道。砂芯中必须做出通气道，以提高砂芯的透气性。形状简单的型芯用通气针扎通气孔：形状复杂的型芯，在其中埋入蜡线：大型型芯的内部常填以焦炭，以便排气。

(3)刷涂料。大部分砂芯表面要刷一层涂料，以提高耐高温性能，防止铸件黏砂，而且可提高耐火性，改善铸件内表面的粗糙度。铸铁件多用石墨粉涂料，铸钢件多用石英粉涂料。

(4)烘干。刷完涂料后要将型芯烘干，以提高型芯的强度和透气性。型芯砂的种类不同，烘干温度也不同，油砂芯为 200～250℃,黏土芯为 250～350℃。烘干时间依型芯大小、厚薄而定，一般为 3～6h。

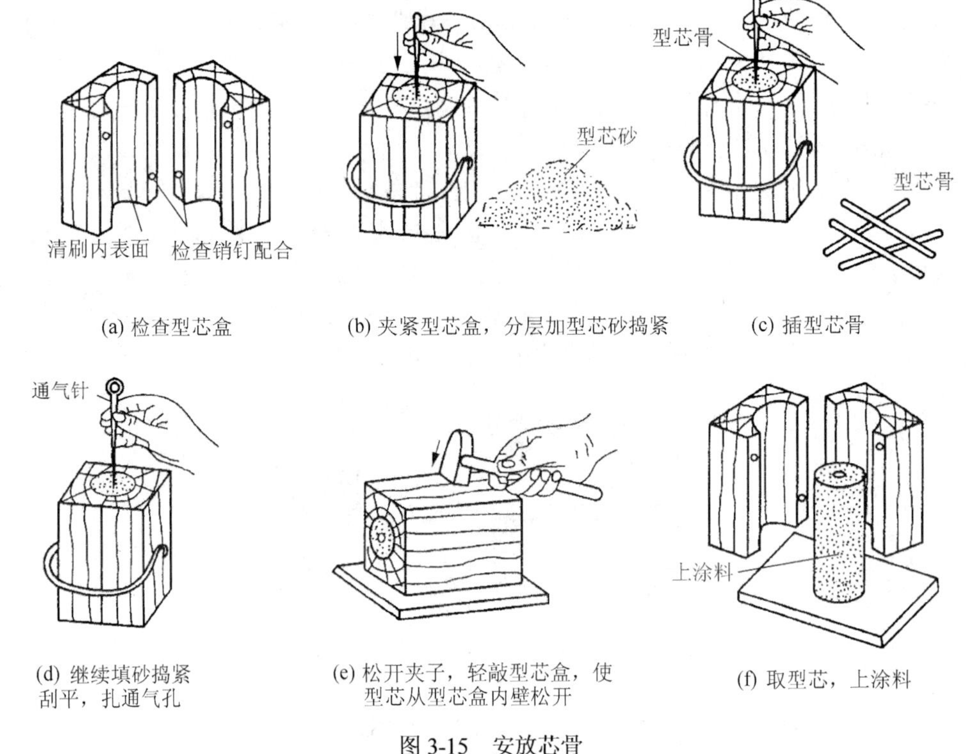

(a) 检查型芯盒　(b) 夹紧型芯盒，分层加型芯砂捣紧　(c) 插型芯骨

(d) 继续填砂捣紧刮平，扎通气孔　(e) 松开夹子，轻敲型芯盒，使型芯从型芯盒内壁松开　(f) 取型芯，上涂料

图 3-15　安放芯骨

2. 造芯方法

根据填砂与紧砂的方法不同，造芯分为手工造芯和机器造芯两种。砂芯一般是用芯盒制成的，芯盒按其结构不同可分为整体式芯盒、对开式芯盒和可拆式芯盒三种。最常用的对分式芯盒造芯过程如图 3-16 所示。成批大量生产的砂芯可用机器制出。黏土、合脂砂芯多用振击式造芯机制造，水玻璃砂芯可用射芯机制造，树脂砂芯须用热芯盒射芯机和壳芯机制造。

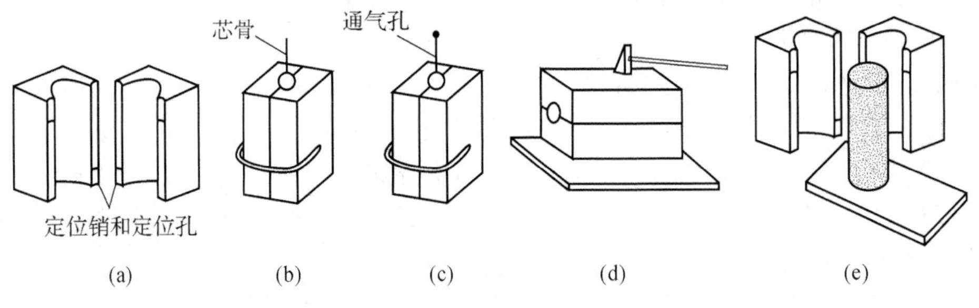

图 3-16　对分式芯盒造芯过程

3. 型芯的固定

型芯在铸型中的定位主要靠芯头，芯头按其定位方式有垂直式、水平式和特殊式，其中垂直固定和水平固定方式应用最广泛。型芯头除定位外，还起到支撑和排气作用。因此，在决定型芯头的个数、形状和大小时，应满足型芯支撑稳固、定位准确、排气畅通等要求。如果单靠芯头不能使型芯牢固定位，则可采用芯撑加以固定。芯撑的高度等于铸件壁厚，芯撑在浇注时会和金属液熔合一起。

3.2.5 浇冒口系统

1. 浇注系统

浇注系统是为金属液流入型腔而开设于铸型中的一系列通道。其作用是：平稳、迅速地注入金属液；阻止熔渣、砂粒等进入型腔；调节铸件各部分温度，补充金属液在冷却和凝固时的体积收缩。

正确地设置浇注系统，对保证铸件质量、降低金属的消耗具有重要的意义。若浇注系统开设得不合理，铸件易产生冲砂、砂眼、渣孔、浇不到、气孔和缩孔等缺陷。典型的浇注系统由外浇口、直浇道、横浇道和内浇道四部分组成，如图 3-17 所示。对形状简单的小铸件可以省略横浇道。

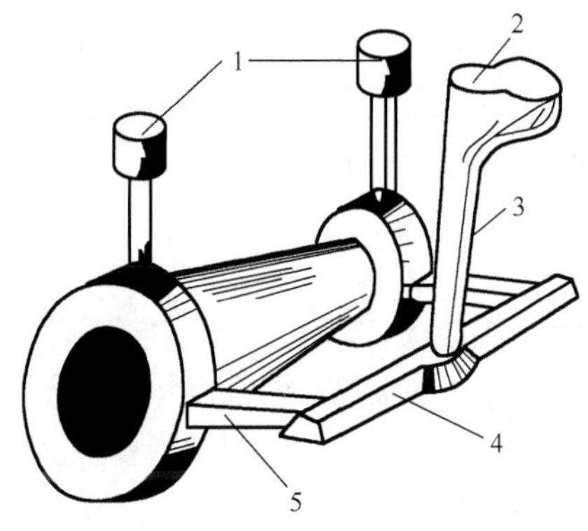

图 3-17 浇注系统及冒口

1-冒口；2-外浇口；3-直浇道；4-横浇道；5-内浇道

(1) 外浇口的作用是容纳注入的金属液并缓解液态金属对砂型的冲击。小型铸件通常为漏斗状(称浇口杯)，较大型铸件为盆状(称浇口盆)。

(2) 直浇道是连接外浇口与横浇道的垂直通道。改变直浇道的高度可以改变金属液的静压力大小和流动速度，从而改变液态金属的充型能力。如果直浇道的高度或直径太小，会使铸件产生浇不足的现象。为便于取出直浇道棒，直浇道一般做成上大下小的圆锥形。

(3) 横浇道是将直浇道的金属液引入内浇道的水平通道，一般开设在砂型的分型面上，其截面形状一般是高梯形，并位于内浇道的上面。横浇道的主要作用是分配金属液进入内浇道和起挡渣作用。

(4) 内浇道是直接与型腔相连，并能调节金属液流入型腔的方向和速度、调节铸件各部分的冷却速度。内浇道的截面形状一般是扁梯形和月牙形，也可为三角形。

2. 冒口

常见的缩孔、缩松等缺陷是由铸件冷却凝固时体积收缩而产生的。为防止缩孔和缩松，往往在铸件的顶部或厚大部位以及最后凝固的部位设置冒口。冒口中的金属液可不断地补充铸件的收缩，从而使铸件避免出现缩孔、缩松。常用的冒口分为明冒口和暗冒口。冒口的上口露在铸型外的称为明冒口，明冒口的优点是有利于型腔内气体排出，便于从冒口中补加热金属液，缺点是明冒口消耗金属液多。位于铸型内的冒口称为暗冒口，浇注时看不到金属液冒出，其优点是散热面积小，补缩效率高，利于减小金属液消耗。冒口是多余部分，清理时要切除掉。冒口除了补缩作用外，还有排气和集渣的作用。

3.3 特种铸造

随着科学技术的发展和生产水平的提高，对铸件质量、劳动生产效率、劳动条件和生产成本有了进一步的要求，因而铸造方法有了长足的发展。所谓特种铸造，是指有别于砂型铸造方法的其他铸造工艺。目前特种铸造方法已发展到几十种，常用的有熔模铸造、金属型铸造、离心铸造、压力铸造、低压铸造、陶瓷型铸造，另外还有实型铸造、磁型铸造、石墨型铸造、反压铸造、连续铸造和挤压铸造等。

特种铸造能获得如此迅速的发展，主要是由于这些方法一般都能提高铸件的尺寸精度和表面质量，或提高铸件的物理及力学性能；此外，大多能提高金属的利用率(工艺出品率)，减少原砂消耗量；有些方法更适于高熔点、低流动性、易氧化合金铸件的铸造；有的能明显改善劳动条件，并便于实现机械化和自动化生产而提高生产率。

3.3.1 熔模铸造

熔模铸造通常是指在易熔材料制成模样，在模样表面包覆若干层耐火材料制成型壳，再将模样熔化排出型壳，从而获得无分型面的铸型，经高温焙烧后即可填砂浇注的铸造方案。由于模样广泛采用蜡质材料来制造，故常将熔模铸造称为失蜡铸造。

我国的“失蜡法”起源于春秋时期，战国、秦汉以后更为流行，多用于铸造青铜器，例如，图 3-1 所示的后母戊鼎采用的就是失蜡铸造法。中国传统的熔模铸造技术对世界的冶金发展有很大的影响。

由于熔模铸件有着很高的尺寸精度，所以可减少后续的机械加工，只需在零件粗糙度要求较高的部位留少许加工余量即可，甚至某些铸件只留打磨、抛光余量。由此可见，采用熔模铸造方法可大量节省机床设备和加工工时，大幅度节约金属原材料。

熔模铸造方法的另一优点是，可以铸造各种合金的复杂的铸件，特别可以铸造高温合金铸件。如喷气式发动机的叶片，其流线型外廓与冷却用内腔，用机械加工工艺几乎无法形成。用熔模铸造工艺不仅可以做到批量生产，保证铸件的一致性，而且可以避免机械加工后残留刀纹的应力集中。

但熔模铸造工艺过程较复杂，且不易控制，使用和消耗的材料较贵，故它适用于生产形状复杂、精度要求高或很难进行其他加工的小型零件。

3.3.2 金属型铸造

金属型铸造又称硬模铸造，它是将液体金属浇入金属铸型，以获得铸件的一种铸造方法，如图 3-18 所示。铸型是用金属制成的，可以反复使用多次(几百次到几千次)。金属型铸造目前所能生产的铸件，在重量和形状方面还有一定的限制，如对黑色金属只能是形状简单的铸件；铸件的重量不可太大；壁厚也有限制，较小的铸件壁厚无法铸出。

与砂型铸造相比，金属型铸造在技术上与经济上有许多优点：金属型散热快、铸件力学性能好；精度和表面质量比砂型铸件高；生产效率高、劳动条件好，适用于大批生产有色合金铸件。

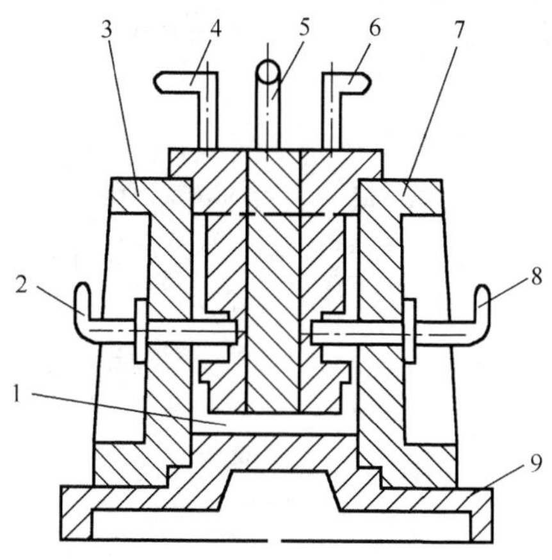

图 3-18　铸造铝活塞的金属型

1-型腔；2-销孔型芯；3-左半型；4-左侧型芯；5-中间型芯；6-右侧型芯；7-右半型；8-销孔型芯；9-底板

但金属型铸造也存在以下不足之处：制造成本高、周期长；金属型不透气，而且无退让性，冷却收缩时产生内应力将会造成铸件的开裂；金属液体流动性不足，因而不宜浇注过薄、过于复杂的铸件。

3.3.3　离心铸造

离心铸造是指将液态金属浇入高速旋转(250～1500r/min)的铸型里，在离心力作用下充型并凝固成铸件的铸造方法。铸型的转数是离心铸造的重要参数，既要有足够的离心力以增加铸件金属的致密性，离心力又不能太大，以免阻碍金属的收缩。

离心铸造用的机器称为离心铸造机。按照铸型的旋转轴方向不同，离心铸造机有卧式和立式之分，离心铸造示意图如图 3-19 所示。

立式离心铸造机，铸型是绕垂直轴旋转的。在离心力和液态金属自身重力下，铸件的内表面呈抛物面形状，造成铸件上薄下厚，在其他条件不变的情况下，铸件的高度越高，壁厚差越大。因此立式离心铸造主要用于小直径盘环类铸件生产。

卧式离心铸造机，铸型是绕水平轴旋转的。铸件各部分冷却条件大体相同，所以主要用于浇注各种管状铸件，如灰铸铁、球墨铸铁的水管和煤气管，还可浇注造纸机用大口径铜辊筒，各种碳钢、合金钢管以及要求内外层有不同成分的双层材质钢轧辊。

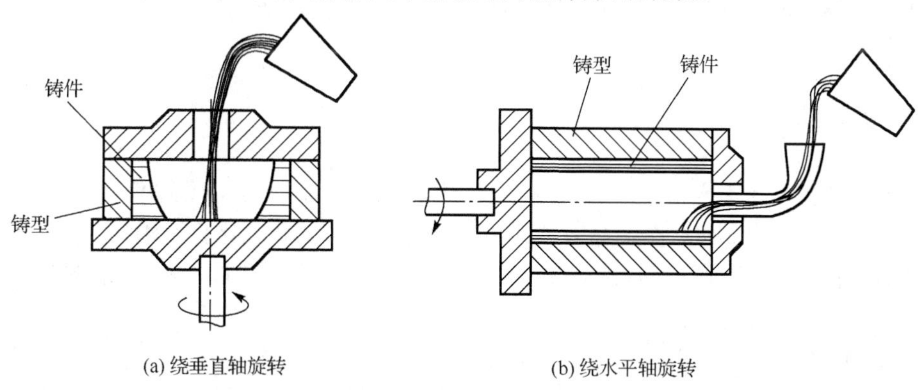

(a) 绕垂直轴旋转　　(b) 绕水平轴旋转

图 3-19　离心铸造示意图

离心铸造时，液体金属是在旋转情况下充填铸型并进行凝固的，因而离心铸造便具有以下优点。

(1)在离心力的驱动下，金属结晶从铸型壁逐步向铸件内表面顺序进行，具有一定方向性的冷却结晶，从而改善了补缩环境，得到组织致密的铸件，有助于其力学性能的提高。

(2)离心铸造不需要浇道口，也不需要铸造冒口，铸造空心铸件时还可省去型芯，金属利用率可达 80%～90%，降低生产成本、提高生产效率。

(3)对于中空铸件的生产最为适合，与传统的砂型铸造相比，可以省去活动型芯的拆装，节省原材料的消耗及劳动强度。

(4)在离心铸造中，铸造合金的类型几乎不受限制。

3.3.4　压力铸造

压力铸造是在高压作用下将金属液以较高的速度压入高精度的型腔内，力求在压力下快速凝固，以获得优质铸件的高效率铸造方法，它的基本特点是高压和高速。

压力铸造的基本设备是压铸机。压铸型是压力铸造生产铸件的模具，主要由活动半型和固定半型两个大部分组成。固定半型固定在压铸机的定型座板上，由浇道将压铸机压室与型腔连通。活动半型随压铸机的动型座板移动，完成开合型动作。完整的压铸型组成中包括型体部分、导向装置、抽芯机构、顶出铸件机构、浇注系统、排气和冷却系统等部分。压铸工艺过程示意图见图 3-20。

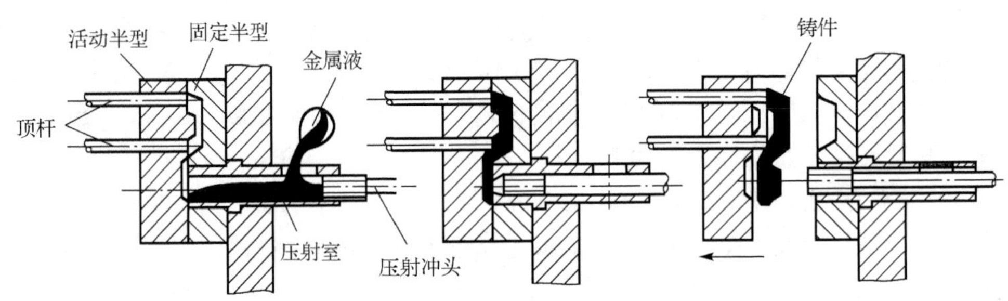

图 3-20　压铸工艺过程示意图

压铸工艺的优点是压铸件具有“三高”：铸件精度高、强度与硬度高、生产率高。缺点是存在无法克服的皮下气孔，且塑性差；设备投资大，应用范围较窄(适于低熔点的合金和较小的、薄壁且均匀的铸件)。

3.3.5　实型铸造

实型铸造也称为无腔造型，是使用泡沫聚苯乙烯塑料制造模样(包括浇注系统)，造好型后不取出模样就浇入金属液，在金属液的作用下迅速将模样燃烧气化直到消失，金属液充填了原来模样的位置，冷却凝固后而成铸件的铸造方法。实型铸造工艺过程示意图如图 3-21 所示。

实型铸造的优点如下。

(1)由于采用了遇金属液即气化的泡沫塑料模样，不需要起模，无分型面，无型芯，因而无飞边毛刺，铸件的尺寸精度和表面粗糙度接近熔模铸造，但尺寸却可大于熔模铸造。

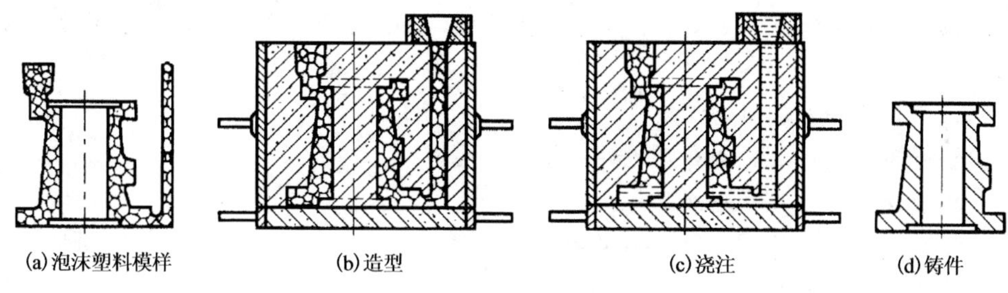

图 3-21 实型铸造工艺过程示意图

(2)各种形状复杂铸件的模样均可采用泡沫塑料模粘合，成形为整体，减少了加工装配时间，可降低铸件成本10%～30%，也为铸件结构设计提供充分的自由度。

(3)简化了铸件生产工序，缩短了生产周期，使造型效率比砂型铸造提高2～5倍。

但是，实型铸造的模样只能使用一次，且泡沫塑料的密度小、强度低，模样易变形，影响铸件尺寸精度。因此实型铸造主要用于不易起模等复杂铸件的批量及单件生产。

3.4 铸造实习安全技术守则

(1)工作前劳动防护用品穿戴齐全，工作时应严格遵守各使用设备的安全操作规程，严禁赤膊、光膀作业。

(2)配砂工作前，要检查碾砂设备是否完好，各安全防护装置是否灵敏可靠，禁止使用故障设备。

(3)碾砂机运转时，严禁将手伸入机内取砂。

(4)两人抬砂时，配合要默契，行走要稳妥，步伐要一致，以免滑倒造成伤害。

(5)造型工作、手工型芯操作前要检查造型、制芯用工具是否完好，有缺陷的工具不准使用。

(6)从事大芯作业时，芯盒及芯子摆放要稳妥，以免砸伤手脚。

(7)造型工作场地要保持清洁，造型时砂箱的行列整齐且必须留出通道，砂箱摆放不得超高，使用的工具要有顺序地放置，不准乱扔、乱放。

(8)扣箱及垛箱时，手要扶箱旁，不准扶箱口，用过的砂箱要放置在适当的地方。

(9)浇注工作前要检查所用铁制工具是否预热，未经预热的浇包、勺及其他工具不得使用。

(10)端包、抬包行走要缓慢，包内溶液不能太满，以免溶液撒出造成烫伤。

思考和练习

1. 浅谈铸造生产的优缺点、地位和作用。
2. 什么是铸造工艺设计？
3. 什么是浇铸位置？

4. 解释名词：机械加工余量，尺寸公差等级，重复公差等级，铸造的收缩率，最小铸出孔，起模斜度。

5. 怎样发挥横浇道阻渣作用？

6. 浇注系统的基本类型有哪几种？各有何特点？

7. 内浇道设计的基本原则是什么？

8. 冒口的功用是什么？常用哪几种冒口？

9. 冷铁有何用处？

第4章　锻　压

教学提示　本章涉及锻压的基本知识、锻压的几种常见类型等内容。首先，本章以锻造的悠久历史和古代影视小说中宝剑的制造方法为引题，引入一种古老的工艺方法——锻压；然后介绍锻压的基本知识，包括锻造和冲压的基本概念及其安全技术；并重点介绍自由锻、胎模锻、固定模膛模锻与板料冲压四种最常见的锻压工艺；最后概述几种新的锻压技术和工艺，以此扩展学生视野。

教学要求　了解锻压的特点、分类、应用及安全生产；了解自由锻、模锻及冲压生产常用设备的大体结构和使用方法；熟悉冲压的基本工序及简单冲模的结构；熟悉自由锻的基本工序；通过实习，能用自由锻方法锻造简单锻件，能完成简单零件的冲压加工；了解锻压新技术、新工艺。

锻造是人类最早掌握的金属成形技术之一，大约在距今6000年前就有了用锻造方法成形的黄金、红铜等有色金属制品。在公元100～121年间成书的古代文献中，对“锻”字的解释是“锻，小冶也”，即锻造是小型的冶炼，指出了锻造的实质。而在出土的同时代画像砖上确实描绘了当时的冶金场面，三个持锤锻工正在对一名掌钳锻工夹持的物体进行击打的情景十分清晰，如图4-1所示。在中国古代冷兵器时期，刀、剑是战场上常见的兵器，许多武侠小说和影视作品都把宝剑的制造描绘成熊熊烈火中的锻造过程，在秦始皇陵兵马俑坑的出土文物中有三把合金钢锻制的宝剑，其中一把至今仍光艳夺目，锋利如昔。在当时低质的冶炼条件下，古人是通过何种方法锻造出性能令人惊叹的“神兵利器”的呢？

图4-1　汉代冶金场景

4.1　锻压的基础知识

锻压是锻造与冲压的总称，属于压力加工范畴，是对金属材料施加外力，使之产生塑性变形，改变其尺寸、形状并改善性能，用以制造机械零件、工具或毛坯的一种加工方法。

4.1.1　锻造概述

锻造是指在加压设备及工(模)具的作用下，使坯料或铸锭产生局部或全部的塑性变形，以获得一定几何尺寸、形状和质量的锻件的加工方法。

按所用的设备和工(模)具的不同，锻造可分为自由锻造、胎膜锻造和固定模膛锻造。自由锻按其设备和操作方式的不同，又分为手工自由锻和机器自由锻。在现代工业生产中，手工自由锻已为机器自由锻所取代。锻造主要用于生产重要的机器零件，如机床主轴和齿轮、内燃机的曲轴与连杆、起重机的吊钩等。

用于锻压的金属材料应具有良好的塑性和较小的变形抗力。一般来说，随着钢的含碳量及合金元素含量的增加，材料的塑性会降低且变形抗力增加。所以锻件通常采用中碳钢和低合金钢，它们大都具有良好的锻造性能。锻造用的原料一般为圆钢、方钢等型材，大型锻件则用钢坯或钢锭。

锻造的特点如下。

(1)与铸件相比，金属经过锻造加工后能改善其内部组织结构和力学性能。铸件经过锻造方法热加工变形后由于金属的变形和再结晶，使原来的粗大晶粒变为较细、大小均匀的晶粒，可以消除钢锭内原有的偏析、疏松、气孔、夹渣等缺陷，使内部组织变得更加致密，从而提高了金属的塑性和力学性能。此外，与机加工零件相比，锻造加工能保证金属纤维组织的连续性，使锻件的纤维组织与锻件外形保持一致，金属流线完整，可保证零件具有良好的力学性能，如图 4-2 所示。

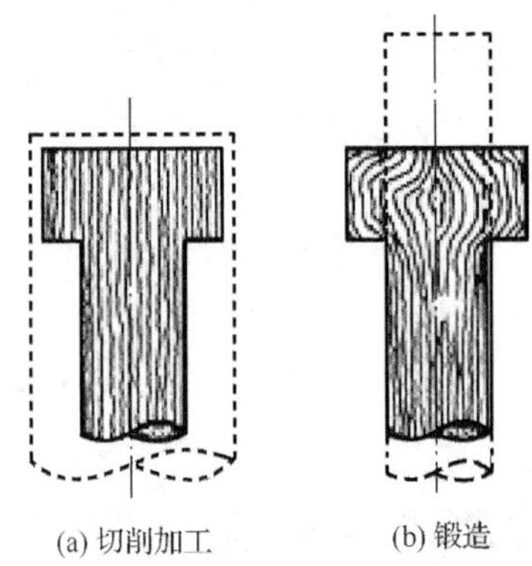

图 4-2　切削加工与锻造后所得工件的纤维组织

(2)节省金属材料。采用精密锻造时，可使锻件的尺寸精度和表面粗糙度接近成品零件，做到少切削或无切削加工。由于金属强度等力学性能的提高，相对地缩小了同等载荷下零件的截面尺寸，减轻了零件的质量。

(3)精度较低。锻件尺寸精度较低，一般只用作零件的毛坯，后续需要精加工，且难以直接锻造外形和内腔形状复杂的零件。

4.1.2　冲压概述

板料冲压是利用冲模使板料产生分离或变形的成形工艺。这种成形工艺通常是在常温下进行的，所以又称为冷冲压。冲压包括冲裁、拉深、弯曲、翻边、胀型、旋压等。

板料冲压具有如下特点。

⑴板料冲压生产过程的主要特征是依靠冲模和冲压设备完成加工，所以便于实现自动化，生产率很高，操作简便。

⑵冲压件一般不需要再进行切削加工，因而节省原材料，节省能源消耗。

⑶板料冲压常用的原材料有低碳钢以及塑性高的合金钢和非铁金属，从外观上看多是表面质量好的板料或带料，所以产品质量小、强度高、刚性好。

⑷因冲压件的尺寸公差由冲模来保证，所以产品尺寸稳定，互换性好，可以成形形状复杂的零件。

由于板料冲压具有上述特点，所以在批量生产中得到了广泛的应用，在汽车、拖拉机、航空、电气、仪表、国防以及日用品工业中，冲压件占有相当大的比例。

4.1.3 锻压的安全技术

1. 锻造安全技术要求

⑴锻造前必须仔细检查设备及工具，看楔铁、螺钉等有无松动，火钳、摔锤、砧铁、冲头等有无开裂或其他损坏现象。

⑵锻造生产是在金属灼热的状态(如低碳钢锻造温度范围 750～1250℃)下进行的，由于有大量的手工作业，稍不小心就可能发生灼伤。锻造作业的加热炉和炙热的钢锭、毛坯或锻件不断散发出大量的热辐射，工人经常受到热辐射的侵害。燃烧过程中产生的烟尘排入车间的空气中，降低了车间内的能见度，影响工人的健康和安全。

⑶选择火钳夹持锻件时，必须使钳口与锻件的截面形状相适应，以保证夹持牢固。锻件应放下砧铁中部，锻件及其他工件必须方正、放平、放稳，以防飞出。

⑷握钳时应紧握火钳尾部，严禁将钳把或其他工具的柄部对准身体正面，而应置于体侧，以免工具受力后退时戳伤身体。

⑸踏杆时脚跟不许悬空，这样才能稳定身体和灵活地操纵踏杆，不锤击时，应立即将脚离开踏杆，以防误踏出事。

⑹严禁用锤头空击下砧铁，也不许锻打过烧或已冷却的金属，以免损坏机器、金属迸溅或工件飞出。

⑺放置及取出工件和清除氧化皮时，必须使用火钳、扫帚等工具，不许将手伸入上、下砧铁之间。

⑻两人或多人配合操作时，必须听从掌钳者的统一指挥，冲孔及剁料时，司锤者应听从拿剁刀及冲子者的指挥。

⑼工作中应经常检查设备、工件、模具等，尤其是受力部位是否有损伤、松动、裂纹等，发现问题要及时修理或更换，严禁机床带故障工作。

⑽工作完毕后，应关闭液压、气压装置，切断电源，清理现场卫生。

2. 冲压安全技术要求

⑴操作人员首先应了解机器的结构、性能和技术参数；严禁超负荷工作，冲压材料的变形力一定要小于机器的公称压力。

⑵工作前清除工作场地妨碍操作的物件。检查冲床各传动、连接、润滑等部位及防护保险装置是否正常，装模具螺钉必须牢固，不得移动。检查冲床运动部分(如导轨、轴承等)是否加注了润滑油。冲床在工作前应做空运转 1～3min，飞轮运转是否平稳，检查离合器、制动器

等控制装置的灵活性，确认正常后方可使用，不得带故障运转。

⑶设备在运转时，严禁将手伸入滑块区内，调整或修理机床时，必须关掉电源，挂“禁止操作”警示牌，需要点动或开动时，要通知每一个工作者，否则，不允许开动。

⑷安装模具时固定螺钉要紧牢固，上、下模对正，保证位置正确，安装调整完毕后，用手搬转冲床试冲(空车)，确保在模具处于良好情况下工作。

⑸一般禁止两人以上同时操作冲床。若需要，必须有专人指挥并负责操作。两人以上共同操作时，负责操作者，必须注意送料人的动作，严禁一边取件，一边操作。

⑹冲床取动时或运转冲制中，操作者站立要恰当，手和头部应与冲床保持一定的距离，并时刻注意冲头动作，操作时要思想集中，严禁边谈边做，要互相配合，确保安全操作。

⑺除连续作业外，不许把脚一直放在离合器踏板上进行操作，应每踩一下就把脚离开踏板。

⑻当设备处于运转状态时，严禁操作者擅自离开操作岗位。

⑼操作停止时，一定要切断电源，防止误触开关或踏板。

4.1.4　锻造温度范围

锻造温度范围是指金属开始锻造的温度(称始锻温度)和终止锻造的温度(称终锻温度)之间的温度间隔。在保证不出现加热缺陷的前提下，始锻温度应取高一些，以便有较充裕的时间锻造成形，减少加热次数，降低材料、能源消耗，提高生产效率。在保证坯料还有足够塑性的前提下，终锻温度应尽量低一些，这样能使坯料在一次加热后完成较大变形，减少加热次数，提高锻件质量。金属材料的锻造温度范围一般可查阅锻造手册、国家标准或企业标准。常用钢材的锻造温度范围如表 4-1 所示。

表 4-1　常用钢材的锻造温度范围

材料种类	始锻温度/℃	终锻温度/℃
低碳钢	1200～1250	800
中碳钢	1150～1200	800
碳素工具钢	1050～1150	750～800
合金结构钢	1150～1200	800～850

金属加热的温度可用仪表来测量，在生产中也可以通过观察加热毛坯的火色来判断，即用火色鉴定法。碳素钢加热温度与火色的关系如表 4-2 所示。

表 4-2　碳素钢加热温度与火色的关系

火色	温度/℃	火色	温度/℃
暗红色	650～750	深黄色	1050～1150
樱红色	750～800	亮黄色	1150～1250
橘红色	800～900	亮白色	1250～1300
橙红色	900～1050		

4.2　自　由　锻

自由锻是用冲击力或压力使金属在锻造设备的上下砧铁(或砥铁)间产生塑性变形，从而获得所需几何形状及内部品质的锻件的压力加工方法。金属在两砧块间受力变形时，是自由流动的，故称为自由锻。

自由锻使用的工件简单、通用，生产准备周期短，灵活性大，所以使用范围广，特别适用于单件、小批量生产，而且自由锻是大型锻件唯一的锻造方法。但自由锻的生产效率低，对操作工人的技术要求高，工人的劳动强度大，锻件精度差，后续机械加工量大，因而在锻件生产中的使用日趋减少。

4.2.1　自由锻设备

自由锻常用的设备有空气锤、蒸汽-空气锤及液压机等，下面重点介绍空气锤。空气锤是生产小型锻件及胎模锻造的常用设备，如图 4-3 所示。

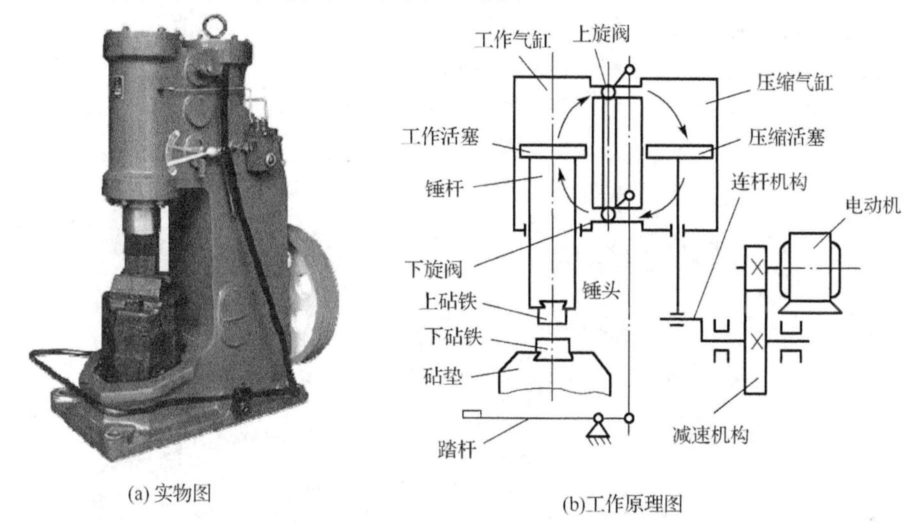

(a) 实物图　　(b)工作原理图

图 4-3　空气锤

空气锤主要由机身、传动机构、压缩气缸和工作气缸、压缩活塞、落下部分、配气机构和砧座等部分组成。

(1) 机身。机身是空气锤的主体，在机身上面安装有传动装置、工作机构和操纵机构，这些机构在机架上紧凑组合成一个整体。

(2) 传动机构。空气锤传动机构包括皮带轮、齿轮箱、曲轴、连杆系统。它把电动机的旋转运动转变成压缩活塞的上下往复运动。

(3) 压缩气缸和工作气缸。压缩气缸和工作气缸的上、下部与上、下旋阀连通，通过压缩活塞的上、下运动产生压缩空气驱动工作活塞上、下运动。

(4) 落下部分。落下部分由工作活塞、锤杆和上砧铁等组成，锤杆和工作活塞为一整体，为使其重量符合技术规格，需要做成空心件。

(5) 配气机构。空气锤配气机构由上旋阀、下旋阀、操作手柄或脚踏杠杆等部分组成，通过配气机构来控制各种动作的实现。

(6) 砧座。砧座上面安装着砧垫和下砧块，为了满足空气锤锻造的稳定性，砧座的质量要求是落下部分质量的 12～15 倍，它安装在坚固的钢筋水泥基础上，其间垫有垫木，可消除锤击时产生的振动。

空气锤的工作原理：空气锤是由电动机进行驱动的，它有两个气缸，分别是压缩气缸和工作气缸。当减速机构、曲柄连杆将电动机的旋转运动转换为压缩气缸活塞的上下运动时，压缩气缸内就产生了压缩空气，当压缩气缸的上下气道与大气相通时，压缩空气不会进入工作缸内，锤头不工作，通过手柄或踏杆操纵上下旋阀，使压缩空气进入工作气缸的上部或下部，推动工作活塞做上下运动，从而带动相连的锤头及上砧铁的上升或下降，实现击打动作。旋阀与两个气缸之间有四种连通方式，可以产生提锤、连打、下压、空转四种动作。

生产中使用的液压机主要是水压机和油压机，水压机产生静压力使金属产生变形，吨位的大小是用其产生的最大压力来表示的。它可以完成质量达 300t 锻件的锻造任务，是巨型锻件的唯一成形设备。21 世纪油压机得到高速发展，逐步取代水压机。

大型模锻压力机是衡量一个国家工业实力的重要标志。很长时间以来，仅有美国、俄罗斯、法国三个国家有类似设备，最大锻造等级为俄罗斯的 7.5 万 t。2012 年由中国二重(中国第二重型机械集团公司)研制的 8 万 t 大型模锻压力机成功试生产，该机总高 42m，重约 2.2 万 t，单件重量在 75t 以上的零件 68 件，压机尺寸、整体质量和最大单件重量均为世界第一（图 4-4）。它是体现我国综合国力的又一标志性设备，填补了国内空白，改变了我国大型模锻件依赖进口、受制于人的被动局面，实现了大型模锻产品的自主保障，迈出了从中国制造向中国创造的重要一步。

图 4-4　有“锤八万”之称的大国重器——8 万 t 模锻压力机

4.2.2 自由锻的工序

自由锻的工序可分为基本工序、辅助工序和精整工序三大类。

1. 基本工序

基本工序是使金属坯料实现主要的变形要求，达到或基本达到锻件所需形状和尺寸的锻造工序。最常用的基本工序有镦粗、拔长、冲孔、弯曲、扭转、切割和错移等。

(1) 镦粗。使坯料整体或一部分高度减小、横截面积增大的工序称为镦粗，如图 4-5 所示。镦粗有完全镦粗、局部镦粗和垫环镦粗等，常用于锻造高度小、截面大的工件，如齿轮、圆盘等。

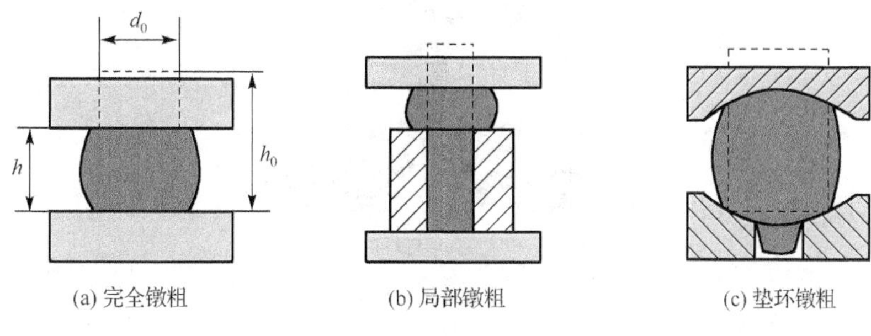

(a) 完全镦粗　(b) 局部镦粗　(c) 垫环镦粗

图 4-5 镦粗工序

(2) 拔长。使坯料横截面减小而长度增加的锻造工序称为拔长，如图 4-6 所示。拔长常用于锻造长度加大、截面积较小的杆、轴类零件的毛坯，如轴、拉杆、曲轴等。

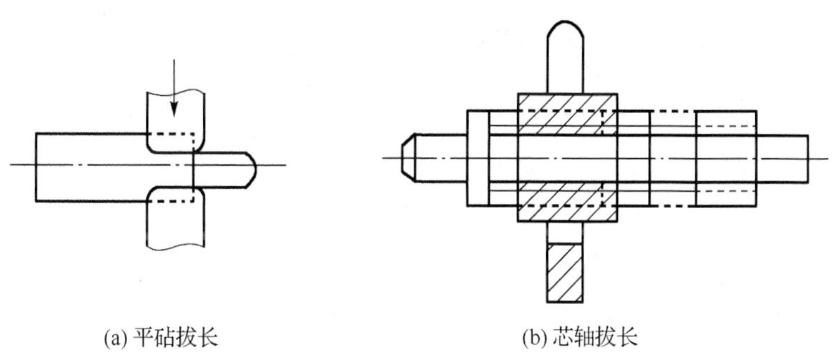

(a) 平砧拔长　(b) 芯轴拔长

图 4-6 拔长工序

(3) 冲孔。采用冲子将坯料冲出透孔或不透孔的锻造工序称为冲孔，如图 4-7 所示。有双面冲孔法和单面冲孔法。在薄坯料上冲通孔时，可用冲头一次冲出；若坯料较厚，可先在坯料的一边冲到孔深的 2 / 3 深度后，拔出冲头，翻转工件，从反面冲通，以避免在孔的周围冲出毛刺。冲孔常用于切除锻件的料头、钢锭的冒口等。

(4) 弯曲。弯曲是将毛坯弯成所需形状的锻造工序。在进行弯曲变形前，先要将毛坯锻成所需形状，使体积合理分配，便于获得合格产品。常用于锻造角尺、弯板、吊钩等轴、线弯曲的零件。当锻件所要求的弯曲程度较小或尺寸精度要求不高时，可采用锤头压紧锻件一端，另一端用大锤打弯，称为角度弯曲；当锻件的形状复杂尺寸精度要求较高时，可采用垫模进行弯曲，称为垫模弯曲，如图 4-8 所示。

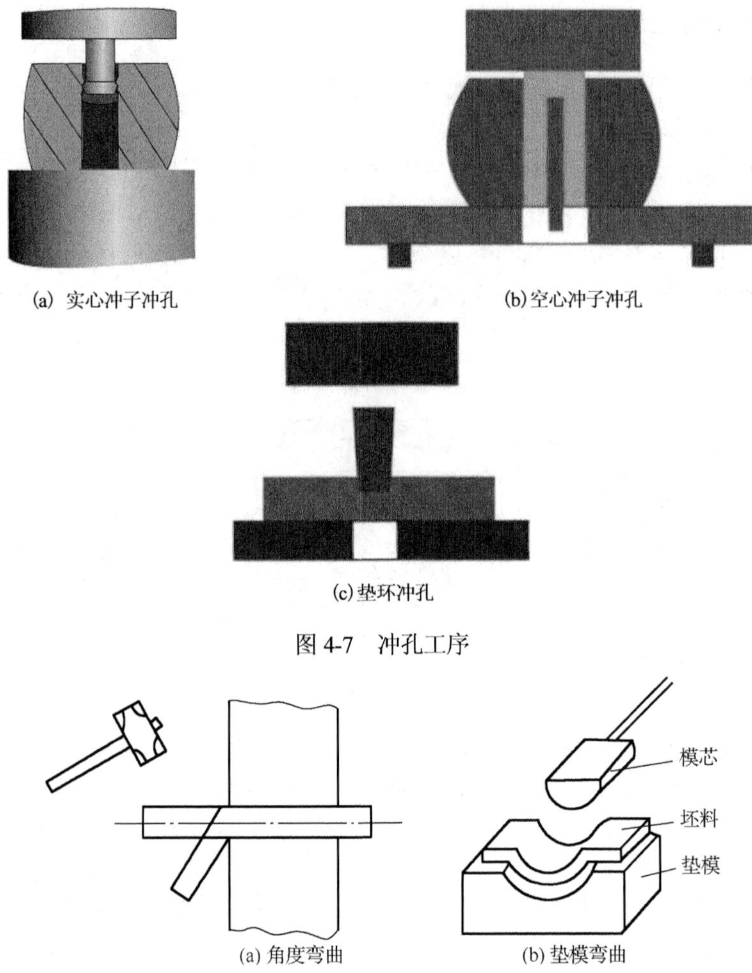

(a) 实心冲子冲孔　(b)空心冲子冲孔

(c)垫环冲孔

图 4-7　冲孔工序

(a) 角度弯曲　(b) 垫模弯曲

图 4-8　弯曲工序

(5)扭转。扭转是将毛坯一部分相对于另一部分绕其轴线旋转一定角度的锻造工序，如图 4-9 所示。该工序多用于锻造多拐曲轴和校正某些锻件。坯料扭转角度不大时，可用锤击方法锤击扭转。

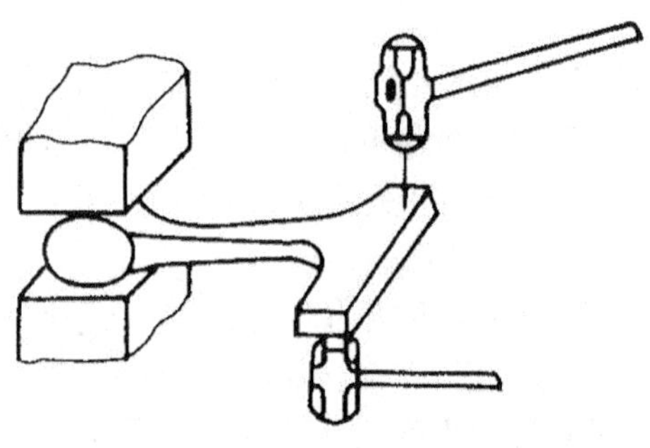

图 4-9　扭转工序

(6)切割。切割是将坯料分成几部分或部分地切割的锻造工序，如图 4-10 所示。切割常用于切除锻件的料头、钢锭的冒口等。

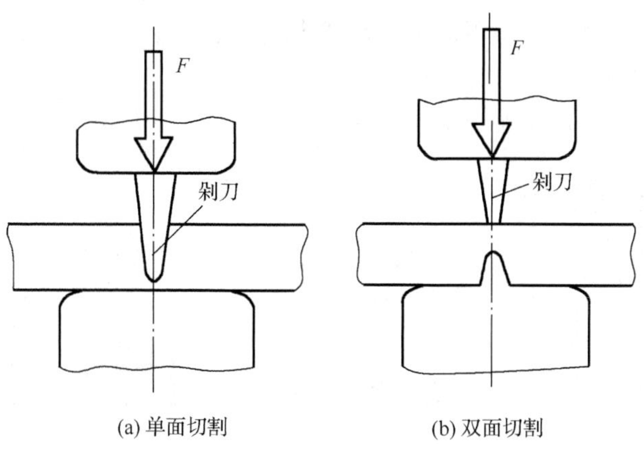

(a) 单面切割　　　　(b) 双面切割

图 4-10　切割工序

(7) 错移。错移是坯料的一部分相对另一部分错开，但仍保持轴心平行的锻造工序，如图 4-11 所示。错移常用于锻造曲轴类锻件，错移前坯料需要压肩。错移时先对坯料进行局部切割，然后在切口两侧分别施加大小相等、方向相反且垂直于轴线的冲击力或压力，使坯料实现错移。

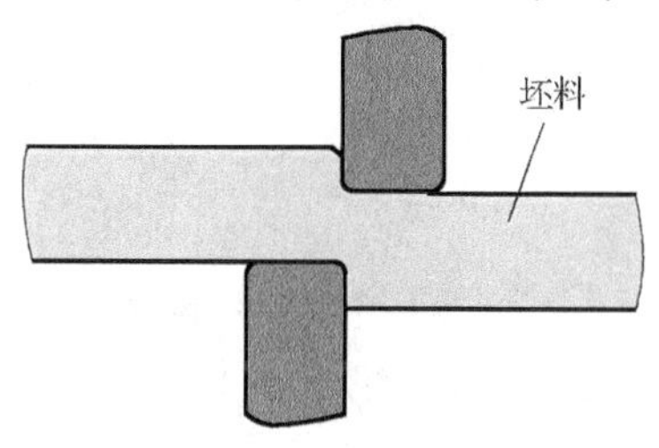

图 4-11　错移工序

2. 辅助工序

辅助工序是为基本工序操作方便而进行的预先变形，如压钳口、倒棱、压肩等。

3. 精整工序

精整工序是对已成形的锻件表面进行平整，以减少锻件表面缺陷，使其形状、尺寸符合要求的工序，如修整鼓形、平整端面、校直弯曲。

4.3　胎　模　锻

在自由锻设备上，使用可移动的胎模生产锻件的锻造方法，称为胎模锻造成形(也称胎模锻)。胎模是不固定在自由锻锤上的，使用时放上去，不用时取下来。锻造时，胎模放在砧座上，将加热后的坯料放入胎模，锻制成形，也可先将坯料经过自由锻预锻成近似锻件的形状，然后用胎模终锻成形。胎模锻是介于自由锻和固定模膛模锻之间的一种锻造方法，与自由锻相比，胎模锻具有生产效率高、锻件品质好、节省金属材料、降低锻件成本等优点。与固定模膛锻造相比，它不需要专用锻造设备，模具简单，容易制造，但是锻件品质不如模膛锻造成形的好，工人劳动强度大，胎模寿命短，生产率低。胎模锻造只适用于小批量生产，多用在没有模锻设备的中小型工厂中。

胎模按结构可以分为以下几类。

(1) 摔模。摔模用于锻造回转体锻件，操作时须不断转动坯料，其主要作用是拔长，如圆柱体或六棱柱等，如图 4-12(a)所示。

(2) 扣模。扣模用来对坯料进行全部或局部扣形，主要生产杆状非回转体锻件，如图 4-12(b)所示。

(3)套筒模。套筒模用于镦粗锻件，锻造齿轮、法兰盘类锻件，又可分为开式套筒模和闭式套筒模两种，如图 4-12(c)、(d)所示。

(4)合模。合模主要用于生产形状较复杂的连杆、叉形件等非回转体锻件，如图 4-12(e)所示。

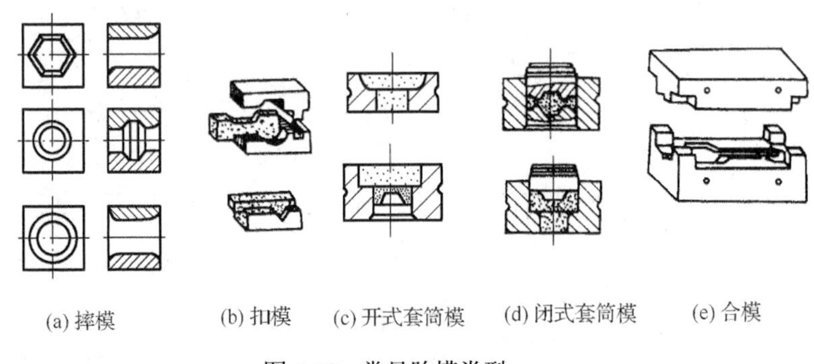

(a) 摔模　(b) 扣模　(c) 开式套筒模　(d) 闭式套筒模　(e) 合模

图 4-12　常见胎模类型

4.4　固定模膛模锻

固定模膛模锻(也称为模锻)是使加热到锻造温度的金属坯料在锻模模膛内一次或多次承受冲击力或压力的作用，而被迫流动成形以获得锻件的压力加工方法。在变形过程中，由于模膛对金属坯料流动的限制，因而锻造终了时能得到和模锻形状相符的锻件。与自由锻相比，模锻有如下优点。

(1)生产率高。

(2)锻件尺寸精确，加工余量小。

(3)可以锻造出形状比较复杂的锻件。

(4)节省金属材料，减少切削加工工作量，在批量足够大的条件下能降低零件成本。

(5)操作简单，易于实现机械化、自动化。

但是，锻模制造周期长，成本高，受模锻设备吨位的限制，模锻件不能太大，质量一般在 150kg 以下。因此，模锻适用于中小型锻件的成批和大量生产。

根据成形设备的不同，模锻工艺主要分为锤上模锻和压力机上模锻，但实质都是通过塑性变形迫使坯料在锻模模膛内成形。锤上模锻是在自由锻、胎模锻基础上发展起来的一种效率更高的锻造工艺，用于大批量锻件的生产，所用设备有蒸汽-空气锤(图 4-13)、无砧座锤、高速锤等，一般工厂主要使用蒸汽-空气锤，其工作原理与自由锻用的蒸汽-空气锤基本相同，但导轨间隙较小，运动精度高，且机架与砧座相连，以保证锻模的合模准确性，其吨位(落下部分的重量)为 1～16t，可锻制 150kg 以下的锻件。压力机上模锻常用的设备有曲柄压力机、摩擦压力机、平锻机、模锻水压机等。

1. 锻模

根据锻件复杂程度的不同，锻模分为单膛锻模和多膛锻模。单膛锻模结构如图 4-14 所示，锻模由活动上模和固定下模两部分组成，并分别用固定楔铁紧固在锤头和模垫上。上、下模合模后，其中部形成完整的模膛、分模面和飞边槽。多膛锻模是将多工步模膛安排在一个锻模内，使坯料经几道预锻工序后，形状基本接近模锻形状后终锻成形，以适应形状复杂的锻件生产。

多膛锻模一般含有拔长模膛、滚压模膛、弯曲模膛、预锻模膛和终锻模膛。图 4-15 是弯曲连杆模锻件的多膛锻模。

图 4-13　蒸汽-空气锤

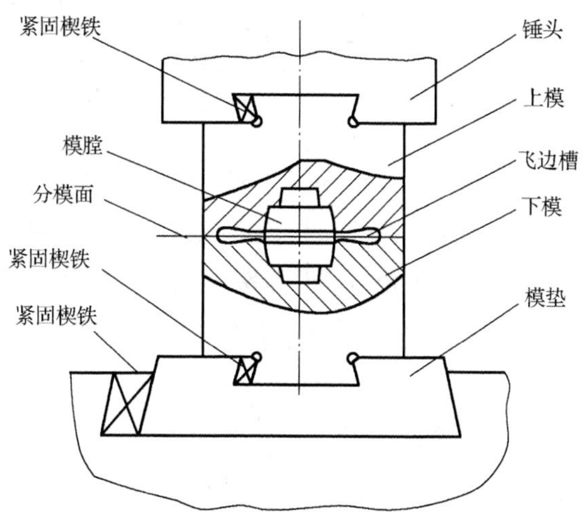

图 4-14　锤上模锻用锻模

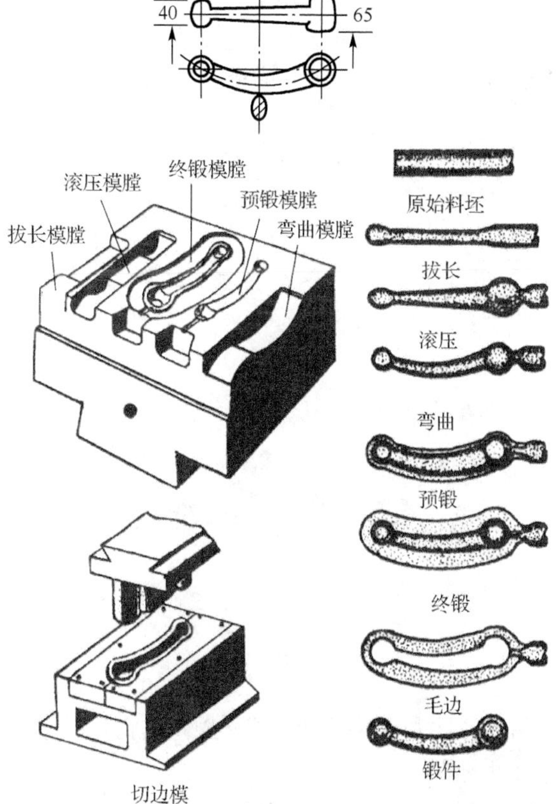

图 4-15　弯曲连杆的多膛锻模

2. 锤上模锻的基本工艺

锤上模锻成形的工艺过程一般为切断坯料→加热坯料→模锻→切除模锻件的飞边→校正模锻件→热处理→表面清理→检验→入库存放。制定模锻工艺规程的内容包括绘制模锻件图、坯料尺寸计算、确定模锻工步(选择模膛)、选择模锻设备、安排修整及辅助工序等。具体要根据不同锻件的结构形状，制定不同的基本工序，下面介绍几种常见锻件结构的基本工序。

图 4-16　盘状锻件基本工序

(1) 盘状锻件(图 4-16)：镦粗→(预锻)→终锻。

(2) 直轴类锻件(图 4-17)：拔长→滚压→(预锻)→终锻。

(3) 弯轴类锻件(图 4-18)：拔长→滚压→弯曲→(预锻)→终锻。

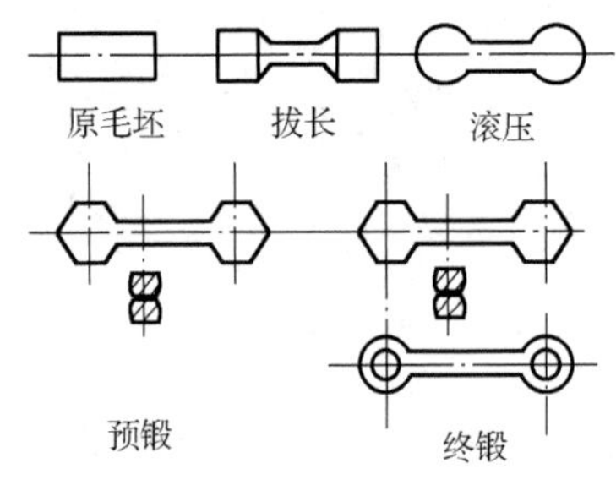

图 4-17　直轴类锻件基本工序

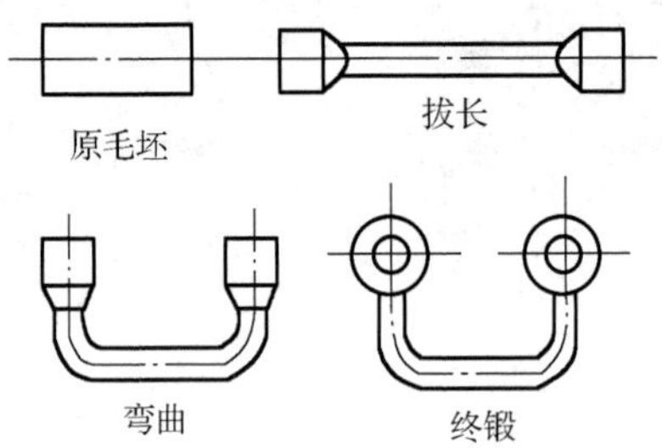

图 4-18　弯轴类锻件基本工序

(4) 叉类锻件(图 4-19)：拔长→滚压→预锻→终锻。

(5) 枝芽类锻件(图 4-20)：拔长→滚压→成形→(预锻)→终锻。

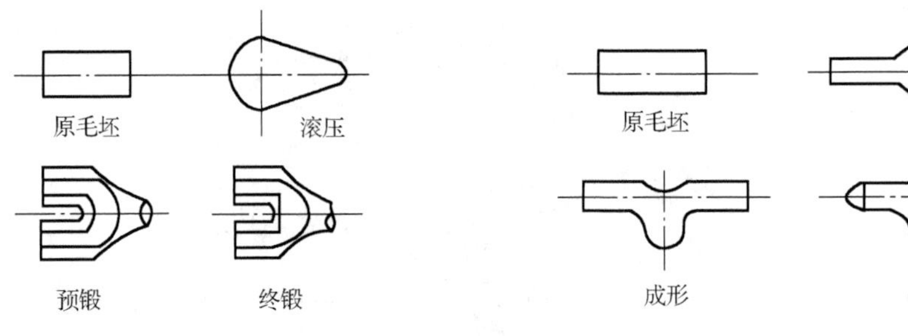

图 4-19　叉类锻件基本工序

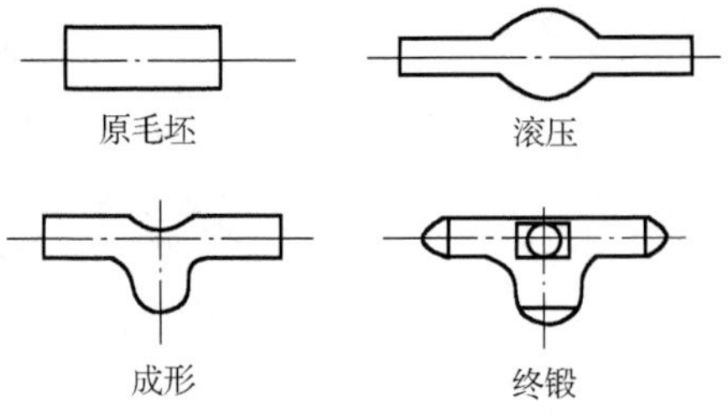

图 4-20　枝芽类锻件基本工序

4.5　板料冲压

4.5.1　冲压设备

1. 压力机

常用冷冲压设备有机械压力机和液压机，工作原理与锻压设备相同，冲压设备也属于锻压机械。冲压设备有以下几种分类。

(1) 按驱动滑块机构的种类可分为曲柄式和摩擦式。

(2) 按滑块个数可分为单动和多动。

(3)按床身结构形式可分为开式(C型床身)和闭式(Ⅱ型床身)。

(4)按自动化程度可分为普通压力机和高速压力机等。

常用冲压设备主要有剪床、冲床、液压机等。冲床是进行冲压加工的基本设备，常用的有开式曲柄压力机，如图4-21所示。曲柄压力机工作原理：电动机通过皮带，齿轮带动曲轴旋转，曲轴通过连杆带动滑块沿导轨做上、下往复直线运动，带动模具实施冲压，模具安装在滑块与工作台之间。

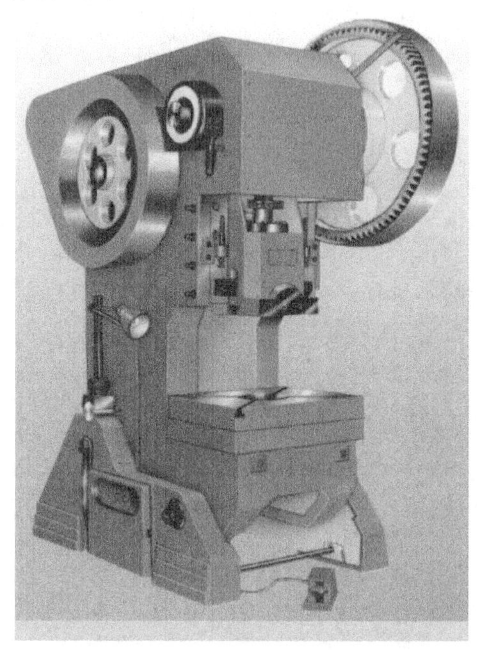

(a) 实物图

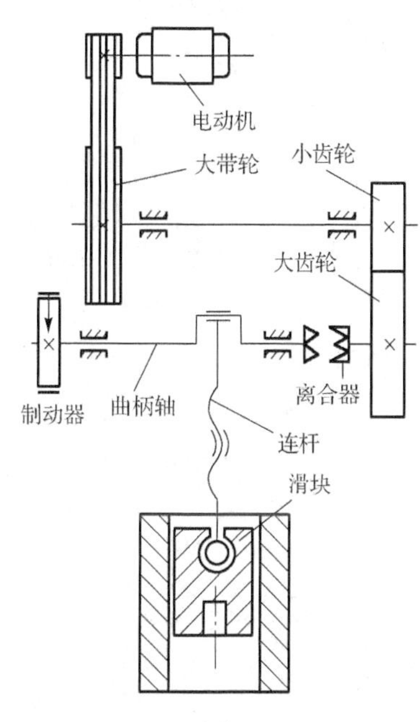

(b) 工作原理图

图4-21　开式曲柄压力机

压力机的公称压力是选择冲压设备的重要参数之一。所谓压力机的压力是指压力机滑块下滑过程中的冲击力，压力的大小随滑块下滑的位置不同，也就是随曲柄旋转的角度不同而不同，压力机的公称压力——我国规定滑块下滑到距下极点某一特定的距离或曲柄旋转到距下极点某一特定角度时，所产生的冲击力称为压力机的公称压力。公称压力的大小，表示压力机本身能够承受冲击的大小。压力机的强度和刚性就是按公称压力进行设计的。其他主要技术参数有滑块行程、滑块行程次数、装模高度和封闭高度等。

2. 冲压模具

冲压模具(冲模)在冲压生产中是必不可少的，冲模结构合理与否对冲压件品质、冲压生产的效率及模具寿命都有很大的影响。冲模基本上可分为简单冲模、连续冲模和复合冲模三种。

(1)简单冲模。冲床的一次冲程中只完成一个工序的冲模，称为简单冲模，如图4-22所示。冲模由上模和下模组成，上模通过上模板和模柄固定在冲床滑块上，下模通过下模板用螺钉紧固在工作台上。凸模和凹模为冲模的工作部分，它们通过凸模压板和凹模压板分别固定在上、下模板上，用导套和导柱将凸模和凹模对准。导料板和定位销分别用于控制坯料的送进方向和送进量。卸料板可使冲好的冲压件从凸模上脱落下来。简单冲模用于生产批量不大的冲压件。

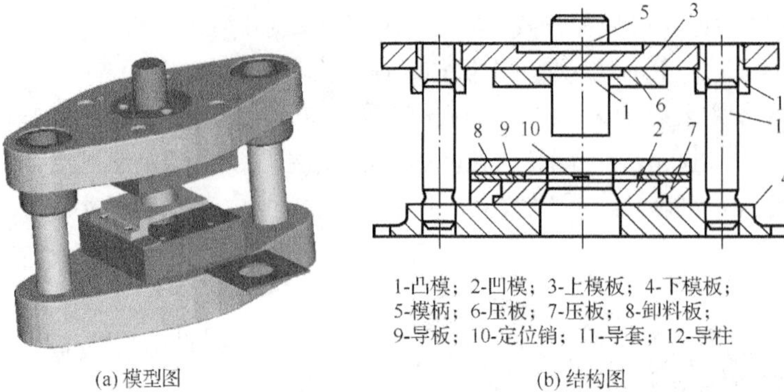

(a) 模型图　　(b) 结构图

图 4-22　简单冲模

(2) 连续冲模。冲床的一次冲程中在模具不同部位上同时完成数道冲压工序的模具，称为连续冲模，如图 4-23 所示。工作时，定位销对准预先冲出的定位孔，上模向下运动，凸模进行冲孔。当上模回程时，卸料板从凸模推下残料。这时再将板料向前送进，执行第二次冲裁。如此循环进行，每次送进距离由挡料销控制。连续冲模适用于成批生产冲压件。

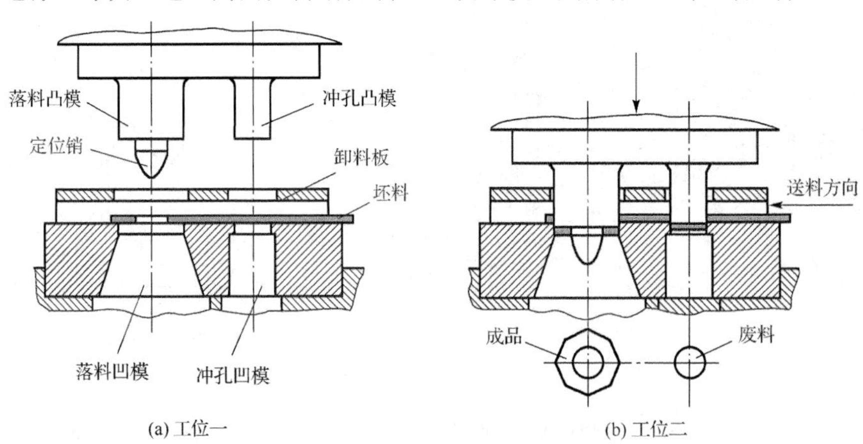

(a) 工位一　　(b) 工位二

图 4-23　连续冲模

(3) 复合冲模。冲床的一次冲程中在模具同一部位上同时完成数道冲压工序的模具，称为复合冲模，如图 4-24 所示。复合冲模适用于产量大、精度高的冲压件。

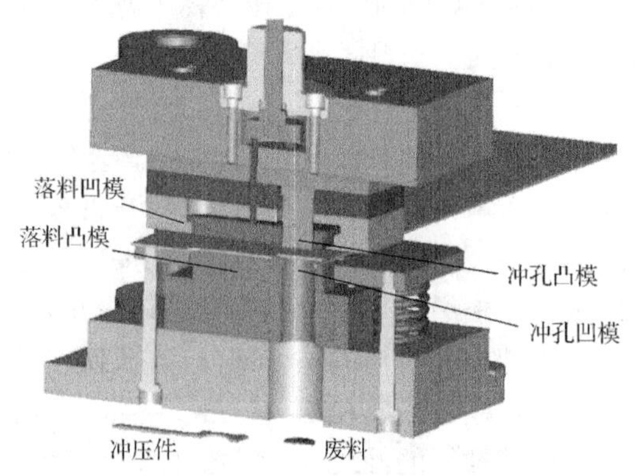

图 4-24　复合冲模

4.5.2 板料冲压的基本工序

冲压加工因制件的形状、尺寸和精度的不同，所采用的工序也不同。根据材料的变形特点可将冷冲压工序分为分离工序和成型工序两类。分离工序是使坯料的一部分相对于另一部分相互分离的工序，如落料、冲孔、切断等。成形工序是使坯料的一部分相对于另一部分产生位移而不破裂的工序，如拉深、弯曲、翻边、胀型、旋压等。

下面具体介绍几种常用的基本工序。

1. **冲裁**

落料及冲孔(统称冲裁)是使坯料按封闭轮廓分离的冲压工序。在落料和冲孔中，坯料变形过程和模具结构均相似，只是材料的取舍不同。落料是被分离的部分为成品，而留下的部分是废料；冲孔是被分离的部分为废料，而留下的部分是成品。例如，冲制平面垫圈，制取外形的冲裁工序称为落料，而制取内孔的工序称为冲孔，如图 4-23 所示。

2. **弯曲**

弯曲是将板料弯曲成一定角度、一定曲率而形成一定形状零件的冲压工序，如图 4-25 所示。弯曲时板料内侧受压缩，外侧受拉伸，当外侧受拉应力超过板料的抗拉强度极限值时，即会造成金属破裂。板料厚度越大，弯曲半径越小，越容易产生破裂现象。因此，如果板料的塑性好，则弯曲半径可小些，反之则弯曲半径要取大些。

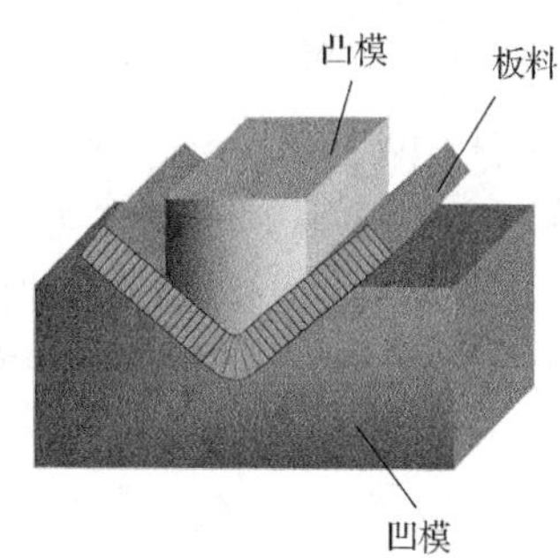

图 4-25 弯曲

弯曲时还应尽可能使弯曲线与板料纤维方向垂直(图 4-26 方案 1)，若弯曲线与纤维方向一致，则容易产生破裂(图 4-26 方案 2)，可用增大弯曲半径来避免破裂。

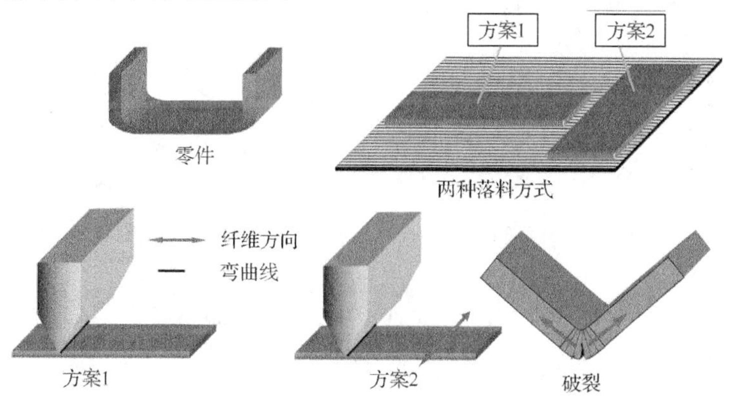

图 4-26 弯曲时的纤维方向

3. **拉深**

拉深是利用拉深模使板料变成开口空心件的冲压工序，拉深过程如图 4-27 所示。拉深模具的凸面和凹模边缘必须是圆角，凸模和凹模之间应采用比坯料厚度略大的间隙。为了防止起皱，可用压边圈将坯料周边压紧，进行拉深。压力的大小以工件不起皱，不拉裂为宜。当拉深件的深度较大，不能一次拉深成形时，可多次拉深。拉深可以制成筒形、阶梯形、盒形、球形、锥形及其他复杂形状的薄壁零件。

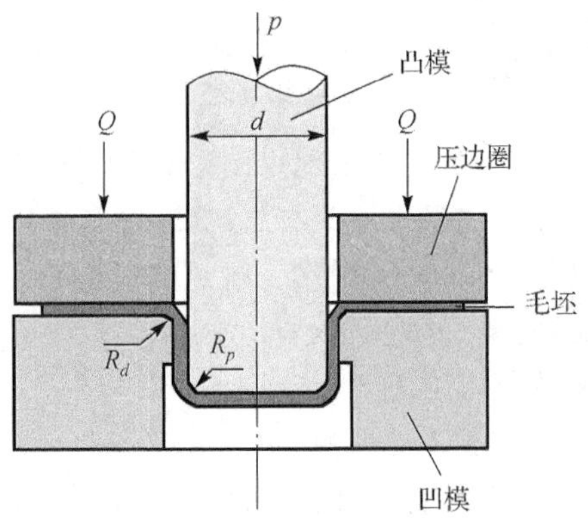

图 4-27　拉深过程

4. 其他冲压成形

胀形主要用于平板毛坯的局部胀形(或称起伏成型)，如压制凹坑、加强筋、起伏形的花纹及标记等。另外，管形料的胀形(如波纹管)、板料的拉形等，均属胀形工艺。胀形所用的模具可分为刚模和软膜两类，软膜胀形时板料的变形比较均匀，容易保证零件的精度，便于成形复杂的空心零件，所以在生产中广泛采用，如图 4-28 即为用软胶模胀形。

翻边是使材料的平面部分或曲面部分上沿一定的曲率翻成竖立边缘的冲压成形工艺，在生产中应用较广。根据零件边缘的性质和应力状态的不同，翻边可分为内孔翻边(图 4-29)和外缘翻边。

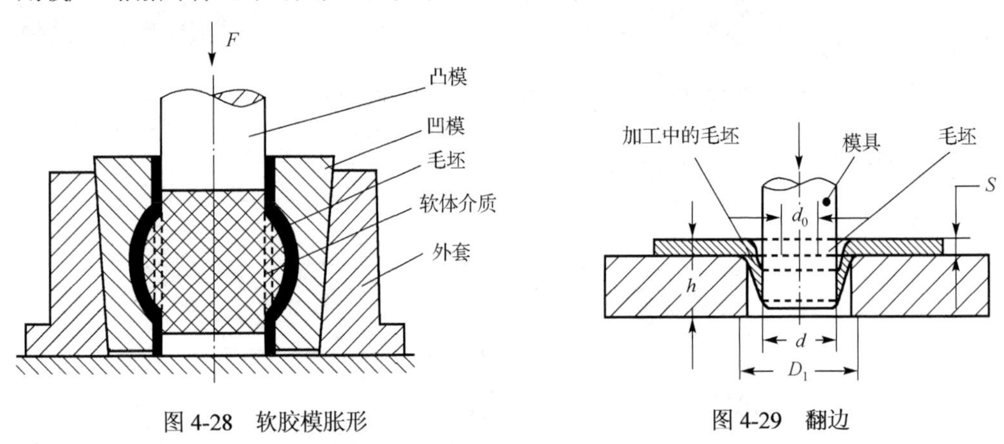

图 4-28　软胶模胀形　　　　图 4-29　翻边

4.6　新技术、新工艺

随着科学技术的发展，压力加工生产的要求越来越高：不仅要生产出各种毛坯，还要直接生产出各种形状复杂的零件；不仅能用易变形的材料进行生产，而且还要用难变形的材料进行生产。因此，近年来在压力加工生产中出现了许多新工艺、新技术，如超塑性成形、粉末锻造、精密模锻及高能高速成形等。这些压力加工新工艺的特点如下。

(1) 尽量使锻压件的形状接近零件的形状，达到少无切削加工的目的，从而可以节省原材料和切削加工工作量，同时得到合理的纤维组织，提高零件的力学性能和使用性能。

(2) 具有更高的效率。

(3)减少变形率，可以在较小的锻压设备上制造出大锻件。

(4)广泛采用电加热和少氧化、无氧化加热，提高锻压件表面品质，改善劳动条件。

1. 精密模锻

精密模锻是在模锻设备上锻造出形状复杂、锻件精度高的模锻工艺。如精密模锻锥齿轮，其齿形部分可直接锻出不必再经切削加工。模锻件尺寸精度可达IT12～IT15，表面粗糙度 *Ra* 可达3.2～1.6μm。其工艺特点如下。

(1)需要精确计算原始坯料的尺寸，严格按坯料质量下料，否则会增大锻件尺寸公差，降低精度。

(2)需要仔细清理坯料表面，除净坯料表面的氧化皮、脱碳层等。

(3)为提高锻件的尺寸精度和降低表面粗糙度，应采用无氧化或少氧化加热法，尽量减少坯料表面形成的氧化皮。

(4)精密模锻的锻件精度在很大程度上取决于锻模的加工精度，因此，精锻模膛的精度必须很高，一般要比锻件精度高两级。精锻模一定要有导柱导套结构，保证合模准确。为排除模膛中的气体，减少金属流动阻力，使金属更好地充满模膛，在凹模上应开有排气小孔。

(5)模锻时要很好地润滑和冷却锻模。

(6)精密模锻一般都在刚度大、精度高的模锻设备上进行，如曲柄压力机、摩擦压力机或高速锤等。

2. 液态模锻

液态模锻是将熔融的金属直接浇注到锻模模膛内，然后在液态或半固态的金属上施加压力，使之在压力下流动充型和结晶，并产生一定程度的塑性变形，从而获得所需锻件的方法，又称为挤压铸造。

液态模锻是一种将铸造工艺与锻造工艺相结合的先进的净终成形方法，既具有压力铸造工艺简单、可生产形状复杂、制造成本较低的特点，又具有模锻件晶粒细小、内部组织紧密、力学性能好、成形精度高的优点。液态模锻所需锻造压力较小，仅为模锻压力的20%。因此，液态模锻主要应用于生产形状复杂并且要求力学性能高、尺寸精度好的中、小型零件，如柴油机活塞、仪器仪表外壳等零件。

图4-30为液态模锻的工艺过程。锻造时，先将熔融的金属液体倒入凹模内，凸模下行，对金属施加压力，经过短时间保持压力后，金属成形，凸模返程，通过顶件装置顶出锻件。

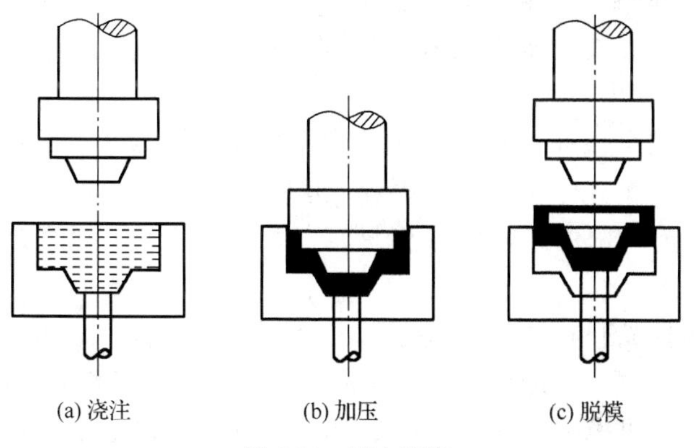

图4-30　液态模锻

3. 粉末锻造

粉末锻造是粉末冶金成形和锻造相结合的一种金属成形工艺。普通的粉末冶金件的尺寸精度高，但是塑性与冲击韧性差；锻件的力学性能好，但精度低。二者取长补短，就形成了粉末锻造。粉末锻造的工艺过程如图 4-31 所示，即将粉末预压成形后，在充满保护气体的炉子中烧结制坯，将坯料加热至锻造温度后进行模锻。

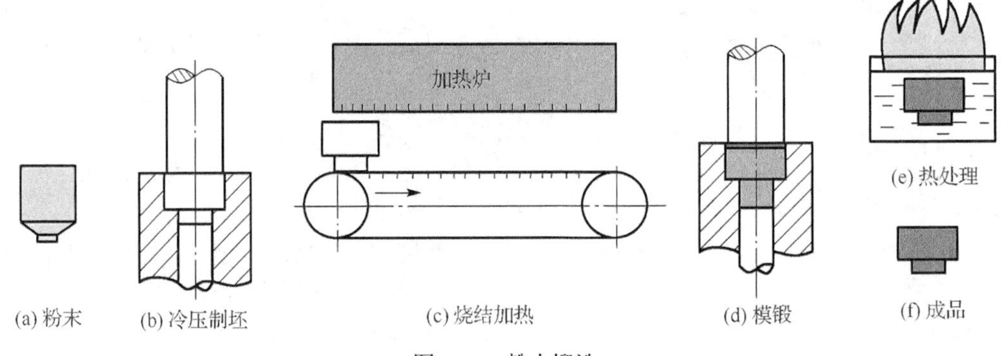

图 4-31　粉末锻造

粉末冶金的特点如下。

(1) 材料利用率高，可达 90%以上，而模锻的材料利用率只有 50%左右。

(2) 力学性能好，材质均匀，无各向异性，强度、塑性和冲击韧性都较高。

(3) 锻件精度高，表面光洁，可实现少无切削加工。

(4) 生产率高，每小时产量可达 500～1000 件。

(5) 锻造压力小，如 130 汽车差速器行星齿轮，钢坯锻造需用 2500～3000kN 的压力机，粉末锻造只需 800kN 的压力机。

(6) 可以加工热塑性差的材料，如难以变形的高温铸造合金；可以锻出形状复杂的零件，如差速器齿轮、柴油机连杆、链轮、衬套等。

4. 超塑性成形

金属或合金在特定条件，即低的变形速率($\varepsilon=10^{-4}\sim10^{-2}$/s)、一定的变形温度(约为熔点一半)和均匀的细晶粒度(晶粒平均直径为 0.2～5μm)下，可呈现出超乎寻常的塑性(延伸率 δ 可超过 100%，甚至 1000%以上)，如钢超过 500%、纯钛超过 300%、锌铝合金超过 1000%。而变形抗力则大大降低(常态的 1/5 左右，甚至更低)，这种现象称为超塑性。

超塑性状态下的金属在拉伸变形过程中不产生缩颈现象，变形应力仅为常态下金属变形应力的几分之一至几十分之一。因此，该种金属极易成形，可采用多种工艺方法制出复杂成形件。目前常用的超塑性成形材料主要是锌合金、铝合金、钛合金及某些高温合金。

图 4-32 是超塑性成形工艺的一种应用，即板料气压成形，其过程是：把超塑性金属板料放于模具中，板料与模具一起加热到规定温度，向模具内吹入压缩空气或抽出模具内的空气形成负压，板料将贴紧在凹模或凸模上，获得所需形状的成形件。该法可加工厚度为 0.4～4mm 的板料。

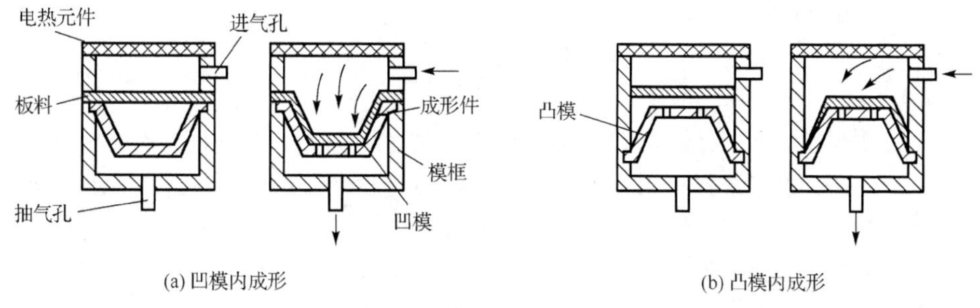

图 4-32 板料气压成形

5. 高能高速成形

高能高速成形是一种在极短时间内释放高能量而使金属变形的成形方法。它具有以下特点。

(1) 高能高速成形仅用凹模就可以实现，因此，可节省模具材料，缩短模具制造周期，降低模具成本。

(2) 高能高速成形时，零件以很高的速度贴模，在零件与模具之间发生很大的冲击力，这不但对改善零件的贴模性有利，而且可有效地减少零件弹复现象。坯料变形不是在刚体凸模的作用下，而是在液体、气体等传力介质的作用下实现的(电磁成形则不需传力介质)。因此，坯料表面不受损伤，而且可改善变形的均匀性，零件精度高，表面质量好。

(3) 高能高速成形可提高材料的塑性变形能力，对于塑性差的难成形材料来说是一种较理想的工艺方法。

(4) 用常规成形方法需多道工序才能成形的零件，采用高能高速成形方法可在一道工序中完成，因此，可有效地缩短生产周期，降低成本。

高能高速成形的类型有爆炸成形、电液成形、电磁成形等。

爆炸成形是利用爆炸物资在爆炸瞬间释放出巨大的化学性能对金属坯料进行加工的高能高速成形工艺，如图 4-33 所示，主要用于板材的拉深、胀形、校形，还常用于爆炸焊接、表面强化、管件结构的装配、粉末压制等。

爆炸成形时，爆炸物质的化学能在极短时间内转化为周围介质(空气或水)中的高压冲击波，并以脉冲的形式作用于坯料，使它产生塑性变形。

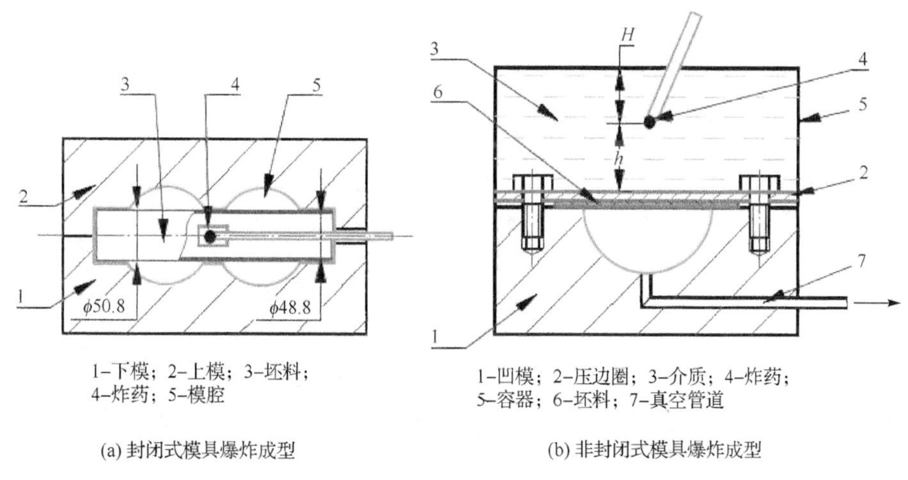

图 4-33 爆炸成形

思考和练习

1. 什么是金属压力加工？为什么金属压力加工在机械工业中能获得广泛应用？
2. 什么是始锻温度和终锻温度？始锻或终锻温度过高或过低对锻造有什么影响？
3. 什么是自由锻、模锻？比较它们各有什么特点？
4. 自由锻的基本工序有哪几种？为什么特大型锻件只能用自由锻？
5. 模型锻造的锻件为什么带有飞边？飞边的作用是什么？
6. 试述板料冲压的特点和应用。板料冲压有哪些主要工序？
7. 为什么锻件的力学性能比铸件好，而铸件的形状可以比锻件复杂？

第5章　焊　　接

📖 **教学提示**　焊接是一种能够使两个或以上分离金属永久性连接的加工方法，这些金属材料包括钢、铸铁以及铝、铜、镁、钛及其合金等有色金属。该技术起源于1882年的碳弧焊，发展至今已有几十种焊接方法，适用的领域越来越广，现代化程度也越来越高，广泛运用于航空、船舶、机械制造、石油化工、桥梁、建筑、矿山及国防等各个行业。焊接技术的优点可以归纳为节省材料、减轻结构重量、提高生产率、加工场地简易，目前焊接工艺已经基本取代了铆接，部分替代了锻造和铸造。

📖 **教学要求**　了解主要焊接工艺的特点和应用；掌握有关焊接操作的基本要求和规范，并能配合实践教学；基本学会焊接工艺方法，实现金属有效连接。

5.1　焊接原理与分类

焊接是利用加热、加压，或同时加热和加压，并使用(也可不用)填充材料将分离工件永久连接在一起的一种方法。因此，可根据母材是否熔化，将焊接方法分为熔焊、压焊和钎焊。

(1)熔焊：利用电弧作为焊接热源，将焊件接头处金属加热至熔化状态，然后冷却结晶以形成焊缝。熔焊不需要施加压力，只需要移动焊接电弧，以使熔池逐渐冷却就可形成需要的焊缝金属。

熔焊中常见的有电弧焊、气焊、电子束焊等。手工电弧焊就是目前应用最普遍的一种焊接方法，也是工程实训中将要操作的一种方法。它操作方便、设备简单、适用不同结构不同厚度焊接状况，但这种方法依赖于操作者的技术水平，而且劳动强度大，且生产效率较低。我们所熟悉的国家体育馆“鸟巢”结构钢架为熔焊方法连接而成，一共采用了14种先进的焊接技术，代表了钢结构焊接技术的发展方向。

(2)压焊：对焊件施加压力(加热或不加热)，使金属接触部分引起塑性变形或熔化状态，从而使金属原子间相互结合而形成牢固的焊接接头。

压焊中常见的有电阻焊、冷压焊、扩散焊和摩擦焊等，其特点是利用机械能进行焊接，通过顶压、锤击、摩擦等形式，使工件结合部位产生塑性流变，实现技术的结合。

(3)钎焊：利用熔点比母材低的材料作为钎料，然后将焊件与钎料加热至高于钎料熔点温度而低于母材熔点温度，从而使熔化的钎料润湿母材表面，填充焊接处间隙并与母材相互溶解、扩散，冷却后结晶在接头处形成焊缝。

钎焊常见的有火焰钎焊、感应钎焊、盐浴钎焊和电子束钎焊等。表5-1为一些基本焊接方法的分类及特点。

表 5-1 基本焊接方法

分类	焊接方法	特点
熔焊	电弧焊	应用最广、操作方便、适用各类金属、各种厚度、各种结构
	气焊	操作方便、在电力不足环境下经常采用，适用铸铁和有色金属
	电渣焊	焊区易过热，焊后要热处理，焊速快，变形小，质量高，适用于垂直焊，厚板件和大型结构
	激光焊	焊缝和热影响区窄，接头性能优良，精度高，易于实现自动化，适用于有色金属和非金属
压焊	电阻焊	焊接成本低，设备较贵，热影响区小，变形小，适合组装线装配，如电子、汽车产业的钢和有色金属
	冷压焊	受焊机吨位的限制，适用于硬度不高、延性好的金属薄板、线材、棒材和管材的连接
	扩散焊	变形小，特别适合于精密件焊接、异种金属材料、石墨和陶瓷等非金属材料和多孔性烧结材料
	摩擦焊	一种固相焊接，生产效率高，适用于可热锻的金属和异种金属，主要是截面为圆形的工件
钎焊	火焰焊	设备简单，容易实现，适用于薄壁和小型焊件，如硬质合金刀具的钎焊、铜管接头的钎焊
	感应焊	一般采用高频电流加热方式，广泛用于钎焊钢、铜和铜合金等大型焊件，不适合铝合金
	电子束焊	能量集中可控，但设备较贵，适合于工件装配、接缝精度要求较高的场合

5.2 手工电弧焊

手工电弧焊也称焊条电弧焊，是利用电极短路后的电弧热熔化焊剂和被焊金属形成熔池，随之冷却凝固获得焊缝的一种电弧焊方法。焊条移动靠手工操作，方便灵活、设备简单、适用性强，劳动强度大，生产效率不高，对操作者有一定的技术要求。电弧焊主要运用于铸铁、钢件结构和有色金属，从薄到 0.1mm 到厚几百毫米的金属构件。大学生工程训练实训中普遍使用的也是手工电弧焊，如图 5-1 所示。

图 5-1 焊接现场

5.2.1 电弧形成原理

电弧是一种气体放电现象，电流通过某些绝缘介质（如空气）所产生的瞬间火花。由于电弧导电性强、能量集中、温度高、亮度大、质量轻，因此电弧可作为强热源。电弧焊就是通过产生持续的电弧进行焊接生产。

1. 电弧的生成

在产生电弧的方法上，电弧焊有两种引弧方法：非接触式引弧法和接触式引弧法。图 5-2 为引弧操作方法示意图。

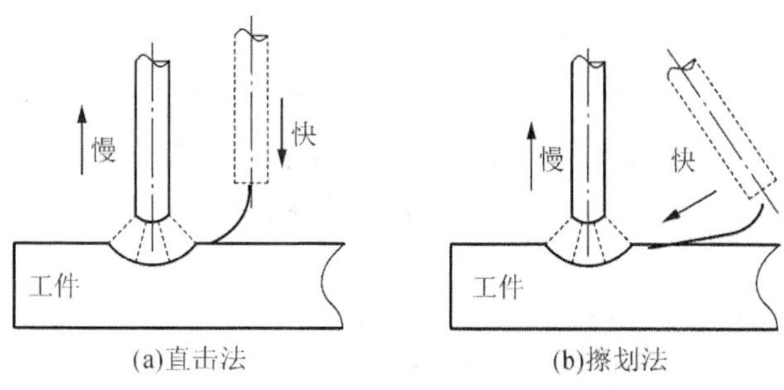

(a)直击法 (b)擦划法

图 5-2 引弧操作方法示意图

手工电弧焊属于熔化极电弧焊，需要采用的是接触式引弧法，具体方法：当电流两端分别与被焊工件和焊枪连接时，在强电场作用下，阴极区电子向阳极区运动，使电弧区的中性气体介质被电离成正负带电粒子，这些粒子的相向运动使这部分气体被击穿，变成了导体，形成了电极之间的气体导电过程，由于电弧强热效应，在弧柱区的温度可以达到 5000～6000K。图 5-3 所示为电弧产生原理。

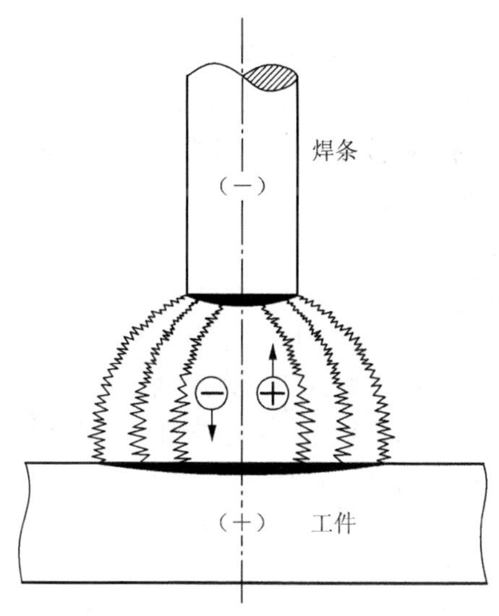

图 5-3 电弧产生原理

手工电弧焊工作电压一般为 20～30V，空载电压为 55～80V，焊接电流一般不超过 400A，以满足引弧要求。在满足焊接工艺要求的前提下，空载电压应尽可能低，而焊接电流不要过大。

2. 电源要求

手工电弧焊受操作者影响较大，为了保证引弧顺利，且在要求的电流下稳定燃烧，对电源要满足以下基本要求。

(1)具有徒降外特性。焊接电源的外(静)特性是指在规定范围内，焊接电源稳态输出的电流和输出电压的关系。具有该特性可使空载电压满足引弧要求，可以提供稳定燃烧所需的电压，而弧长变化时，焊接电流的变化小。在实际焊接过程中，弧长很容易随操作者、焊接位置等的变化而变化，为保证焊缝质量，应使焊接电流变化小或不变化，这是焊接电源应该具备的一个特点。

(2)合适的空载电压和短路电流。空载电压过低无法引弧，过高则耗能耗材太大，因此，手工电弧焊的空载电压一般不会超过 80V。短路电流过小也无法引弧，而过大则容易使焊接过载烧坏，因此短路电流为工作电流的 120%～150%，一般不超过 600A。

(3) 良好的动特性。在焊接过程中，电源的负载处于不断的变化中，因此，焊接的输出电压和电流要能迅速适应这种变化，这种良好的动特性表现为容易引弧，焊接过程电弧稳定、飞溅小、焊缝成形好。

(4) 良好的调节性能。对不同焊接工件、厚度、坡口形式、焊条型号直径等，要求焊机能够提供不同的输出电流，一般要求焊机的电流调节范围是额定焊接电流的 0.25～1.25。

5.2.2 焊机类型及其他

手工电弧焊中使用较多的是额定焊接电流在 500A 以下的弧焊电源，目前我国手弧焊用的焊机有三大类：交流弧焊机、直流弧焊机和逆变弧焊机。

(1) 交流弧焊机。目前使用最为普遍，基本按单相电网接入，功率因素较低，空载损耗小，噪声比较低，维修简单，在一般手工焊接中常采用。例如，BX1-300 型焊机，即动铁心式交流弧焊电源，额定电流 300A。

(2) 直流弧焊机。目前市场上有的是弧焊整流器电源，当工件接电源正极，而焊枪接电源负极时，称为直流正接，反之则为直流反接。这种弧焊机按三相电接入，空载损耗小，但维护较为复杂，常用于重要的结构件焊接、各种埋弧焊和气体保护焊等。例如，ZX5-400 型焊机，即晶闸管式整流弧焊电源，额定电流 400A。

(3) 逆变弧焊机。这是近二十年来随着电子技术发展而新研制的电源，可将电网交流整流成直流电，再通过逆变电路将直流电变成高频交流电。按三相电网接入，可逆变为几千赫兹或几百千赫兹高频交流电，它体积小、质量轻、高效节能，特别适合于高合金钢材料和特种材料焊接。例如，ZX7-315 型焊机，即逆变式整流弧焊电源，额定电流 315A。

手工电弧焊的其他附件主要有焊钳、焊接电缆、面罩和焊条等，这里主要介绍焊钳和焊条。图 5-4 所示为手工电弧焊基本组成。

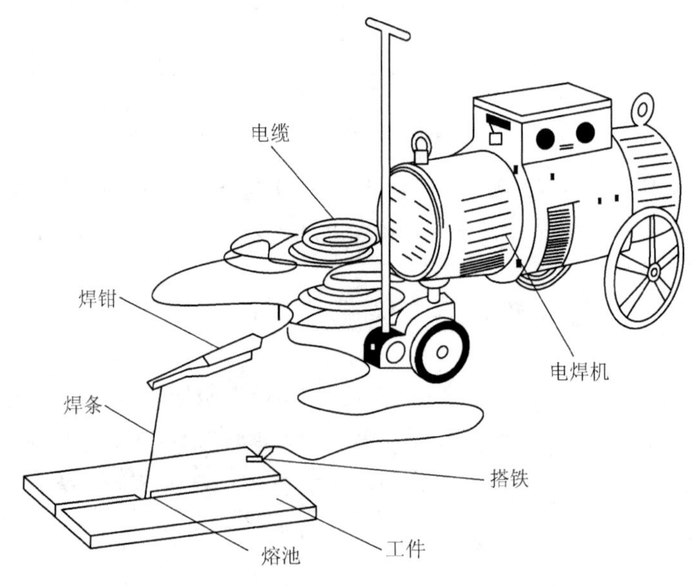

图 5-4 手工电弧焊基本组成

(1)焊钳。焊钳是用来夹持焊条进行焊接的工具，如图 5-5 所示，起着从焊接电缆向焊条传导焊接电流的作用，常用的焊钳主要有 300A 和 500A 两种。

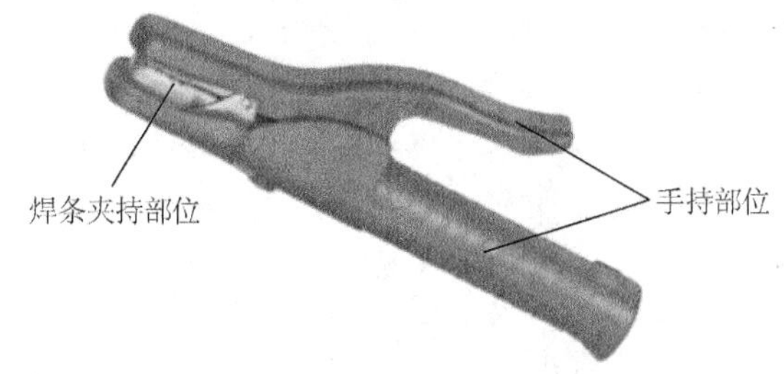

图 5-5　电焊钳外形

(2)焊条。焊条由焊芯和涂料药皮组成，也称药皮焊条，直径一般在 2.0～5.8mm，是一种在一定长度金属芯外表层均匀地涂抹一定厚度的具有特殊作用药皮的手弧焊接用的溶化电极。

焊芯一般是金属芯，由 H08A 钢芯制成，其作用一是传导电流，产生电弧；二是在熔化后充作焊缝的填充金属。

药皮也称涂料，是氧化物、碳酸盐、硅酸盐、有机物、氟化物等数十种原材料粉末，按一定比例混合而成的，制成的焊条也可分为酸性焊条和碱性焊条。药皮的作用首先是在熔区周围形成合适物化性能的熔渣，保证电弧稳定燃烧，并释放气体保护熔区不受空气影响。其次可以通过熔渣去除有害物质，添加有益合金元素，增强焊缝力学性能。最后是改善焊接工艺，使焊接过程飞溅小，易脱渣和熔敷效果好。

焊条按型号分为八大类，如碳钢焊条、低合金钢焊条和不锈钢焊条，归为代号 E。根据药皮酸碱性又可分酸性焊条和碱性焊条。酸性焊条焊接工艺性好，生产中使用最广，可交直流两用，焊缝美观，脱渣性好，飞溅小，但焊缝金属塑性和韧性相对较差。碱性焊条电弧稳定性较差，但焊缝冲击韧性和塑性较高，故通常使用在较重要的焊接结构场合，如承受动载荷和刚性较大的结构焊接上。

焊条的选用应根据钢材的类型、力学性能、结构的工作状况综合考虑，必要时需要经过相关的实验来确定。表 5-2 为典型焊条选用基本原则。

表 5-2　典型焊条选用基本原则

典型焊条	选用原则
碳钢焊条	一般按与母材等强度选取，对于薄板或单层焊，强度可比母材稍低，而对于厚板和多层焊则可选用比母材高一级的焊条，而不同强度母材焊接时，应选用强度级别较低的钢的焊条
低合金钢焊条	基本遵循等强度原则。特别是对于高强度钢，应侧重考虑焊缝的塑性，对于低合金异种钢焊接时，依照强度级别较低钢种选用焊条
不锈钢焊条	主要依据熔敷金属化学成分与母材相同或相近的原则，一般为简化工艺，常选用铬镍不锈钢焊条

5.2.3　手工电弧焊工艺

工艺是指用文字或图表等方式说明为实现预期技术要求，完成焊接过程需要做的全部步骤和程序。工艺应根据设计技术要求选择合适的焊接设备、坡口形式、焊条型号及规格、工件装配、焊接参数、焊接辅助设备、焊前预热和焊后热处理等。

1. **坡口形式与焊接位置**

坡口是指在焊接前，将工件接头的待焊接部位加工成一定几何形状的沟槽。其目的是保证焊接顺利进行，电弧能沿板厚熔敷一定深度，以获得良好的焊缝。坡口形式与尺寸一般随板厚而变化，同时还与焊接位置、工件材质等有关，典型的坡口有I形坡口、V形坡口、U形坡口、J形坡口、X形坡口等。一般地，对于小于6mm厚板的焊缝，可以不开坡口(或开I形坡口)，但对于中厚板以上焊接，为了保证焊缝质量，则必须开坡口。I形坡口应用比较普遍，在薄板焊接广泛采用；V形坡口便于加工，但焊后工件容易变形，因此，如果用X形坡口则可以避免这一变形；U形坡口使用的焊缝填充金属少，因此变形也比较小，但坡口加工困难，一般用在重要焊接场合。焊接接头的基本形式有对接、搭接、角接和T形接头，它由焊缝、熔合区、热影响区及其邻近母材组成，用于焊接接头的各种坡口形式可以参阅GB/T 985.1—2008。如图5-6为典型坡口外观示意图。

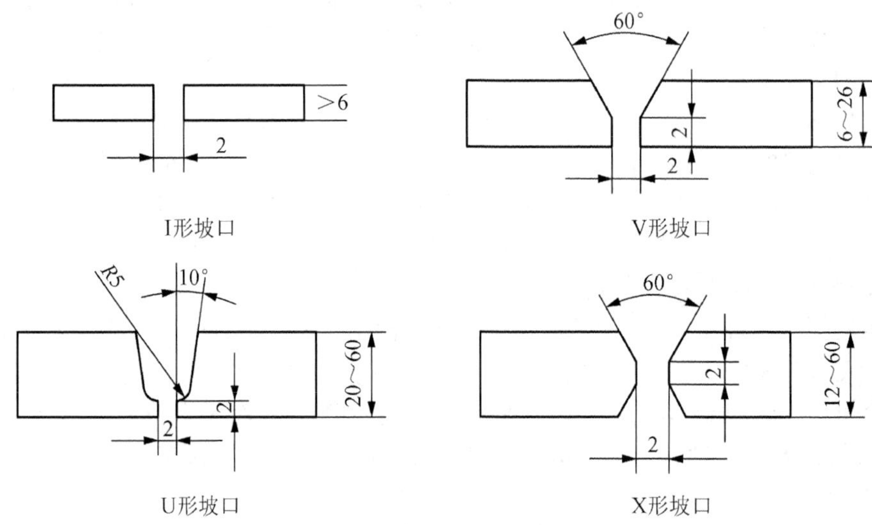

图5-6　典型坡口外观示意图

在实际生产中，由于结构限制和移动要求，焊缝在空间的位置除了平焊位置，还有立焊位置、横焊位置、仰焊位置和船型焊位置，如图5-7所示。平焊使熔滴便于落入熔池，熔池中的气体和杂质也容易浮出，而且焊接电流可以较高，生产效率也高，焊缝质量好，劳动条件好，焊接条件最好，一般应尽可能采用平焊。其他空间位置焊对操作者的技术水平要求较高，且焊接质量不易保证，最难的是仰焊，其次为立焊和横焊。

手工电弧焊适用于全位置、所有接头形式的焊接，因此应用十分广泛。

2. **焊条种类、牌号和直径选择**

实际生产中主要根据被焊材料的力学性能和对焊缝的质量要求，依据国标规定进行焊条种类及牌号的选取。一般地，普通低碳钢和低合金钢按等强度匹配原则选取，重要焊接结构可以选用低氢型焊条，一般焊接结构选用酸性焊条。焊条直径的选取则要根据焊件厚度、接头形式、焊接速度、焊道层次、电源种类和极性等，一般在平焊情形下焊条直径的选择见表5-3。

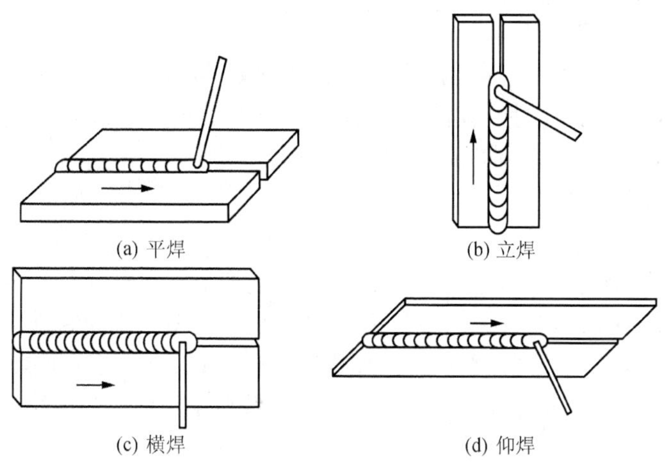

(a) 平焊　(b) 立焊　(c) 横焊　(d) 仰焊

图 5-7　焊接位置示意图

表 5-3　焊条直径的选择

板厚/mm	1～2	2～2.5	2.5～4	4～6	6～10	>10
焊条直径/mm	1.6；2.0	2.0；2.5	2.5；3.2	3.2；4.0	4.0；5.0	5.0；5.8

注意：对于立焊、横焊或仰焊，焊条直径不宜大于 4.0mm；对于中碳钢焊接，焊条直径可适当比低碳钢焊接时小。

3. **焊接电流的选择**

焊条类型决定了电源种类，例如，采用低氢钠型焊条必须使用直流反接电源，而用低氢钾型焊条时可用交流或直流反接，还有不同牌号的酸性或碱性焊条在选用电源时也有所不同。

直流电源有正、反接入之分，由于正极部分释放的热量较负极高，如果焊件需要的热量高，则宜用正接法，反之选用反接法，因此，正接法常用于厚板焊接，反接法常用于薄板焊接。总的来说，直流电源的电弧燃烧稳定，焊接接头的质量容易保证，交流电机电弧燃烧稳定性差，焊接接头的质量较难保证。交流电弧焊机没有正、反接的问题。

焊接电流的选择要依据焊条直径、板厚、材质、接头形式和焊接位置等因素来综合判断，焊接电流大时，焊条熔化快，焊接效率高，在允许的条件下，尽量选用大电流，但是，电流过大又容易造成工件烧穿，导致焊缝缺陷，降低焊缝质量。在使用一般的碳钢焊条平焊时，建议电流可用以下公式选用。

$$I = (35 \sim 55)d$$

式中，I 为焊接电流，A；d 为焊条直径，mm。

上述公式只是一个参考值，对于散热快的焊件，焊接电流应取上限值；对于输入热又严格控制的焊件，应取下限值；对于立焊、横焊等，焊接电流应比平均值小 10%～20%；对于中碳钢或普通合金钢，应比焊低碳钢时小 10%～20%。

4. **焊接速度**

焊接速度就是焊条沿焊缝移动的速度，较大的焊接速度可以提高生产效率，但焊接速度的过快和过慢都会导致焊缝缺陷，降低焊接质量。通常，焊接速度 v 与线能量、焊接电流、电弧电压有一个匹配关系：

$$v = IU/E$$

式中，I 为焊接电流，A；U 为电弧电压，V；E 为焊接线能量，J/cm。

5. **焊接层数与焊道数目**

由于前一次焊接是后一次焊接的预热，而后一次焊接是前一次焊接的热处理，因此，多层多道焊有利于焊接接头的塑性和韧性。除低碳钢外，其他钢种都希望采用多层多道无摆动小直径焊条施焊，但要注意，每层增高不得大于 4mm。

5.2.4　操作技术

手工电弧焊的焊接操作，包括引弧、运条、控制都是靠操作者手工操作的，因此，操作者的操作技术对焊接质量影响较大。为减小残余应力所致的变形，应遵循一定的焊接原则，并合理运用操作技术，才能保证焊接顺利有效地进行，一般是①尽可能允许焊缝自由收缩；②让收缩量大的焊缝先焊；③尽量采用对称焊；④对长焊缝可采用逆向分段法等。

1. **引弧方式**

引弧方式有两种：直击法和划擦法。引弧位置通常选取在始焊端 15～20mm 处，电弧引燃后再进入弧坑正常焊接，其目的是预热和防止引弧点可能产生的裂纹与气孔。

直击法：在始焊处，焊条引弧端与工件直击，短路后迅速提起引弧，并保持 2～4mm 空间距离。这种方法容易产生气孔，对于初学者不易掌握。

划擦法：与划擦火柴的动作相似，在始焊端前方划擦引弧，划擦距离以 20mm 左右为宜，该法容易掌握，适合初学者，但缺点是容易划伤母材，不适合淬火敏感性大的金属。

初学者容易遇到粘弧现象，这时可左右摇摆焊枪，使焊条脱离焊件，甚至可松开焊枪，防止电机长时间短路。

2. **运条方式**

手工操作焊条相对焊件的运动方式称运条，也称摆动方式。摆动焊条非常重要，主要是可以拓宽焊缝，增加焊缝强度，搅拌熔池排除杂质，消除焊瘤等。

在焊接过程中焊条的运动实际可以分解为三种运动形式：第一种是焊条沿其自身轴向的向下运动，这是由于焊条不断熔化后引弧的需要；第二种是沿焊缝方向的平移运动，以保证焊接基本要求；第三种是以增加焊缝宽度、均衡加热等为目的的摆动运动。针对以上三种运动，通常见到的运条方式有以下七种，每种方式各有特点和适用场合，如表 5-4 所示。

表 5-4　各种运条方式特点和适用场合

运条方式	特点	适用场合	运条示意图
直线运条	电弧稳定熔深好，熔宽小	各种角焊缝，开坡口对接焊缝打底层，用于薄板	
直线往复运条	焊速快，焊缝窄	开坡口对接焊缝打底层，用于薄板	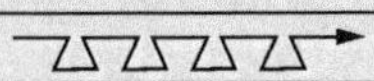
锯齿运条	可防止咬边或未焊透，焊缝宽，焊缝质量好	用于厚板，作为平、立、仰对接焊等的填充层	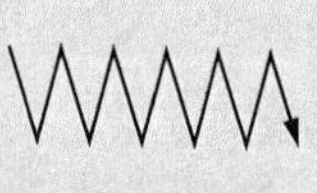
月牙形运条		用于厚板，作为平、立、仰对接焊等的盖面层	
三角形运条	能控制熔池形状，焊缝质量较高	用于厚板，作为平、立、横角焊	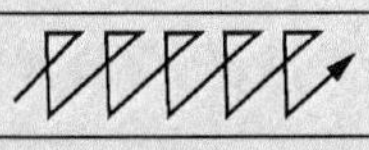
圆圈形运条	控制熔化金属不下淌，保持高温时间以排除杂质，焊缝质量好	用于厚板，作为平焊、仰焊	
8 字形运条	焊缝边缘加热充分，熔化均匀，焊透性好	用于厚板件或不等厚件对接	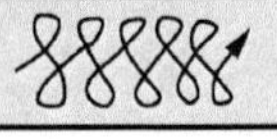

3. 焊缝的起头、衔接和收弧

起头焊缝是指刚开始焊接的部分，由于开始时零件温度低，电弧稳定性差，应该在引弧后先将电弧稍拉长，对焊缝端头进行必要的预热，然后适当缩短弧长进行正常焊接。

接头由于受焊条长度的限制，有时不能用一根焊条完成一条焊缝，为了不影响焊缝成形，保证焊缝质量，更换焊条要迅速，并在接头弧坑前 15mm 处起弧，要求先焊的焊缝起头处略低一些，接头时在先焊焊缝的起头稍前处引弧，并稍微拉长电弧将电弧引向起头处，并覆盖前焊缝的端头处，待起头处焊缝焊平后再沿焊接方向移动。

焊接时电弧中断和焊接结束，都会产生弧坑，常出现疏松、裂纹、气孔、夹渣等现象，为了克服弧坑缺陷，就必须采用正确的收尾方法，即收弧。常用的收弧方法有反复断弧收尾法、画圈收尾法、回焊收尾法和转移收尾法。反复断弧收尾法是指焊条移到焊缝终点时，在弧坑处反复熄弧、引弧数次，直至填满弧坑，适用于薄板和大电流焊接时的收尾，不适于碱性焊条。画圈收尾法是指焊条移到焊缝终点时，在弧坑处作圆圈运动，直至填满弧坑再拉断电弧，适用于厚板。

4. 不同焊接位置的焊接要点

平焊时，根据接头形式主要有对接和角接两种。对接平焊中焊条向焊接方向倾斜，与焊缝成 70°～80°倾角，焊件厚度大于 6mm 时须开坡口，并增大接缝间隙。平角焊时，焊条与两侧板成 45°，并向焊接方向成 70°～80°倾角，由于立板的熔化金属受重力影响有向下流的趋势，容易形成咬边，因此可将焊接件的接头摆放位置灵活调整，一般将平角焊件整体旋转 45°成“船型”。

立焊时，由于熔池金属受重力影响向下淌，立焊选用的焊条直径及焊接电流相对平焊要小(<4mm)，并采用短弧焊接，焊接方向一般采用向上施焊。

横焊、仰焊和倾斜焊虽然焊接位置不同，但都存在一个同样的问题即熔池金属在重力作用下向下流，焊缝成形困难，容易出现焊瘤、咬边、夹渣等缺陷，为了克服这些问题，实践中均采用较小直径焊条、较小焊接电流和短弧焊进行焊接，当然，选择正确的焊条角度和运条方式也至关重要。

5.3 气焊与气割

气焊和气割是利用可燃气体与助燃气体混合燃烧所释放的热量作为热源进行金属材料的焊接或切割，是金属材料热加工常用的方法之一，在生产中有着极其重要的地位和作用，用途十分广泛。

5.3.1 气焊的原理

气焊属于熔焊方法的一种，是利用可燃气体(乙炔或液化石油气)在焊枪中混合后，由焊嘴喷出后点火燃烧，以熔化焊件接头处和焊丝，冷却后形成牢固的接头。如图 5-8 所示为气焊工作示意图。

1. 气焊特点

与电弧焊比较，气焊有以下特点。

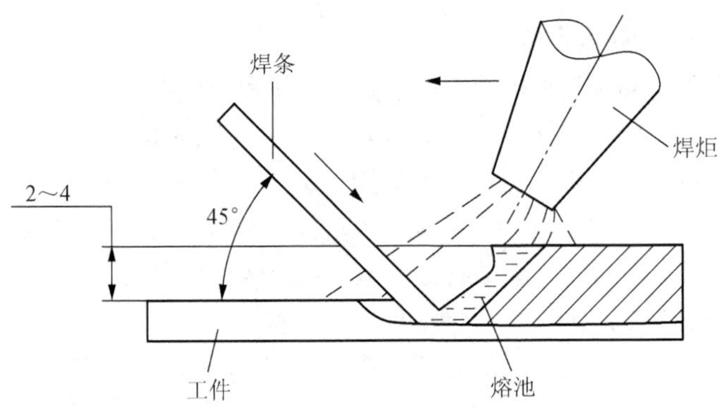

图 5-8　气焊工作示意图

(1) 火焰温度低，焊接熔池温度易于控制，便于全位置焊接，容易实现单面焊双面成型。

(2) 气焊无须电源，设备简单，适用性强，适合野外工作使用。

(3) 由于火焰易于控制，适合低碳钢、低合金钢、不锈钢的薄件和薄壁管件，以及铜、铝、镁等低熔点合金焊接。

(4) 火焰热量分散，热影响区宽，易造成工件变形，焊区晶粒较粗，力学性能差。

(5) 难以实现自动化，生产效率较低。

2. 火焰性质

气焊中助燃气体是氧气，可燃气体比较多，主要是乙炔和液化石油气。液化石油气比乙炔便宜，但在用于切割时耗氧量大，因此乙炔的应用更普遍。

乙炔和氧气混合燃烧的火焰称为氧乙炔焰，按两者的混合比不同可分为中性焰、碳化焰和氧化焰三种。

(1) 中性焰是氧气和乙炔的混合比为 1～1.2 得到的火焰，燃烧充分，无过剩的氧气和乙炔，温度可达 3000℃以上，焊接时主要应用中性焰。火焰由焰心、内焰和外焰组成，内焰呈暗紫色，温度最高，适用于焊接；焰心呈亮白色圆锥体，温度最低。中性焰应用最广，适用于焊接碳钢和有色合金。

(2) 碳化焰是氧气和乙炔的混合比小于 1 得到的火焰，燃烧不充分，火焰比中性焰长而柔软，呈蓝白色，温度可达 3000～3700℃，由于过剩的乙炔焰分解为碳(C)和氢气(H_2)，游离状态的碳会提高熔池金属的碳含量，提高焊缝强度，但塑性降低，因此碳化焰不适合焊接低碳钢、合金钢，适用于碳钢、铸铁和硬质合金等材料。

(3) 氧化焰是氧气和乙炔的混合比大于 1.2 得到的火焰，氧浓度较大，氧化反应剧烈，火焰缩短，尖形焰心外面形成一个富氧区，温度可达 3100～3300℃。由于具有氧化性，焊缝的强度、塑性和韧性降低，严重降低了焊缝质量，因此一般不用于焊接。

在实践操作中，以观察火焰颜色和喷射声音来判断火焰性质。

5.3.2　气焊工艺

气焊工艺包括气焊装置、焊接工艺规范等。

1. 气焊装置

气焊装置主要由氧气瓶、乙炔发生器、回火防止器、焊炬、减压器以及其他附件组成，如图 5-9 所示。

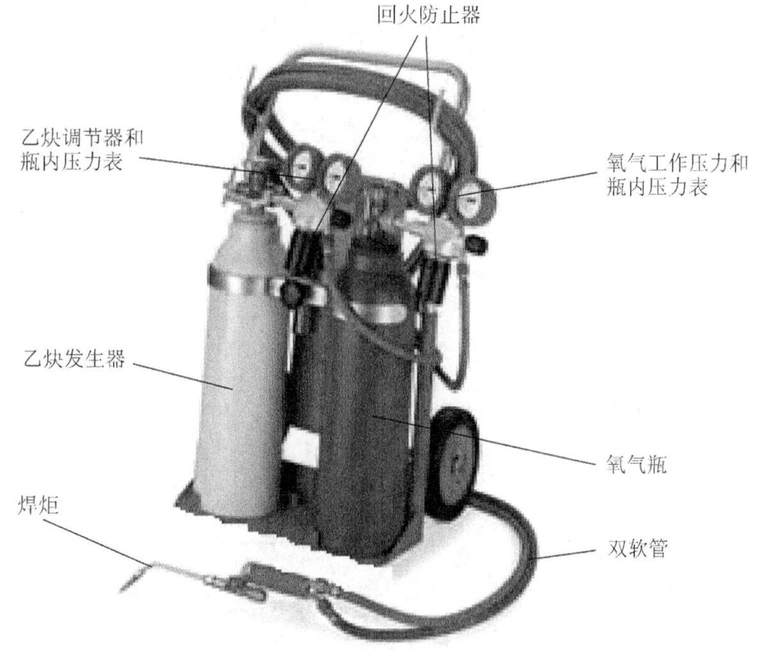

图 5-9 气焊装置

1) 氧气瓶

用于存储氧气，一般容积为 40L，额定工作压力 15MPa，氧气纯度对气焊质量影响较大，分为一级纯度(不低于 99.2%)和二级纯度(不低于 98.5%)。氧气瓶每隔 3～5 年须返厂进行检修。

2) 乙炔发生器

制取乙炔的发生器种类较多，常用的是中压乙炔发生器(压力为 0.045～0.15MPa)，由于乙炔是水分解电石而获得的，分解过程中会产生大量的热，如果发生器水量不够或散热不好，剧烈的电石分解反应即使在常温下也有可能发生爆炸。因此，不能用加压装瓶来储存，通常将乙炔灌装在盛有丙酮或多孔物质的容器中，这就是在使用中经常见到的瓶装乙炔，一般容积为 40L，额定工作压力 1.5MPa。

3) 回火防止器

气焊过程中有时会发生火焰进入喷嘴内逆向燃烧的现象，称为回火。如果回火时，火焰瞬时自行熄灭，并伴有鸣爆声，则也称为逆火现象。如果火焰没有自行熄灭，而是继续向气体回路管道燃烧，则是回烧现象。回烧可致严重的燃烧、起火、爆炸事故。回火防止器是乙炔发生器必不可少的安全装置，可在回火发生时阻断乙炔和氧气的混合，自动切断乙炔气源。回火防止器分水封式和干式，如图 5-10 所示为水封式回火防止器工作原理。

4) 焊炬

焊炬是气焊操作的主要工具。 其作用是将可燃气体和氧气按一定比例均匀地混合，以一定的速度从焊嘴喷出，形成一定能率、一定成分、适合焊接要求和稳定燃烧的火焰。按氧气和混合气体的混合方式，可分为射吸式和等压式两类。目前应用最广泛的是射吸式，如图 5-11 所示，其工作原理是先开启乙炔阀时，低压燃气经喷嘴喷出，再开氧气阀时，高压氧气即从喷嘴快速射出，将低压燃气吸出，在混合管按一定比例混合，经射吸管从焊嘴喷出。射吸式焊炬的优点是乙炔靠氧气的射吸作用进入焊炬，不论乙炔是低压还是中压都不会影响工作，最大的缺点则是焊炬温度升高会影响焊接质量，工作一段时间后需要冷却。

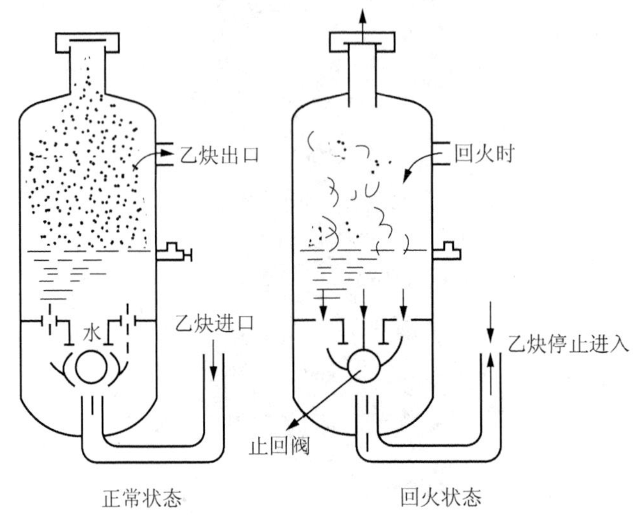

图 5-10　水封式回火防止器工作原理

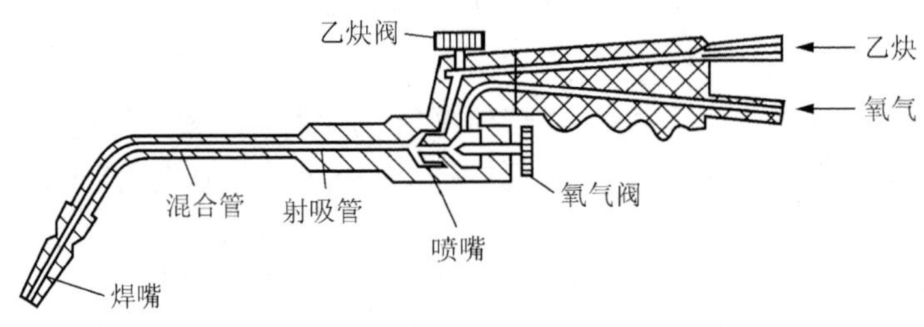

图 5-11　焊嘴结构

射吸式焊炬在使用时应该注意以下安全事项。

(1) 先进行安全检验后再点火。检查方法为将氧气胶管紧固在氧气接头上，接通氧气后，先开启乙炔调节手轮，再开启氧气调节手轮，然后用手指按在乙炔接头上，若感到有一股吸力，则表明其射吸性能正常。否则应该给予检查。

(2) 点火。经以上检查合格后，才能给焊炬点火，为保证安全，最好先开乙炔，点燃后立即开氧气并调节火焰。

(3) 熄火。熄火时，应先关乙炔后关氧气，防止火焰倒袭和产生烟灰。

(4) 回火的紧急处理。发生回火时应急速关乙炔，随即关氧气，倒袭的火焰在焊炬内会很快熄灭。稍等片刻再开氧气，吹出残留在焊炬内的烟灰。此外，在紧急情况下可拔出乙炔胶管。

(5) 焊炬的各连接部位，气体通道及调节阀等处，均不能沾染油污。

(6) 焊炬的保存。焊炬停止使用后，应拧紧调节手轮并挂在适当的场所，也可卸下胶管，将焊炬存放在工具箱内。

5) 减压器

减压器的作用是将很高的气瓶压力降低为焊炬需要的工作压力 (0.4MPa)。减压器兼有稳压和安全保障的作用。

6) 其他附件

其他附件包括胶管、护目镜、点火工具、工作台等。其中胶管一般长10～15m，氧气胶管为黑色，内径为8mm，承压1.5MPa，乙炔胶管为红色，内径为10mm，承压1.0MPa。

2. 焊接工艺规范

焊接工艺包括焊丝的选择、火焰性质与能率、焊炬的倾斜角、焊接速度等。

(1) 焊丝的选择。焊接黑色金属的焊丝有碳素结构钢、合金结构钢、不锈钢、高温合金焊丝。焊接有色金属时常选用与有色金属化学成分相同的焊丝。可参见国标《熔化焊用钢丝》(GB/T 14957—1994)。焊丝直径主要根据零件的厚度确定，如表5-5提供了几组焊丝直径选择的参考数据。

表 5-5 焊丝直径的选择

零件厚度/mm	焊丝直径/mm	零件厚度/mm	焊丝直径/mm
1～2	1～2 或不加焊丝	5～10	3.2～4
2～3	2～3	10～15	4～5
3～5	3～3.5		

(2) 火焰性质与能率。如果火焰中乙炔过量，会导致焊缝金属渗碳，接头变硬变脆；如果火焰中氧气过量，会导致焊缝金属氧化变脆。能率是指单位时间内可燃气体(乙炔)的消耗量，火焰能率的大小是由焊炬型号和焊嘴号码来决定的。火焰能率应根据焊件的厚度、母材的熔点和导热性及焊缝右空间位置来选择。当焊接较厚的焊件、导热性好的金属时，要选用较大的火焰能率；反之，在焊接薄板时，应适当调小火焰能率。

(3) 焊炬的倾斜角指焊炬与焊接件的夹角，其大小取决于焊件的厚度、焊嘴的大小和焊接位置等。焊件越厚、导热越好，倾角越大；反之倾角越小，则焊穿。

(4) 焊接速度取决于操作者的技术熟练程度，在保证质量的前提下，可以提高焊接速度。

5.3.3 操作技术

(1) 接头形式。气焊适合焊接平、立、横、仰各种空间位置的焊缝，主要应用在薄板件角接头和卷边接头，以及一般的对接接头。焊件厚度大于5mm时要开坡口，过厚的焊件一般不采用气焊，使用电弧焊。

(2) 点火与调节。点火时，先打开乙炔，点燃乙炔后立即开启氧气调节阀手轮，调节火焰。这种点火方式可避免点火时的鸣爆现象，火焰由弱变强，燃烧平稳，但是，刚开始燃烧时会产生大量的黑烟影响环境。在通风不好的狭小环境里，点火时可先开启氧气，再调节混合乙炔立即点燃。

(3) 起焊预热。起焊时，焊件温度低，焊接夹角可以大点，在起焊处往复运走，保证加热均匀。当起焊处出现白亮而清晰的熔池时，即可加入焊丝焊接。

(4) 握炬和运动方式。如果是右手拿焊炬，则大拇指位于乙炔开关处，食指位于氧气开关处，方便随时调节气流量。

焊炬主要运动方式：一是沿焊缝对象的前进运动以形成焊缝；二是沿垂直焊缝方向的上下运动以调节熔池热量；三是在焊缝处的横向摆动以充分加热焊件。

(5) 焊接方法。根据行焊的方向，主要分为左焊法和右焊法。左焊法是焊嘴由右向左移动，焊炬与焊件成 60°～70°，适合焊接厚度小于 3mm 的薄板或易熔金属。右焊法是焊嘴由左向右运动，焊炬与焊件成 45°～60°，适合焊接厚度大于 5mm 的厚板，火焰能率的利用率也较高，焊缝质量好，但技术掌握不易，目前广泛采用右焊法。

(6)接头和收尾。气焊接头时，应充分加热已冷却熔池和焊缝熔池重新熔化后，方可加入焊丝。当焊接到终点时，由于焊件温度高，应调小焊接夹角，同时提高焊速，增加焊丝填充量。

(7)熄火。正确的过程应该是：先关闭焊炬乙炔开关，再关闭焊炬氧气开关。接着，应首先关闭乙炔瓶阀门再关闭氧气瓶阀门。

5.3.4 气割

气割是利用气体火焰的热能将工件切割处预热到一定温度后，喷出高速切割氧流，使材料燃烧并放出热量实现切割的方法。气割广泛应用在低碳钢和低合金钢切割中。

1. 割炬

割炬又称为割枪、割把，是气割的主要工具。其主要作用是把氧气和可燃气体混合，形成有一定热能和形状的预热火焰，同时在火焰中心喷射切割氧气流，进行切割。与焊炬相似，割炬也分为射吸式割炬和等压式割炬。如图 5-12 所示为射吸式割炬结构图。

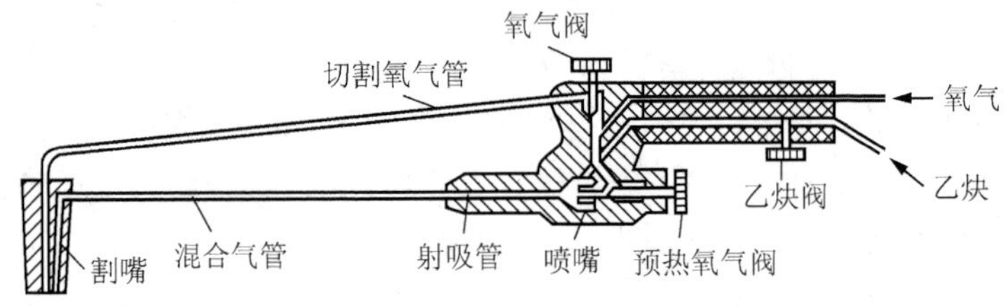

图 5-12　射吸式割炬结构图

射吸式割炬的结构以射吸式焊炬为基础，与之不同的是增加了切割氧的通路和阀门，并采用专门的割嘴，割嘴中心是氧气通道，火焰分布在其四周。氧气通道有圆柱状和阶梯状两种形式，而割嘴结构形式有组合式的环形割嘴和整体式的梅花形割嘴，如图 5-13 所示。环形割嘴制造容易，但火焰稳定性差，气体消耗量大，而梅花形割嘴没有上述缺点，因此梅花形割嘴应用比较广泛。射吸式割炬可用中压乙炔和低压乙炔，应用比较普遍。

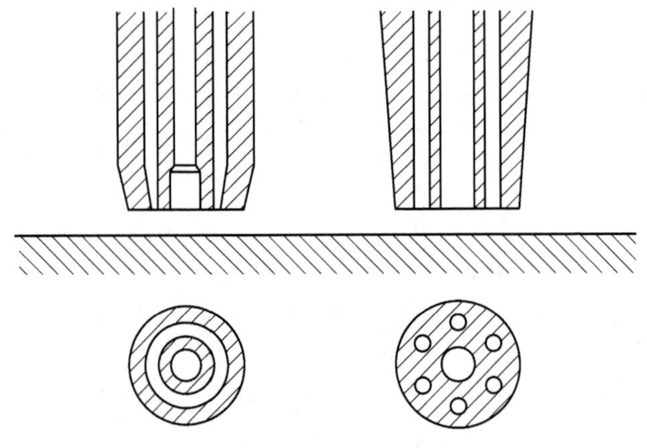

图 5-13　环形割嘴和梅花形割嘴结构图

等压式割炬由压力相近的氧和乙炔由单独的管道进入割嘴混合，产生预热火焰。由于混合均匀，因此火焰燃烧稳定，不易回火，目前应用也越来越广。

2. 气割工艺特点

(1)气割操作注意事项：第一，将加工区域表面的油污、漆皮和铁锈等清理干净，以防飞溅伤人；第二，应经常用通针通喷孔，以防堵塞回火；第三，装配割嘴时，要保持内外嘴的同心装配要求；第四，气割时，应先开启预热氧气阀和乙炔阀，点燃并调节为中性焰预热金属刀熔点，随即打开切割氧气进行气割；第五，停止气割时，应先关闭切割氧气阀，再关闭预热氧气阀和乙炔阀。

(2)基本操作技术。气割操作时一般右手握持割炬，右手的拇指和食指控制预热氧阀门，左手的拇指和食指控制切割氧阀门，操作者身体不要弯得过低，同时眼睛注视割嘴，从右向左进行切割。

切割时，要预热加工区钢板边缘，直到熔化状态，此时，将火焰局部移出边缘，并打开切割氧阀门进行切割，待钢板背面有铁渣随气流射出时，可缓慢移动割炬向前切割。

切割 30mm 以上厚板时，割嘴与切割金属成 20°～30° 后倾角，低于 30mm 厚板，割嘴与切割金属成 5°～10° 前倾角，作曲线切割时，则应保持割嘴与切割金属表面垂直。如果是从零件内部开始切割，需要预先在被切割件上钻孔。切割过程中要控制割嘴与切割金属表面的距离，一般在 3～5mm。

切割临近结束时，割嘴应向切割方向的反方向倾斜一点，使切割钢板的下部提前割透。切割到终点时，迅速关闭切割氧阀门，抬起割炬，然后依次关闭乙炔和预热氧阀门。

5.4 其他焊接方法

焊接方法有四十多种，依焊接件材料、焊接厚度、焊接位置等的不同，可以选用合适的焊接方法，以获得良好的焊接品质。除了上述介绍的手工电弧焊和气焊，工业中还有其他的焊接方法应用也十分广泛。

5.4.1 CO_2气体保护焊

CO_2气体保护焊属于熔焊的一种，是以二氧化碳为保护气体，以燃烧于工件和焊丝间的电弧作为热源进行焊接的一种方法。由于所用保护气体价格低廉，采用短路过渡焊接时，焊缝成形良好，加上使用含脱氧剂的焊丝，可以使得内部缺陷少、焊缝质量较好，因此这种气体保护焊接方法目前已成为黑色金属材料最重要的焊接方法之一，并逐渐部分地取代了手工电弧焊。而其中又以药芯焊丝 CO_2气体保护焊发展最为迅速，如图 5-14 所示。

1. 分类与特点

CO_2气体保护焊按机械化程度可分为半自动化和自动化气体保护焊，按焊丝直径可分为细丝 1.0～1.2mm、中丝 1.2～1.4mm、粗丝 1.4～1.6mm 气体保护焊，按焊丝种类又可分为药芯焊丝和实心焊丝气体保护焊两种。目前常用的是按最后这种方法分类。

1)药芯焊丝 CO_2气体保护焊

药芯焊丝是在焊丝内部装有焊剂或金属粉末混合物(称药芯)，并作为熔化极的电弧焊，简称 FCAW。焊接时，焊丝、焊件和保护气体相互作用，形成一层较薄的液态熔渣覆盖在熔池表面，对焊丝金属也起到了保护，这种方法实质是气渣联合保护的焊接方法。由于其综合了电弧焊和气体保护焊的工艺特点，其特点主要表现在其药芯成分混合特性，使得焊接时飞溅少，颗粒细，熔渣覆盖后的焊缝成形美观，焊缝力学性能好，而且通过调整药芯成分，可以使用不同的钢种焊接，并适用交、直流电源。

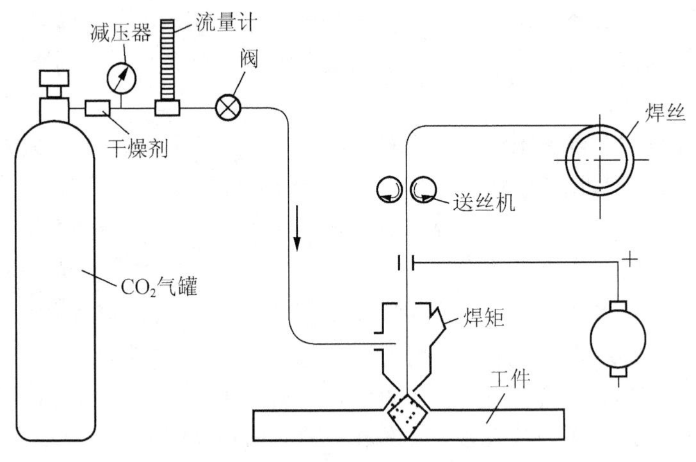

图 5-14　CO_2 气体保护焊原理图

药芯焊丝 CO_2 气体保护焊常用于中厚板，焊缝熔深较大的场合，其焊丝电流使用范围 250～750A，电弧电压 24～26V。

2) 实心焊丝 CO_2 气体保护焊

根据焊丝直径来分类，有细丝 CO_2 气体保护焊、粗丝 CO_2 气体保护焊。实心焊丝 CO_2 气体保护焊主要采用短路过渡形式焊接薄板材料，简称 GCAW。这种焊接方法的主要优点是单位时间内熔敷金属量大，效率高，对环境污染小，适合在不通风的车间。由于没有药芯焊丝所产生的熔渣，因此焊接时，便于观察熔池情况，改善控制效果。但是实心焊丝 CO_2 气体保护焊不适合在开放的工地环境作业，因为风和气流作用会使 CO_2 气体吹开。

总的说来，气体保护焊优点比较明显，并日趋广泛采用，其成本只有埋弧焊、焊条电弧焊的 40%～50%；生产效率高，其生产效率是焊条电弧焊的 1～4 倍。操作简便，焊缝抗裂性能高，焊后变形较小，焊接飞溅小。

2. 主要设备

(1) 焊接电源。CO_2 气体保护焊一般采用直流电源，目前硅整流电源、晶闸管电源和逆变电源均采用较多。

(2) 控制系统。控制系统分为基本控制系统和程序控制系统，程序控制系统应用在自动焊接场合，将电源、送丝系统、焊枪和行走系统、供气和冷却系统组合在一起，构成一个完整的、自动控制的焊接设备系统。

(3) 送丝机构。一般由送丝电机、减速装置、送丝滚轮、送丝软管和焊丝盘组成，焊丝经焊丝盘后，矫直，并经过减速器上的送丝轮，再经送丝软管到焊枪。

(4) 焊枪。焊枪有重型和轻型之分，也有水冷和气冷之分，具体根据负载电流和焊接工艺选择。焊枪上的导电嘴由铜或其合金制备。

(5) 水冷系统。水冷系统是给焊枪和电缆提供冷却要求的系统，由水箱、水泵、水压开关和冷却水管组成。

5.4.2 堆焊

堆焊是在工件的表面或边缘熔敷一层耐磨、耐蚀、耐热等性能金属层的焊接工艺。其目的是修补、修复零件或增强材料表面性能，堆焊对提高零件的使用寿命，合理使用材料，提高产品性能，降低成本有显著的经济效益。

1. 特点与用途

堆焊与其他焊接方法在原理上并无太大差异，但堆焊主要以获得特定性能的表层，发挥表层金属性能为目的，因此，堆焊具有以下一些特点。

(1) 确定零件材质，选择堆焊合金，已获得理想的表面堆焊层。

(2) 尽量减小母材向焊缝合金金属的熔入量，即降低稀释率。

(3) 基体层与堆焊层金属要有相近的性能，以防止焊后缺陷。

(4) 选用生产率较高的堆焊方法和工艺。

堆焊是焊接中一个重要的分支，主要应用于工程领域，如矿山机械、运输机械、冶金机械、石油化工设备、拖拉机、汽车等，主要用途是零件修复和机械制造。在一些场合，堆焊工艺可在保证零件使用寿命的前提下减小贵重金属的使用，降低生产成本。使用堆焊工艺时，不同的工作条件要求堆焊金属有不同的性能，主要包括耐磨性、耐蚀性、耐高温性和耐气蚀性。图 5-15 所示为等离子弧堆焊原理示意图。

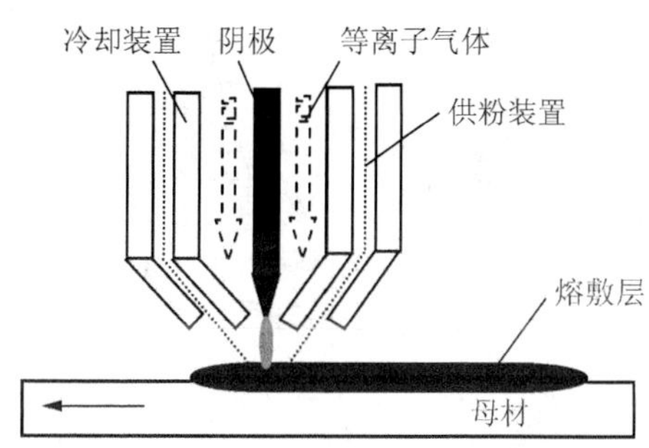

图 5-15　等离子弧堆焊原理示意图

2. 分类及其特点

一般的熔焊方法都可以用于堆焊，因此堆焊应用十分广泛，下面介绍几种常用的堆焊方法。

(1) 焊条电弧堆焊。设备简单、操作方便，在明弧下能够很清楚地观察操作，特别是对一些特殊形状的零件焊接。电弧焊热量集中，通过选择不同的焊条几乎可以获得所有的堆焊合金，但是堆焊效率低，稀释率高，不容易获得较薄均匀的堆焊层。堆焊所需电源和极性取决于焊条涂层的类型，一般采用直流反接。

(2) 氧-乙炔火焰堆焊。该法用途较广，一般采用碳化焰焊接，焊接火焰温度较低 (3100℃左右) 且可调，因此，可以得到较低的稀释率 (1%～10%)，可以获得比较薄的堆焊层，且表面质量好而光滑，是目前耐磨场合机械零件堆焊采用的工艺方法。该法也主要用在小零件修复和制造方面，如油井钻头牙轮、蒸汽阀门等的堆焊。

(3) 钨极氩弧堆焊。该法是非熔化极堆焊方法，生产效率不高，但是却能获得质量很高的堆焊层金属，稀释率低，焊接工艺过程好，适合于质量要求高、形状复杂的小零件。

(4)等离子弧堆焊。等离子弧堆焊是利用等离子弧高温加热的一种熔化堆焊方法，弧柱中心温度可达 30000℃，所以堆焊应用于难熔金属。该法堆焊层厚度在 0.5～8mm，宽度在 3～40mm，具有堆焊层性能好、工件熔深浅、稀释率低、成形规则等优点，但是所需设备成本高，强烈的紫外线辐射对环境造成一定的污染，需要做好防护措施。

除了上述堆焊外，还有埋弧堆焊、振动电弧堆焊、高频感应堆焊等。

5.4.3 等离子弧焊接

等离子弧是一种通过外部约束使自由电弧的弧柱被强烈压缩所形成的电弧，即对自由电弧的弧柱进行强迫“压缩”，从而使能量更加集中，弧柱中气体充分电离，这样的电弧称为等离子弧(又称压缩电弧)。等离子弧具有高温、高能密度、挺度好、冲击力大的特征，它的稳定性、发热量和温度都高于一般电弧，因而具有较大的熔透力和焊接速度，等离子弧焊是利用等离子弧作为热源的焊接方法。广泛应用在黑金属、有色金属、超薄壁件等焊接领域。如图 5-16 所示为转移型离子弧焊接结构原理图。

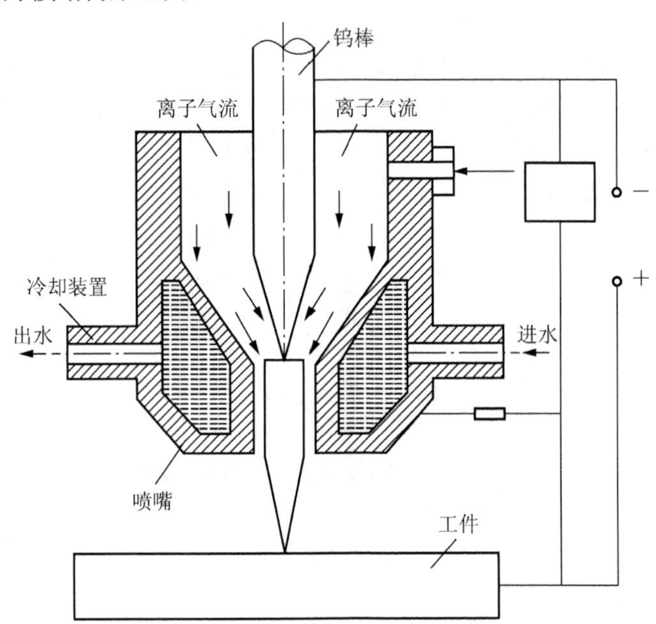

图 5-16 转移型离子弧焊接结构原理图

1. 工作原理

当在钨极和工件之间加上一个较高的电压并经过高频振荡器的激发，使气体电离形成电弧，电弧再通过特殊孔型的喷嘴时，受到了机械压缩，使截面积小。同时，当电弧通过用水冷却的特种喷嘴内，受到水冷喷嘴孔道壁的冷却作用，使电弧柱产生热收缩效应，电弧进一步被压缩，造成电弧电流只能从弧柱中心通过，这时的电弧电流密度急剧增加。电磁收缩效应使电弧再进一步被压缩，这样被压缩后的电弧能量将高度集中，温度也达到极高的程度(1 万～2 万℃)，弧柱内的气体得到了高度的电离。当压缩效应的作用与电弧内部的热扩散达到平衡时，电弧便成为稳定的等离子弧。

2. **工作方式**

(1) 非转移型等离子弧。钨极接电源负极，喷嘴接电源正极，等离子弧体产生在钨极与喷嘴之间，在离子气流压送下，弧焰从喷嘴中喷出，形成等离子焰。主要用于等离子喷镀或加热非导电材料、焊接或切割薄壁件。

(2) 转移型等离子弧。钨极接电源负极，工件接电源正极，等离子弧体产生于钨极与工件之间。转移弧难以直接形成，必须先引燃非转移弧，然后才能过渡到转移弧，金属焊接、切割几乎都是采用转移型弧，因为转移弧能把更多的热量传递给工件，热有效利用率高。主要用于金属切割和焊接，也在喷涂和堆焊中使用。

(3) 联合型等离子弧。工作时非转移弧和转移弧同时并存，称为联合型等离子弧，主要用于微束等离子弧焊和粉末堆焊等方面。

3. **分类**

根据形成焊缝的方式可分为熔透式、穿孔式和微束三种等离子弧焊。熔透式等离子弧焊只熔透母材，形成焊接熔池，多用于 0.8～3mm 厚的板材焊接；穿孔式等离子弧焊只熔穿板材，形成钥匙孔形的熔池，多用于 3～12mm 厚的板材焊接；微束等离子弧焊，特别适合于 1mm 以下的超薄、超小、精密的焊件，焊缝质量极好。

5.4.4　搅拌摩擦焊

搅拌摩擦焊是在摩擦焊的基础上发展起来的，除了具备普通摩擦焊的优点，搅拌摩擦焊还可进行多接头、多位置焊接，目前焊接厚度已达到 15mm。搅拌摩擦焊是为了顺应有色合金焊接要求而迅速发展的技术，应用于我国航空、航天、船舶、列车、汽车、电子、电力等工业领域中，主要用在熔化温度比较低的金属焊接中，属于非熔化焊接。其耗材少，能耗小，环境污染小，焊接变形小，温度低，属于固相焊接方法，由于受方法本身的限制，目前还只能用于结构简单构件的焊接。图 5-17 所示为摩擦搅拌焊接示意图。

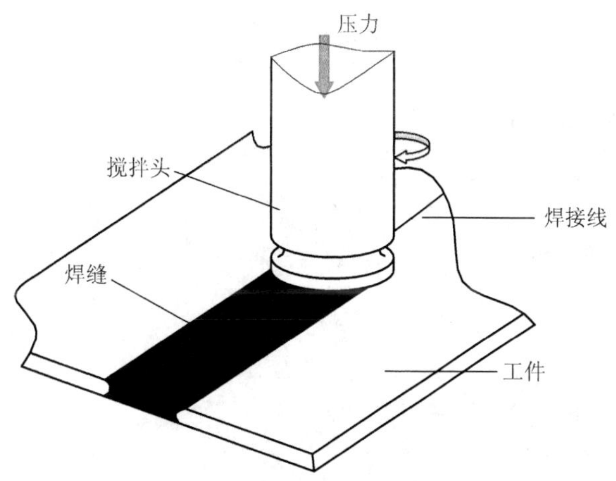

图 5-17　摩擦搅拌焊接示意图

1. **工作原理**

利用高速旋转的搅拌头和封肩与金属摩擦生热使金属处于塑性状态，随着搅拌头向前移动，金属向搅拌头后方流动形成致密焊缝的一种固相焊接方法。

2. **工艺特点**

搅拌摩擦焊接是利用一个耐高温的特定性状的硬质在连接金属的边缘处高速旋转并深入，在金属边缘产生摩擦热，使得金属产生塑性软化区。该区金属受到搅拌、挤压作用，并随着探头沿焊缝向后流动，在挤压作用下，冷却并凝固，形成接头。由工艺过程可见，搅拌摩擦焊优点是焊缝质量高，很难产生缺陷，突破传统局限可以一次完成较长、较大且位置不同的焊接，便于实现自动化，成本低且环保；主要的缺点是对接头的刚性固定要求高，焊速较低。

5.5　焊接缺陷与检测

焊接技术在现代科技和工程应用领域应用十分广泛，对焊接质量和工艺也提出了较高的要求。尽管每一种焊接方法都有相对科学的操作规范和工艺标准，但是在实践过程中由于焊接应力分布不均匀，焊接位置不同，以及金属材料的性能差异化等总是不可避免地出现焊接缺陷。这些缺陷可能出现在焊接过程中，也可能出现在使用过程中，因此了解焊接缺陷的形成原因，以及及时检测出缺陷对构件的使用可靠性非常重要。

5.5.1　缺陷分类和成因

缺陷的产生总是与焊接操作的不当或工艺参数选用不合理有关，有些缺陷在外部可以被观察到，有些则在内部需要借助无损探伤仪发现。根据焊接缺陷的性质和常见性可以将缺陷分为以下几大类。

(1) 尺寸不合要求。这种缺陷主要是初学者操作不当引起的，也可能是坡口选用不当、运条速度不当等引起的，具体表现为焊缝焊波粗、外形高低不平、焊波宽窄不齐等。

(2) 裂纹。焊接应力不均匀和焊缝金属产生的不同物理和化学状态的不均匀，使得在焊缝处形成了尖锐且有大长宽比特征的缺口，称为裂纹。裂纹分冷裂纹和热裂纹，一般常见的是冷裂纹，是焊后冷却后出现的，也称为延迟裂纹。裂纹是可以最大限度避免的，如严格控制焊材杂质、采用合适工艺降低焊缝氢含量、对淬火敏感材料要进行适当的热处理消除内应力等。图 5-18 所示为焊接后发现的横向裂纹。

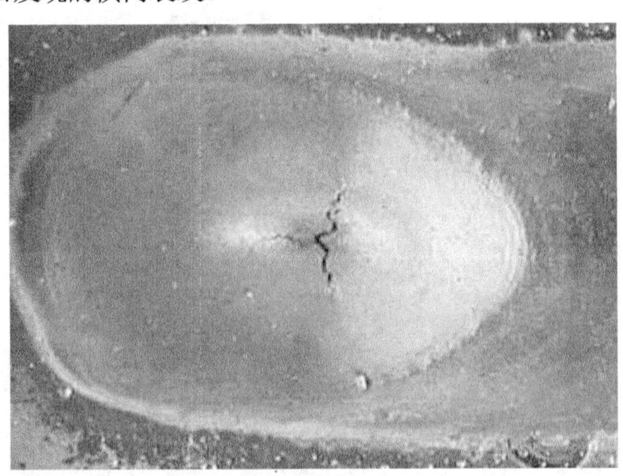

图 5-18　横向裂纹

(3)气孔。熔池在结晶过程中，由于气体来不及逸出残存在焊缝中形成气孔，这种气孔缺陷形成在焊缝表面或内部，成均布、密集型布置或链状分布，如图 5-19 所示。气孔形成的原因是多方面的，从工艺上来讲，主要是焊条、焊剂没有烘干，焊接金属表面油污未清除干净，焊接工艺不稳定(如焊速过快、焊接电压过高)等。从冶金上来讲，气孔主要是凝固时排除的氮、氢、氧和水蒸气等形成的。

(4)焊瘤。焊接过程中，熔化金属留到未熔化的母材上所形成的金属瘤称为焊瘤，主要是电弧过长、焊接电流过大、装配间隙过大造成的，如图 5-20 所示。

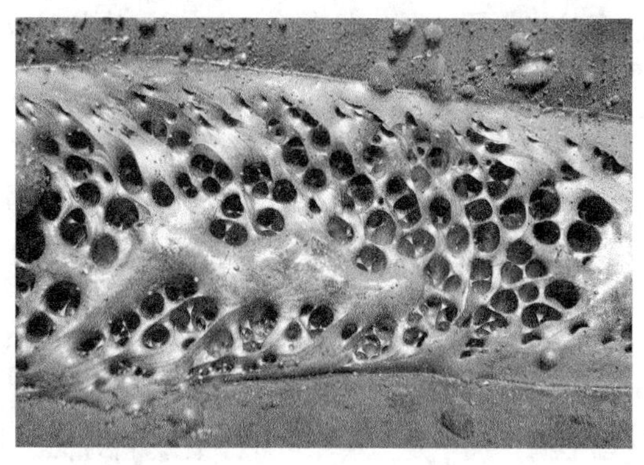

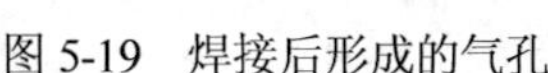

图 5-19　焊接后形成的气孔

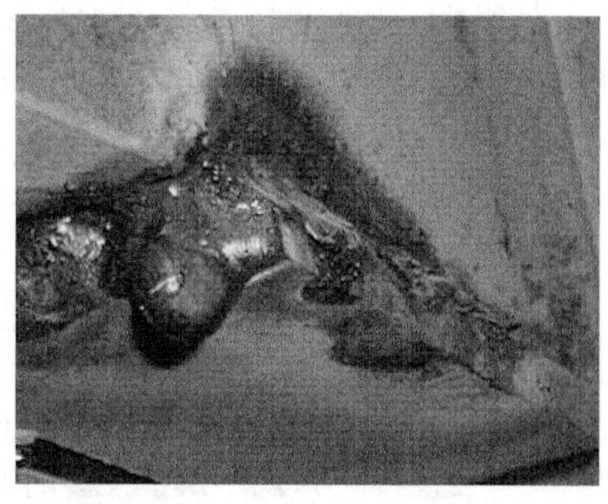

图 5-20　焊瘤

(5)夹渣。焊缝中所夹杂的非金属固体称为夹渣。夹渣对焊接接头力学性能损伤很大，容易造成应力集中，导致脆性破坏。形成的主要原因是焊渣或锈没有及时清理干净，电流过小而焊速过快，焊剂选择不合理等。

(6)未熔合或未焊透。未熔合是一种面积缺陷，表现为焊道与母材或焊道之间未能完全熔化结合。主要原因是焊接表面不洁净，焊接电流小，坡口开得不合理，焊速过快等。

未焊透表现为接头没有完全熔合，主要原因是接头间隙过小，焊接电流太小，焊速过快，电弧发生偏吹等。图 5-21 所示为焊接缺陷的基本表现形式。

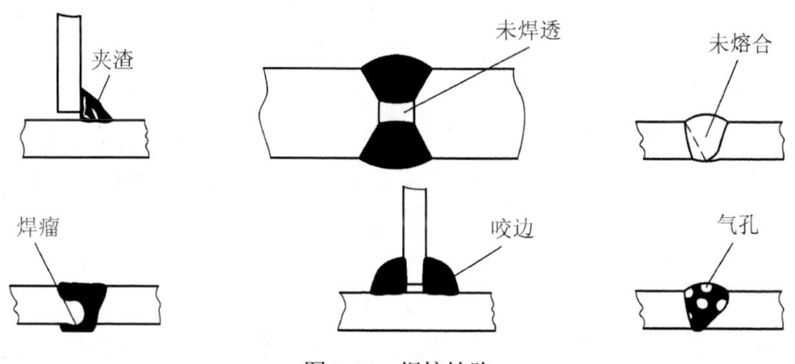

图 5-21　焊接缺陷

5.5.2　检测

1. 检测内容

检测内容主要包括焊缝外观、焊接接头、焊缝致密性和力学性能四个方面。其中涵盖了焊缝表面质量、焊缝内外缺陷、特殊场合下是否漏气渗水的检漏实验、焊接接头力学性能是否符合设计要求等，并给出检测量化值。

2. **检测方法**

检测方法主要包括有损方法和无损方法。有损方法需要制作试样，对焊件进行必要的破坏性加工，并制作标准试样进行测试，包含力学性能测试、化学分析实验和晶相实验等。无损方法则不需要破坏焊件的完整性，利用射线探伤、超声波探伤、磁力探伤、渗透探伤等对焊件内部缺陷进行分析。

另外对焊件的焊缝外观尺寸测量和密封性实验也属于非破坏性测试方法，以上测试方法均综合应用在焊接测试评估技术中，以对焊接质量做出科学评定。

5.6 焊接技术发展现状

现在，在整体结构件制造工艺的思想上，人们认为减少焊接或其他连接方式对机械结构件的服役寿命至关重要。例如，飞机上就广泛采用整体结构件，减少零件和连接点，飞机的重量和结构的寿命都能大幅优化。然而，不可否认，从小到微米级的芯片制造，大到几十米的工程框架类零件连接，焊接依然是最主要的加工处理形式，甚至是无可取代的。在材料方面，上述介绍的焊接材料主要是铁及其合金。事实上，有色金属也能运用焊接技术，而且随着有色金属的广泛应用而备受关注。由于有色金属具有特殊的性能，比常规钢铁材料的焊接更复杂，因此对焊接方法也有着特别的要求，根据金属的熔点和导热特性需要选择不同的焊接方法。应该看到，现在的问题不是如何取代焊接，而是如何将焊接质量和焊接效率向着更好、更快、更稳定、更柔性、更智能的方向推进。

焊接作为机械制造加工工艺的一种方法，大致与工业革命的发展一样，经历着四个阶段。第一个阶段是在进入第二次工业革命之前的铸焊、锻焊，主要热源是炉火，热源不集中，温度不高，因此只适合一些简单结构件的焊接。第二个阶段是在电气化工业革命时的电弧焊、电阻焊，人工电弧焊和自动电弧焊成为现代焊接的标志性象征，也为焊接朝着机械化和自动化进程迈进提供了坚实的基础。第三个阶段是以电子技术为代表的第三次工业革命，工业机器人的出现和广泛应用，使得焊接机器人在工业生产中占据越来越突出的地位，同时，在新材料、新工艺、新技术的基础上各类新型焊接方法也不断涌现。第四个阶段则是以大数据、网络信息化为平台的智能焊接制造，区别于第三代的自动化，它将传感器技术、数据处理技术和决策判断融为一体，使焊接技术具有智能化和网络化的特点。

5.6.1 人工焊接

当自动电弧焊和焊接机器人出现并持续发展，而智能焊接呼之欲出时，再去讨论人工操作焊接优越性似乎显得有些另类。在我国，焊接自动化率也已经超过 50%，尤其在一些发达地区，这个比例甚至超过了 80%，在发达国家这个比例更高。这样看来，人工焊接技术迟早要被取代，然而事实并非如此，我们通过以下两个案例可以发现，在很多复杂工程结构搭建连接过程中，人工焊接技术非但不能被取代，而且技术要求越来越高。

案例 1：2005 年 10 月开始的国家体育馆“鸟巢”钢结构安装工程(图 5-22)，就是世界焊接史上最为经典的人工焊接工程，其独一无二的钢结构以及加工、对接控制的复杂性在世界工程结构建造上都堪称奇迹。单从“鸟巢”外观结构上可以看出，许多麻花状钢结构单元要在空中对接，必然存在大量复杂的焊接节点，而板件厚度由 8～140mm 变化很大，构件之间又要相互约束，且焊缝纵横交错，在狭窄的空间里通过人工技术控制这种焊接应力和变形，难度可想而知。值得自豪的是“鸟巢”所有的钢材都是国产，所有的技术都拥有自主知识产权，现场全熔透一级焊缝约 61000m，全部人工操作完成，合格率几乎为 100%。“鸟巢”申报了 14 项有关焊接的发明专利，其焊接质量在全国乃至全世界的钢结构工程中都是最好的，这是中国焊接工人的辉煌时刻。

图 5-22　“鸟巢”安装现场

案例 2：2015 年由中国企业承建的最大海外桥梁工程——孟加拉国帕德玛大桥，其中大桥主墩底节钢桩(图 5-23)的焊接嵌入河底，把不可能变成了可能，而完成这一焊接任务的就是中国焊工。工程中要求首先将一根长 50m、周长 10m 的钢桩敲入河床，然后再在其上对接一根相同型号的钢桩，以实现 100m 钢桩嵌入主墩。工程的难度在于：对接钢桩保持 5mm 缝隙进行焊接，焊缝深度 6cm，由 3 名焊工在夜晚同时施焊，要求焊速均匀、摆动小，以防止变形，焊缝强度要求达到或超过钢桩本体强度。最后的焊缝质量在经历 4 小时 60kN 力垂直击打考验下，没有发现任何裂纹和缺陷，一根长百米重达 550t 的钢桩在中国工匠的手上完美嵌入主墩，打破了世界工程界认为百米钢桩无法施工的魔咒。

图 5-23　钢桩悬吊焊接现

从上述案例可以看到，中国在大型工程中应用的焊接技术一直处在世界领先水平。人工焊接操作灵活，关键在人，因此非常适合于工艺复杂的特种场合，这些场合机器人并没有优势。

5.6.2 焊接机器人

工业机器人的应用使得加工制造、零件装配、组装装备等实现自动化成为可能，机械手可以模拟人手实现准确定位、灵活运动，在人手不能触及的空间依然可以活动自如、更能不知疲倦、不畏危险地工作。今天，在许多工程领域都能看到机器人的存在，如汽车制造、芯片制造、生物制药、矿产能源、航空航天等领域。如果在机械手末端执行器上装一个焊枪，那么焊接机器人就自然而然地推向了自动化焊接的前沿，如激光焊接机器人、电弧焊接机器人(图 5-24)、点焊机器人。如果你细心地想一想，机器人能焊必然也能切割，甚至是喷涂，区别只是机械手上搭载的工具，可见将传统的加工方法与现代科技融合以后，其发挥的作用就不可想象了。

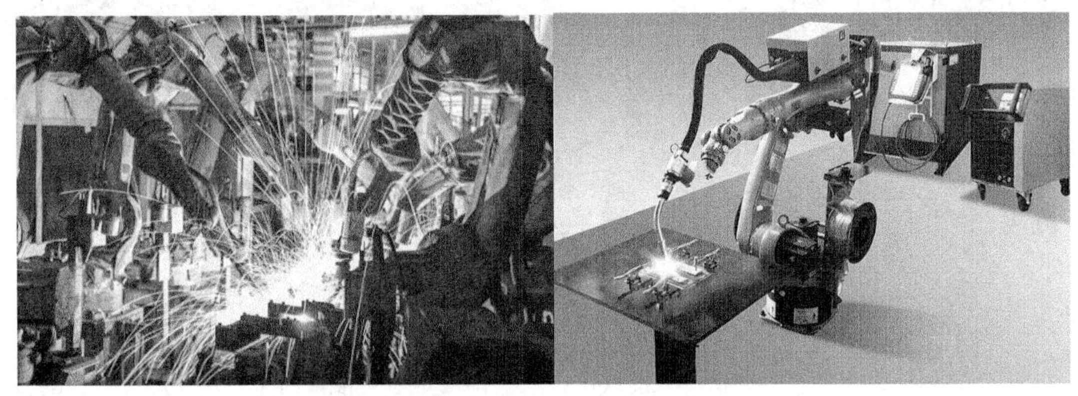

图 5-24　电弧焊接机器人和激光焊接机器人

焊接机器人的优点和工业机器人的优点一样，具有对焊接位置的高精度和高灵活性控制施焊，因此可以保证焊件稳定良好的焊接质量，同时，工作效率也很高，因此在工业领域应用广泛。但是，焊接机器人也有突出的缺点：其预设的轨迹，需要在前期对焊接工况做很多准备工作，而一旦预设的工况出现异常，则会出现故障，因此要经常做好日常检查和维护，这并不是一件容易的事。例如，某台焊接机器人是用来进行轴类焊接的，那么轴类零件应该放置在预设的位置，机器人才能在预设坐标系进行焊接，而一旦零件形状改变或位置改变，机器人就需要进行软件设置，否则机器人就会出现宕机。

综上可知，焊接机器人非常适合在固定的工作站或生产流水线上工作，即将待焊接件传送到指定位置，再通过机器人进行固定位置上的焊接，俗称“示教-再现”型机器人，如在汽车制造厂、大型复杂箱类零件、轴类零件焊接等车间都能见到。世界上最先使用的电焊机器人代替人工焊接的汽车制造厂商就是日本丰田，随后很多国家纷纷仿效，中国在长城、东风等国产品牌汽车生产线上已经全面普及。然而，不可否认，焊接机器人有其突出的优越于人工操作的优势，但它的自主适应性很差，未来智能化才是焊接加工的发展方向。

5.6.3 智能焊接机器人

从外观上看，智能焊接机器人和焊接机器人没什么区别，其区别在于控制方式，普通的焊接机器人属于被动控制，即针对固定或指定的轨迹，通过编程，需要它怎么做就怎么做；智能焊接机器人则属于主动控制模式，即有什么它就能实现什么，它可以通过感知系统，进行数据分析，做出决策判断，具有主动适用性。因此，除了焊接机器人具有的优点外，智能机器人可以克服其缺点，变得更为优越。那么，智能焊接机器人又有什么特别呢？

(1)拥有一套感知系统。就是传感器系统，可以实现焊接过程中图像、声音、温度等参数的侦测感知，获取数据。正是有了这样的系统，机器人在焊接时可以实时跟踪焊缝，规划焊接路径，并对焊接质量做出评价。

(2)焊缝跟踪。焊接件在焊接过程中可能存在热变形或装配误差，这样在焊接过程中焊枪就有可能偏离焊接轨迹，感知系统要能实时监测，并确保焊枪在预定焊缝位置进行焊接，目前以视觉跟踪和电弧跟踪为主。

(3)焊接路径规划。就是焊枪的焊接轨迹，有三种规划方法。第一种方法是人工示教法，简单地说就是由人工操作焊枪末端控制器，手把手演示如何焊，并完成这一路径过程的手动编程。这种方法简单，适应性强，但是效率不高，而且手操作者本身的影响很大。“老师教得不好，学生也就学得差”。第二种方法是离线编程法，是目前的主流方法，就是通过虚拟现实环境，所以也称虚拟示教法，在3D环境中进行虚拟焊接演示，并完成编程，该方法的缺陷是仿真与实际会有偏差，因此实际焊接时需要修正轨迹，但是效率高。目前国内在这一技术方面还处于实测阶段，并逐步引入实际生产，与国外先进技术相比还有一定差距。第三种方法则是在线自主编程法，就是利用感知系统，通过视觉传感器获得焊缝坐标，并由机器人自主规划出焊接轨迹，这是智能化的表现。该方法的关键是视觉识别后焊缝的三维坐标在机器人基础坐标系下的重建和精度问题，目前这些问题在国内研究中已经取得进展，定位精度可以达到一般电弧焊接技术要求。

(4)焊缝质量控制。影响焊缝的因素很多，如焊接参数、熔池动态变化、焊枪姿态等，这就需要借助视觉传感器监测熔池热物理动态过程，对焊接参数进行动态调整，以保证焊缝质量。正如上面说的，焊接过程是多变量耦合的热物理过程，参数的调节并不是一件简单的事，目前，智能控制一般还只是通过单一参数调节来实现的，因此，焊缝质量控制的准确性还不理想。

智能焊接技术还有很多需要解决的技术问题，但是，智能控制是未来焊接技术的发展方向，它是焊接高质量、高效率的关键保证，也是我们实现制造强国的必由之路。

5.7　安 全 规 程

焊接是用电能或化学能转化为热能来加热焊件的，因此，一旦对这些能源失去控制，就可能造成严重的人身伤害和财产损失。第一次接触到工业加工设备的人员，更需要对每种设备操作的安全规程有深刻的认识，不得麻痹大意，只有遵循设备操作安全规程，安全才有保障。本章主要针对学生的实训情况，以手工电弧焊操作安全要点为例。

(1)穿好工作服、绝缘鞋，戴好电焊手套，准备好焊接所需工具。不允许卷起衣袖、敞开衣领或将上衣扎在裤子内。

(2)绝对不可以不加保护地直视焊接弧光，只能通过保护面罩观察弧光移动。

(3)镙钳和工作台必须分开，以免短路烧坏焊机。

(4)先打开总电源开关，再打开通风除尘机开关，调整好电流，打开焊机电源。

(5)焊接工作过程中，如有异常或有人触电，应立即切断电源。

(6)焊接结束后，要按指导教师的要求进行关闭操作和撤离现场。

(7)电焊操作者在任何情况下都不得使自身、机器设备的传动部分成为焊接电路，严禁利用厂房的金属结构、轨(管)道等接进线路作为导线使用。

思考和练习

1. 熔化焊的定义是什么？熔化焊包括哪些焊接方法？其中的电弧焊是怎样分类的？
2. 正确选择焊接方法的根据是什么？
3. 电弧的定义及其电离过程是什么？
4. 主要焊接方法对电源特性的选择及有关要求有哪些？
5. 叙述焊条电弧焊的工作原理。
6. 气体保护焊有哪几种？
7. 焊条电弧焊电源的种类有哪些？
8. 埋弧焊与手工焊相比较主要优缺点是什么？
9. 目前，焊接铝和铝合金常用的焊接方法有哪几种？
10. 焊接缺陷有哪些？如何分辨？
11. 焊接机器人和智能焊接机器人有什么区别？
12. 人工焊接是不是会被取代？为什么？

第 6 章　切削加工和车削

教学提示　这里所说的切削加工是指除钳工外，借助动力设备和刀具，去除毛坯多余金属，以获得图纸所要求的形状、尺寸、精度和表面质量的加工方法。车、铣、刨、磨加工属于机械加工中的冷加工，是指用机械手段制造产品的过程，而对材料本身的化学和物相没有影响，加工过程中产生金属屑。铸造和锻造等则属于热加工类，是指用热成型原理，对材料本身的物相组织有影响，加工过程中较少或不产生金属屑。在各类金属加工机床中，完成车削用的车床是应用最广泛的一类，约占机床总数的 50%。车削加工利用工件的旋转运动和刀具的直线或曲线运动来改变毛坯的形状和尺寸，主要用来加工回转体零件。

教学要求　了解切削加工的基础知识；熟悉车削加工的特点和应用；掌握加工操作的基本要求和规范，并能配合实践要求，熟练地运用机床进行综合类零件的加工。

机床是什么?车床是什么？这些是初次接触机械加工的同学经常问到的问题，在这里，有必要进行简单的说明。机床就是加工机器的机器，或者说是工作母机。16 世纪的达尔文还绘制过机床结构草图，图中所述结构与今天的机床有很多的相似之处。17 世纪的《天工开物》里面就记载了中国人设计使用磨床结构来磨切玉石。然而真正意义上的机床还是因为工业革命的兴起。1797 年英国人莫兹利历时 16 年研制出了铁质机床，并使用滑动刀架，保证了刀具和主轴转动中心的距离一致性，大幅提高了机床的加工精度，被称为“英国机床工业之父”。这里所谓的“床”只是一个载体一个平台，用于安放零部件等器物；所谓“车”是指的运动形态，意为有轮子功能的旋转工具，车床的称谓不要拘泥于字面意思，有些意思已经被弱化或者只是个沿用的习惯了。

6.1　切削加工的基础知识

切削加工应该满足三个基本条件：切削工具、工件和切削运动。

广义上说，切削工具就是刀具或达到刀具效能的工具；工件一般是指待加工试件或毛坯；切削运动则是由动力机械提供的，如机床。切削运动根据刀具与工件的相对运动分为主运动和进给运动，主运动是实现切削加工的运动，在机床中速度最高且耗能最大，而进给运动则是完成零件形面的必要运动，速度较低且耗能要少。应该指出，机床上主运动只有一个，而进给运动可以有多个。

6.1.1　切削分类和切削要素

1. 切削分类

切削加工种类很多，按切削加工的工艺特征可分为车削、铣削、钻削、刨削、插削、拉削、锯切、磨削、抛光、齿轮加工、螺纹加工、钳工等。

按加工精度可分为粗加工、半精加工、精加工、超精加工。

按工件成形的方法可分为刀尖轨迹法(如普通车刀加工)、成形刀具法、展成法(如加工齿轮时的滚齿加工)。

在切削过程中，工件上同时存在着三个不同的变化着的表面：待加工表面、已加工表面和加工表面，如图 6-1 所示。

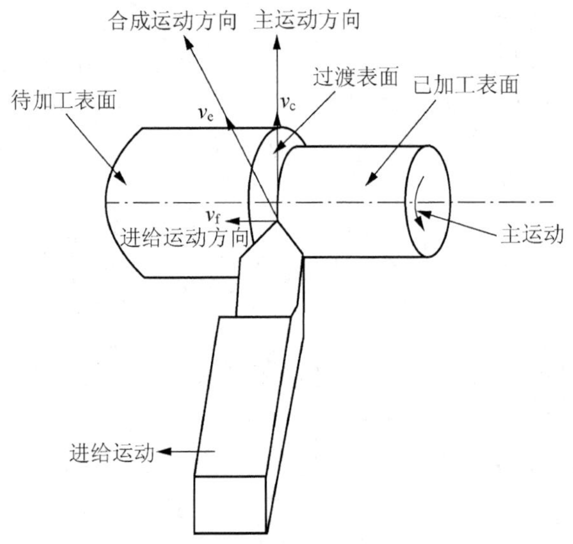

图 6-1　切削状态下工件表面的构成

2. 切削三要素

切削速度、进给量和吃刀深度总称为切削三要素。

1) 切削速度 *v*

切削速度通常指主轴的运动，是主运动在工件待加工表面处的线速度，是衡量主运动大小的参数，其计算公式可以表达为

$$v = \frac{\pi D n}{1000}$$

式中，D 为待加工表面直径，mm；n 为车床的主轴转速，r/min。

切削加工时，由于待加工表面总会发生变化，因此切削速度并非恒定不变，除非是对切削速度恒定要求很高的场合，一般情况下，都不会考虑切削速度变化对加工质量的影响。

主轴的运动形式分为正转和反转，普通车床由于都是前置车刀，因此以切削点处工件向下运动形式为正转，本书所阐述的切削旋转运动方向均为主轴正转。

2) 进给量 *f*

进给量是指工件运动一个周期(如转一转，或者一次往返)刀具在进给方向移动的距离，是

衡量切削进给运动大小的参数，单位为 mm/min。以普通车床为例，进给又分为平行于主轴方向的纵向进给和垂直于主轴方向的横向进给。

切削速度和进给量的选择要根据加工零件、刀具、加工质量等因素来确定，在机床上的档位铭牌上可以找到相应的或相近的速度输出作为切削速度和自动进给速度。

3) 吃刀深度 a_p

又称背吃刀量，一般是指测得的待加工表面和已加工表面的垂直距离，单位为 mm。a_p 的选择取决于加工的精度和表面质量，过大容易引起振动，过小又难以达到表面粗糙度要求，如对硬质合金刀，粗加工时 a_p 可以选择 4mm 左右，精加工或最后一刀时则在 0.2mm 左右。

6.1.2　影响切削质量的因素

切削质量主要包括加工精度和表面粗糙度，影响切削质量的因素很多，机床类型、定位装夹、刀具材料，切削角度、冷却和切削用量等。

1. 机床

数控机床优于普通机床，数控机床不仅加工精度要普遍高于普通机床，而且主轴刚度也优于普通机床，降低了系统振动对工件加工质量的影响。

2. 装夹定位

一般使用三爪卡盘进行规则工件装夹定位，可以保证较好的定心精度，但是对于特殊结构零件则适合于四爪卡盘进行独立加紧定位，而对细长类等特殊工件，还需要用到一些辅助定位和装夹的装置，如尾座顶尖、跟刀架、中心架和双顶尖结构装置等，这些都可以减小工件变形，保证加工质量。

3. 刀具材料

工具钢、硬质合金钢、陶瓷和超硬刀具，是目前应用最多的四类刀具材料，但每一种刀具适用的场合不同。工具钢是指含 W、Cr、V 等微量元素的合金钢，是应用最广泛的普通刀具，硬度较高在 65HRC 左右，耐磨性较好，突出特点是材料红硬性优良，适合低速、大进给量，粗加工中应用较多。

硬质合金刀具是指用 W、C、Ti 和 Co 等材料用粉末冶金方法制成的刀具，硬度高达 90HRC 左右，耐高温可达 1000℃，无论寿命还是切削速度都比高速钢刀具要高出数倍，适合高速、大进给量，以提高加工效率，同样适合精加工，但是这种刀具不耐冲击，因此大都以焊接或其他形式固结在普通碳钢的刀杆上。

陶瓷刀是用氧化锆制成的，硬度极高可接近金刚石，且耐高温，抗氧化和磁化，作为现代高科技的产物，其很多优点是碳钢刀具无法比拟的，因此有逐渐取代碳钢刀具的趋势，目前，其最大的缺点就是脆性大、抗冲击能力弱，适合粗精加工，加工表面质量好，陶瓷刀适合各类加工场合。

超硬材料是指比陶瓷刀更硬更优越的材料，主要组织是立方氮化硼，与金刚石结构相似，是性能最好的现代刀具，具有高硬低密、材料轻而导热性好、化学性质稳定等特点，适合加工各类材料，加工质量好，但价格贵。从经济性、加工质量的要求和不同工艺阶段选择合适的刀具是提高加工质量的保证。

4. 刀具角度

例如，对于轴类零件加工，在粗加工时，前角和主后角宜小，主偏角不要超过 90°，精加工时则取较大值，主偏角多为 90°。车外圆、倒角时则可以选用 45° 偏刀，75° 偏刀则更适合于大切削量。图 6-2 所示为两种常用偏刀。

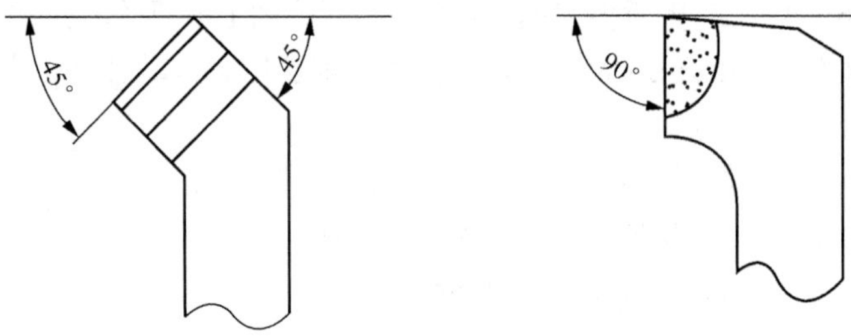

图 6-2 45° 弯头外圆车刀和 90° 外圆车刀

5. **切削液**

切削液主要有冷却、润滑和清洗的作用，一般有起冷却作用的乳化液和起润滑作用的切削油，具体的选择应根据工件材料、刀具和工艺要求合理选用。例如，在粗加工时，多选用稀释后的乳化液进行冷却，而在精加工时则可选用切削油。例如，对于硬质合金钢刀具，可以不用切削液，但是在切削导热性差的材料时也可用稀释为 3%～5%的乳化液。

可见，控制切削质量是一个系统的工程，加工过程中每一个环节都可能对加工质量造成影响，需要综合考虑。

6.2 车削加工

车床加工既适合小批量加工，也适合大批量加工，其因生产成本低、效率高、易于操作等特点而广泛应用。车削主要是用作进给运动的车刀对旋转的工件进行加工，因此车削加工的主要对象应该是回转表面的零件，如轴类、盘类和套类零件。当然，也可以在车床上安装钻头、铰刀、丝锥、板牙和滚花等，使旋转的刀具对进给运动的工件进行加工，以满足不同的需要。

6.2.1 车床、车刀、夹具和量具

1. **车床**

车床的分类标准很多，如可分为普通车床和数控车床，还可以分为卧式车床、立式车床、转塔车床、仿形车床、自动车床等。本章主要介绍 C6140A 普通卧式车床，如图 6-3 所示。

C 是车床通用特性代号，是机床拼音首字母，如 Z 代表钻床，M 代表磨床。

6 是车床的组别代码，一共 10 组，用 0～9 表示，其中 6 表示落地及普通车床组。

1 是车床的型别代码，每组有 6 个型，其中 1 表示普通车床，3 表示无丝杠车床。

40 代表主要参数，最大切削直径 400mm。

A 代表重大改进序号，依次为 A, B, C, …，说明车床的特性及结构有重大改进时附在车床型号后面表示。

图 6-3 为 C6140A 卧式车床的外形实物图，与主轴平行的方向称为纵向，与主轴垂直的方向称为横向。

图6-3　车床各部分示意图

1-挂轮箱；2-主轴箱；3-进给箱；4-正反转操作手柄；5-光杠和丝杠；6-定位卡盘；7-刀架；8-小滑轮；9-尾座；10-机座；11-溜板箱移动手轮；12-中滑板；13-溜板箱；14-闭合螺母；15-自动进给手柄

1) 主轴箱

主轴箱又称床头箱，即主轴的变速机构和支撑机构，可使主轴获得所需的转速，在箱体上有对应的速度对应挡位铭牌。主轴是空心结构，以方便工件穿过，主轴前端装有卡盘(一般为三爪卡盘)，卡盘可以装夹(定位)工件，并带动工件旋转。

2) 溜板机构

溜板机构主要实现进给运动。

(1) 刀架位于整个溜板的上部，用来装夹刀具，一般的刀架可以在其四个方向上装四把不同的刀具，又称为四工位刀架。拧松上方的把手，可以使刀架旋转到所需要的位置，并拧紧把手。

(2) 溜板包括中滑板、小滑板和床鞍，可使刀架实现纵向、横向和合成进给运动。

(3) 溜板箱与床鞍连接在一起，是进给运动的操作机构，可随光杠或丝杠做纵向运动，并传递给整个刀架，在中、小滑板的配合下，完成刀架的进给运动。也可手动旋转床鞍手轮操作。

3) 进给部分

进给部分是传递进给运动并进行进给速度、进给量控制的部分。

(1) 进给箱又称走刀箱，在床身左前侧中间部位，箱体上有对应的进给量对应挡位铭牌，扳动手柄可以进行操作。内部是齿轮变速机构，输出给光杠或丝杠，以获得不同的进给量或螺距。

(2) 光杠和丝杠连接进给箱与溜板箱，并把进给箱的运动和动力传给溜板箱，使溜板箱获得纵向直线运动。丝杠是专门用来车削各种螺纹而设置的，在进行工件的其他表面车削时，只用光杠。初学者必须在师傅指导下谨慎使用丝杠。

4) 交换齿轮箱

又称挂轮箱，位于床身最左侧箱体，是将主轴运动传递给进给箱的可变速装置，通过变换箱内齿轮，与进给箱配合，可以得到不同进给量，适合在螺纹加工中使用。

5) 尾座

一般位于床身右侧导轨上，可根据需要进行滑动调整位置，其作用是用顶尖支撑工件，方便加工。同时，也可以将顶尖换成钻头等孔加工工具，进行孔加工。

6)床身

床身是车床带有精度要求很高的导轨(山形导轨和平导轨)的一个大型基础部件。用于支撑和连接车床的各个部件，并保证各部件在工作时有准确的相对位置。

7)其他

其他包括冷却装置喷嘴、照明用的灯具等。

2. 车刀

车刀安装在刀架上，车刀根据加工工艺要求有很多种分类，如外圆车刀、端面车刀、切断刀、螺纹刀、成形刀、内孔车刀等，每一种车刀都有其加工特点，如图 6-4 所示。

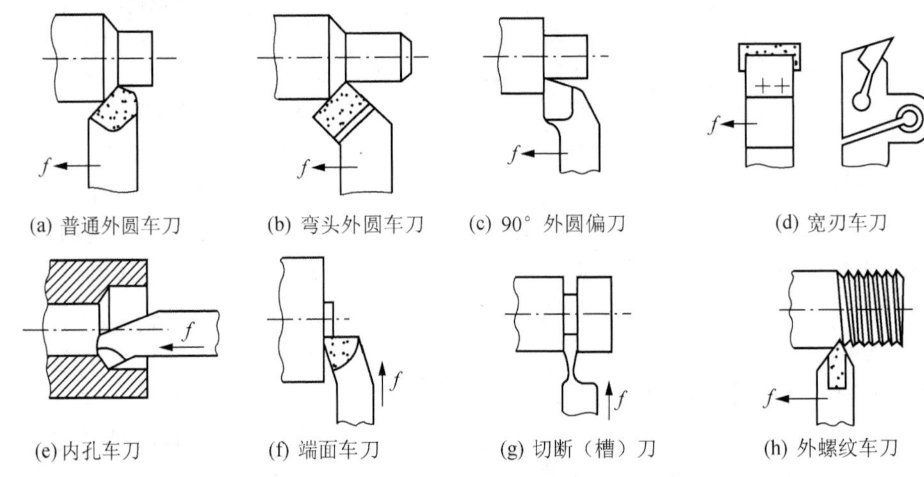

图 6-4　几种典型车刀

车刀的性能不仅与本身的材料有关，如硬质合金刀就比高速钢刀要优越，切削效率也要高很多，但是造价也高，还与其切削的角度有关，以一把普通的外圆车刀为例，图6-5所示为车刀各部分名称。

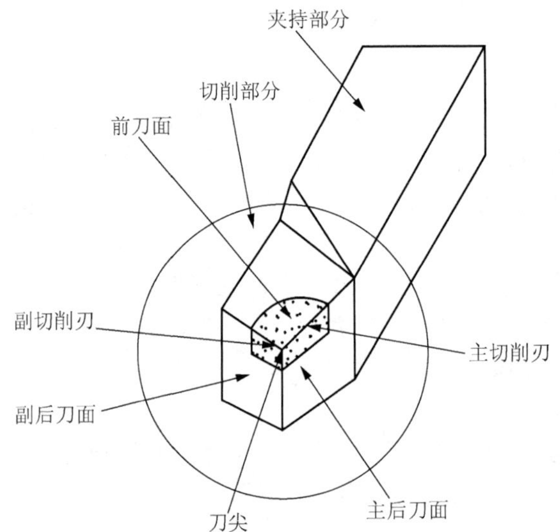

图 6-5　车刀各部分名称

一把车刀可简单分为刀体和刀柄两部分，刀体部分就是图 6-5 所示的“三面二刃一尖”，而刀柄部分主要用于安装夹持。

1）辅助平面

用于车刀角度定义，是一些假想平面：基面、切削平面和正交平面，如图 6-6 所示。

(1) 基面 P_r：过主切削刃一点，与该点主运动方向垂直的平面，与车刀底平面平行。

(2) 切削平面 P_s：过主切削刃一点，与该点相切并与基面垂直的平面。

(3) 正交平面 P_o：过主切削刃一点，同时与 P_r、P_s 都垂直的平面。

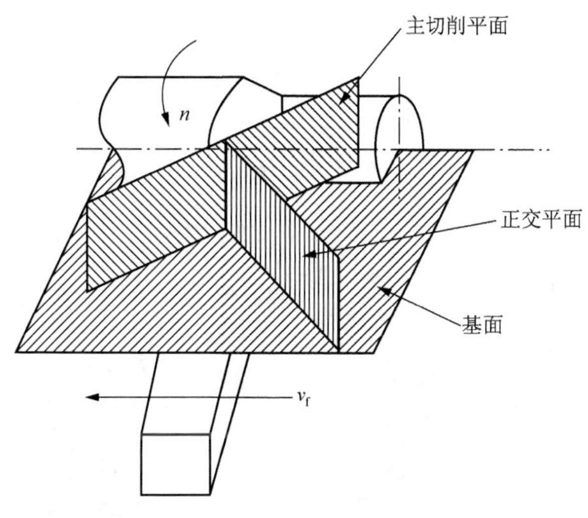

图 6-6　车刀辅助平面

2）切削部分的几何角度

在辅助平面内定义了影响刀具切削性能的几种角度，如图 6-7 所示。

(1) 前角 γ_0 为前刀面与基面的夹角，影响刀刃的锋利程度，正前角大，刀具越锋利，但强度会降低，因此加工塑性材料时，前角可大些，而加工脆性材料时，宜取小点的前角。精加工时取小前角，而粗加工时可取大点，通常前角在−5°～20°取值。

(2) 后角 α_0 为后刀面与切削平面的夹角，后角影响刀具强度和工件表面质量，后角小，刀具强度高但与加工面摩擦也大，后角大，则完全相反。因此，粗加工时，后角选小点，而精加工时，后角偏大，通常后角在 3°～12° 取值。

(3) 主偏角 κ_r 为在基面内主切削刃与走刀方向(纵向进给方向)的夹角，影响切削负荷和铁屑散热快慢。主偏角小，可使进给走刀力减小而刀刃径向切削力增大，铁屑薄而宽，易于散热，且刀体负荷小，强度也提高。因此在切削系统刚性差，或车削细长轴时，可取大的主偏角，如取 90° 主偏角，以减小径向力引起的振动。常用的还有 70° 和 45° 主偏角。

(4) 副偏角 κ_r' 为在基面内主切削刃与走刀反方向的夹角，其作用是减少刀具与已加工表面的摩擦，影响表面粗糙度。减小副偏角可以显著改善表面质量，但是过小又容易引起振动，一般取值为 3°～15°。

3. 夹具

车床上使用的夹具是为了固定好工件，并能保证工件的定位精度。夹具的种类很多，常见的是三爪卡盘，其通过过度盘与主轴连接，传递主运动给工件。图 6-8 所示为三爪卡盘结构示意图。

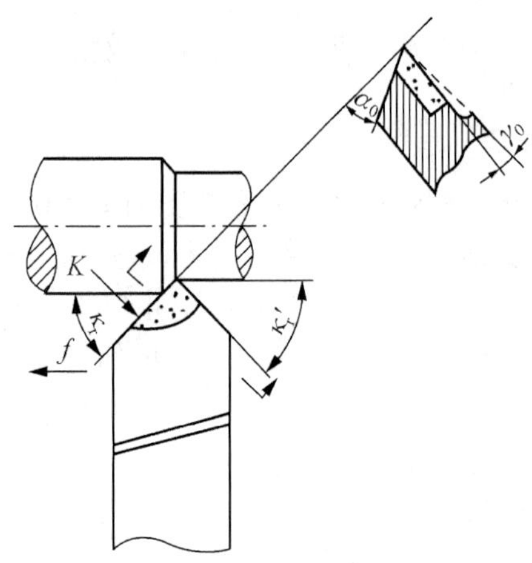

图 6-7　车刀几何角度

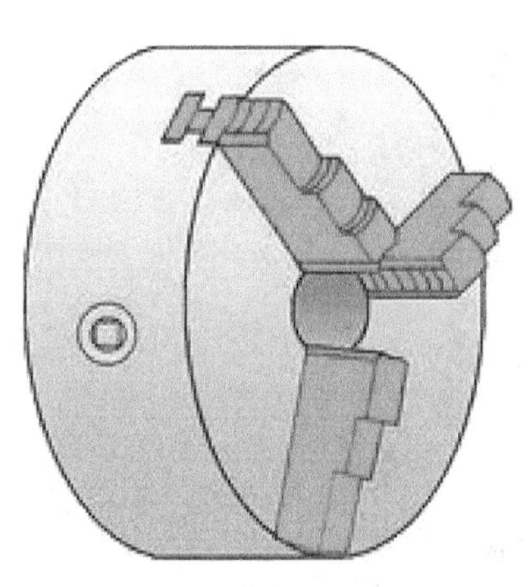

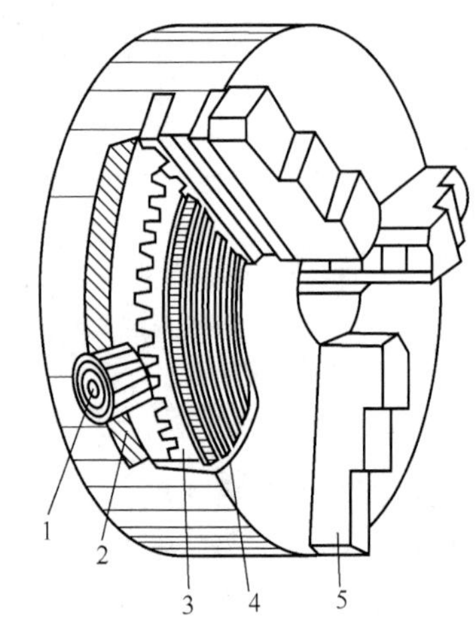

图 6-8　三爪卡盘结构

1-扳手螺口；2-小锥齿轮；3-大锥齿轮；4-螺旋槽；5-卡爪

1) 三爪卡盘的特点

三爪卡盘有正爪、反爪之分，一般见到的为正爪。只要在任一个扳手螺口处旋转扳手，可实现三爪同动，能自定心且精确度达到 0.05～0.15mm，安装和校正工件非常简单、迅速，但其夹紧力较小，不能装夹大型零件和不规则零件。

2) 四爪卡盘的特点

四爪卡盘有自定心卡盘和单动卡盘两种，其中自定心卡盘类似于三爪卡盘。

四爪单动卡盘又称机床用手动四爪单动卡盘，工作时是用四个丝杠分别带动四爪，即一个扳手螺口处只能控制一个卡爪，其他卡爪不受影响。因此常见的四爪单动卡盘没有自动定心的作用，但这类卡盘适合装夹各种矩形的、不规则的工件。

3) 尾座

车床上都配置有尾座，它可沿车床导轨纵向移动，以调整其工作位置。尾座上一般安装顶尖，以支顶较长工件，也可装钻头或铰刀等进行孔的加工，如图 6-9 所示。

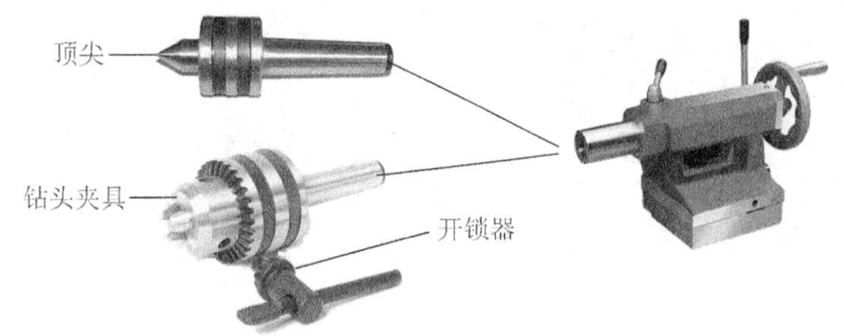

图 6-9　尾座及其常用配件

4. 量具

游标卡尺和千分尺是用得最广泛和使用效率最高的基本量具,其具有结构简单、操作方便、测试范围大等特点。专门用于测量零件的直径、宽度、厚度、高度、深度和相互距离，应用场合十分广泛。

1) 游标卡尺

常用的是三用游标卡尺，测量范围为 0～150mm，卡尺主体部分称为尺身，可滑动部分称为游标，其测量精度有 0.1mm、0.02mm 和 0.05mm 三种。这三种卡尺的尺身刻度一样，间隔标称距离一样，每一小格均为 1mm，不同的是游标与尺身对应刻线标称值不同。简单来说，0.02mm 精度的游标卡尺，其游标上每一小格为 0.98mm；0.05mm 精度的游标卡尺，其游标上每一小格为 0.95mm。如图 6-10 (a) 所示为 0.1mm 精度游标卡尺，当前测量的值应该为 (尺身) 20mm+ (游标) 8×0.1mm=20.8mm。图 6-10 (b) 所示为 0.02mm 精度游标卡尺，当前测量的值应该为 (尺身) 3mm+ (游标) 15×0.02mm=3.3mm。

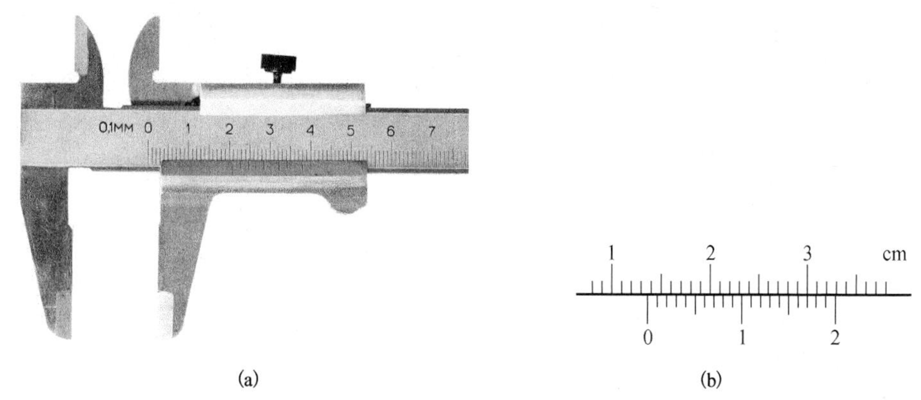

(a)　　(b)

图 6-10　游标卡尺

2) 千分尺

与游标卡尺相比，千分尺精度高 0.001mm，且测量过程经由螺旋副传动，通过固定套管和微分筒对应的刻度进行读数。微分筒旋转一周，则移动螺距为 0.5mm，即微分筒一个小刻度为 0.01mm。千分尺读数与游标卡尺类似，先读固定套管上的整数和 0.5mm 的数，再读微分筒上的数，最后读数保留小数点后三位有效数字。如图 6-11 所示，要注意 0.5mm 位置读数。

量具的使用要保持正确的测量姿势和观察位置，切记不要因为人为错误导致读数的偏差。

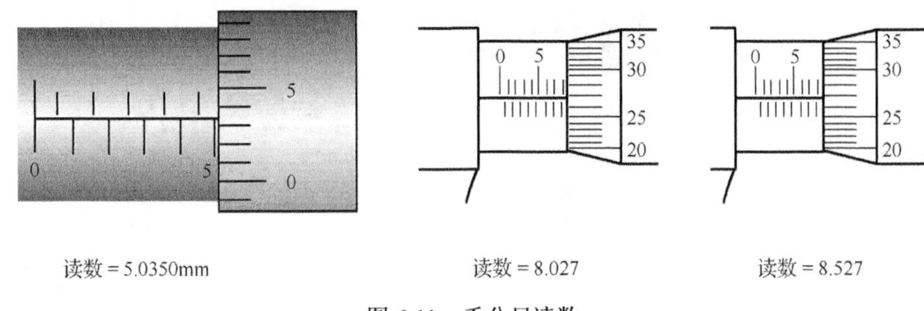

图 6-11　千分尺读数

6.2.2　车削步骤

车床主要用来加工各种回转体表面，如外圆柱面、锥面、孔、端面、切制螺纹，甚至球面等，如图 6-12 所示。加工不同的面，或者加工精度要求不同，使用的刀具都有所不同，有外圆车刀、切断刀、镗孔刀、螺纹刀、滚花刀等。

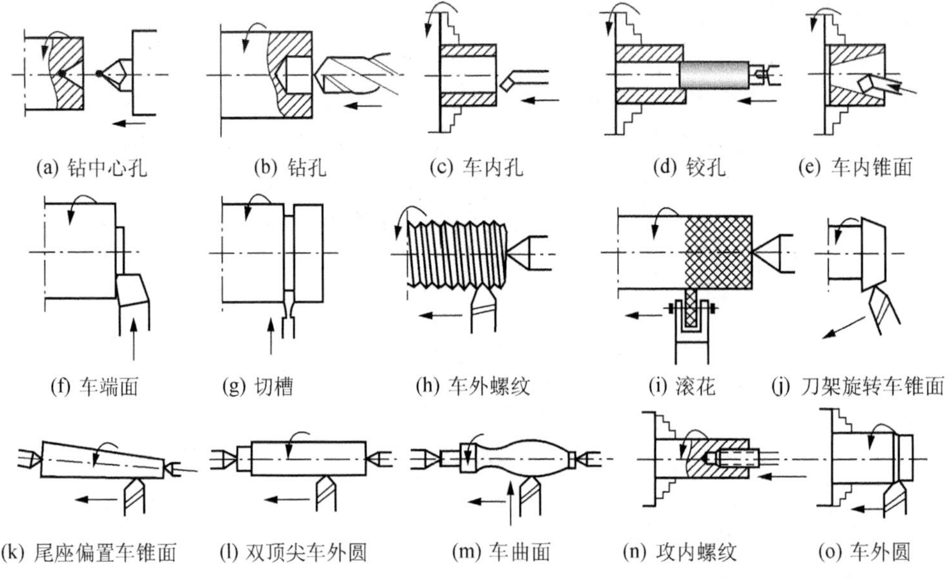

图 6-12　各类形面的加工

1. 准备车刀

以外圆车刀为例，选用 90° 偏角的硬质合金车刀。可在砂轮上进行粗磨前后主刀面，获得所需的主副偏角和导屑槽。

2. 车床准备

调节好主轴转速和进给量档位，检查机床的电源线路是否接触正常，如果必要，则需要在注油口加注机油。

3. 装夹工具

在三爪卡盘上装夹钢棒毛坯，装夹长度为 10～20mm，稍微夹紧，开启电源，打开启动开关，使主轴旋转，观察工件旋转是否对心。因为即使三爪卡盘有自动定心功能，但由于毛坯和卡爪本身的瑕疵会导致定位出现偏心，在要求不是很高的场合，可用观察法和试敲法调节工件对心度。切记，此时主轴转速要很低。基本满足对心要求后，停机，拧紧三爪卡盘，必要的时候可以借助较长的杆件加强扳手的拧紧效果。拧紧完毕，一定要取下拧紧扳手，保证安全。

4. 安装刀具

刀具安装在刀架上的伸出部分应该尽可能短，一般为车刀的 1.5 倍左右，伸出过长会导致刀杆刚性差而振动。车刀的高低调节可以通过垫片，但垫片要平整，且安装时要与刀杆边缘平齐，且至少要有两个螺钉压紧。关键的是，车刀刀杆中心线应与进给方向平行或垂直，且刀尖必须对准工件的回转中心，否则会导致切削摩擦增大或刀尖崩坏，如图 6-13 所示。

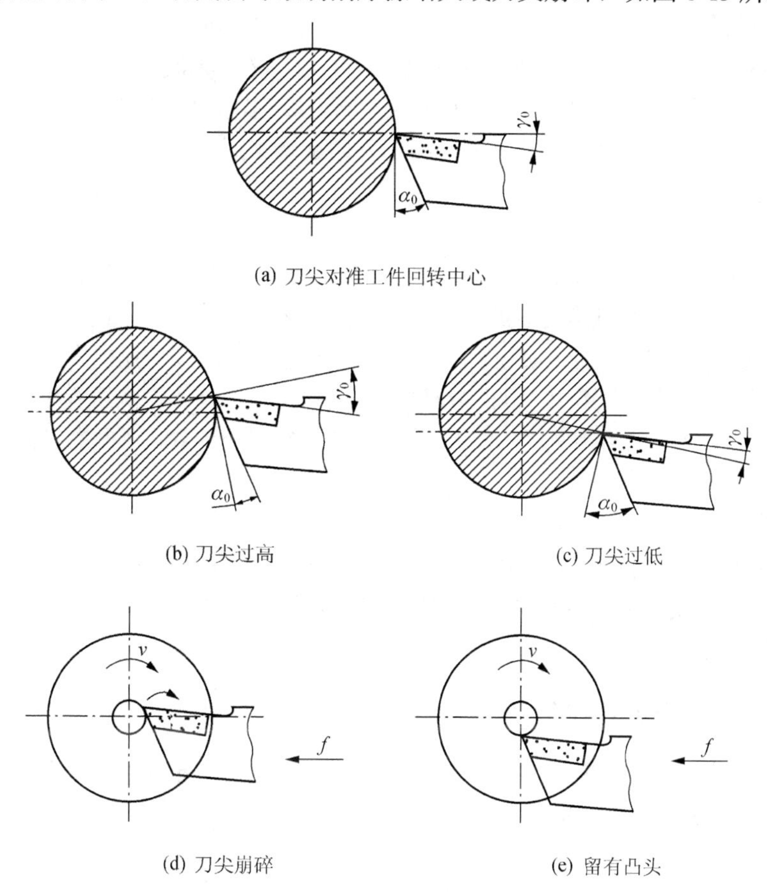

图 6-13　刀尖位置对切削的影响

调整车刀高度是否对心，简单的方法就是试切端面，如果能够完整地切完端面则说明高度合适，如果在端面上留下了残留凸起，则说明没有对心，此时，应该可以看出，凸起物在前角上，说明车刀还需要垫高，而凸起物在后角面之下，说明要降低车刀高度。

5. 试切

准备工作完成后，要对工件进行试切，目的就是确定车刀进给的基准点。

第一步，将车刀退到安全位置，一般在工件的右前方位置，以确保车刀不会和工件撞到。

第二步，开机后，移动滑板，使刀尖与零件表面轻微接触，并以此接触点对应的中滑板刻度为切深基准，并明显地标记。

第三步，向右纵向退刀，在标记的起始点按工艺要求，在刻度盘上进行切深进给调整，并手动纵向进给 3～5mm，接着退刀，停机。

第四步，进行测量，看确定的进给基准是否达到了加工预期的尺寸要求，如果不合格就需要重新试切。中滑板上刻度盘上有精度标注，如果为一小格对应 0.05mm，旋转一周进给 5mm，主要调节车刀的切削深度。

粗加工时可以采用大的切削深度和进给速度，只需要留有一定的半精车余量(1～2mm)和精车余量(0.1～0.5mm)即可。

精车时，由于切削力小，所以车刀要求锋利，且进给量小而切削速度高。

6. 尺寸控制

粗车后的每一个工序都应该进行尺寸测量，并调节进刀量。测量工具一般是游标卡尺和千分尺，视尺寸精度的等级而定。由于普通车床上的滑板刻度盘比较容易滑扣而导致旋转读数时产生较大误差，因此，可以使刻度盘朝进给反方向旋转半周以后，再正常旋转进给，根据标记处位置进行读数。

7. 走刀控制

在试切阶段用手动控制纵向和横向进给，但是试切合格后，可以转化为自动进给模式。但是需要特别提醒的是：在进给时，操作者不能离开机床，尤其在自动进给模式下，当车刀离加工末端 5mm 左右时，应马上转换到手动模式，以免撞刀或造成其他损失。

如果需要继续切削，则可以直接在反进给方向退出，再调整切深进行下一轮切削。如果不再切削，则车刀首先应该在切深方向，即横向上退出到安全位置，再向右纵向移出到脱离零件的已加工表面。

8. 结束

将车刀退回到安全位置，关闭主轴，松开工件夹具，卸下工件(切记，如果刚加工完的工件温度很高，注意安全)，松开车刀压紧螺钉卸下刀具，将尾座移动到机床尾部，关闭电源，清扫机床导轨上铁屑。

6.2.3 车削外圆和端面训练

给定如图 6-14 所示零件图，零件直径分别为ϕ70mm，ϕ74mm，结合处有 45° 倒角。棒料毛坯用 40#钢材，ϕ84mm×100mm。

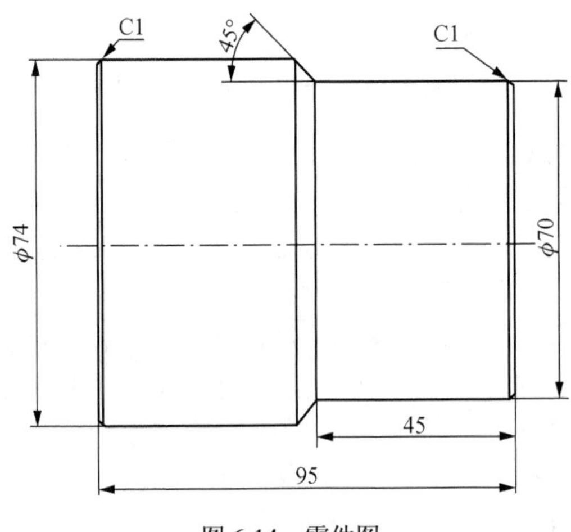

图 6-14　零件图

1. **加工前的准备**

(1)准备 90° 右偏刀和 45° 弯头偏刀，安装在刀架上(图 6-15)。90° 偏刀主要用来车削外圆面，而 45° 偏刀则可用来车端面和倒角。但是在没有 45° 偏刀的情况下，可以通过旋转刀架，使 90° 偏刀偏转 45° 左右以代替 45° 偏刀，这种方法在实际操作时也会经常使用，减少了装刀时间和刀具数量。45° 偏刀和 75° 偏刀作用类似，都可用于切削端面和粗加工，但是前者较后者承载能力强，在粗加工中更常使用。

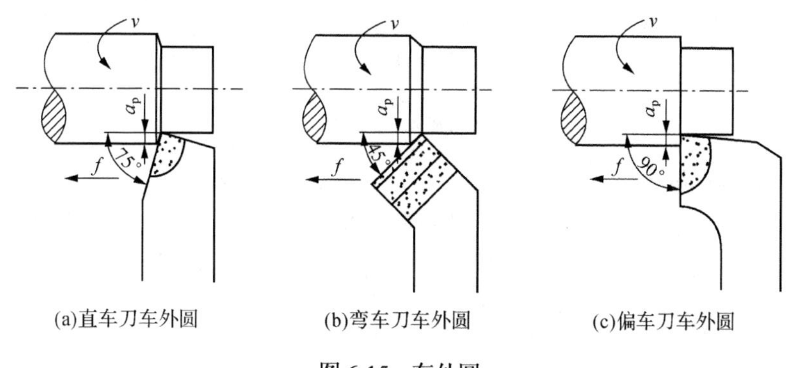

(a)直车刀车外圆　(b)弯车刀车外圆　(c)偏车刀车外圆

图 6-15　车外圆

(2)装夹工件毛坯，用三爪卡盘夹住外圆约 20mm 距离，校正后夹紧。

(3)调整好主轴转速在 400r/min 左右。

(4)将小滑板位置调整到与中滑板左对齐，避免小滑板振动。

(5)将刀架移动到不会与工件右端面发生碰撞的安全位置。

2. **车端面**

(1)调整车刀，选用 45° 弯头偏刀。

(2)开启机床，使工件旋转。

(3)移动床鞍(大转轮)和中滑板，目测调节车刀与工件的位置，控制纵向切削深度在 1～2mm。

(4)调节中滑板，横向进给车刀，当车刀与工件接触时，标记床鞍纵向进给盘刻度。粗车端面，由外缘向中心运动。

(5)切削完毕，纵向向右退出车刀，再接着横向退回车刀。根据标记，使床鞍再纵向进给切削深度 0.5mm，进给速度均匀一致，实现端面精车。

3. **车外圆**

(1)对刀操作。启动机床，工件转动，左手摇动床鞍手轮，右手摇动中滑板手柄，使车刀刀尖轻轻接触最右端待加工表面，以此位置作为切削深度在中滑板刻度盘上标记。反向摇动床鞍和中滑板退出，一般使车刀离开工件 5mm 左右即可。

(2)外圆加工。根据要求转动中滑板手柄，注意标记，使车刀横向进给 2mm，即为切削深度。

(3)试切。试切是为了保证加工要求，通过测量来控制实际进给量。车刀纵向进给切削工件约 2mm 后，纵向快速退刀，然后停车，进行直径测量，根据测量结果调整切削深度，直至结果为ϕ80mm，如图 6-16 所示。

(4)粗车外圆到图纸规定的要求。

(5) 精车外圆。调整车刀横向进给 0.5mm，手动慢速均匀纵向进给到指定尺寸。

(6) 倒角 C1。

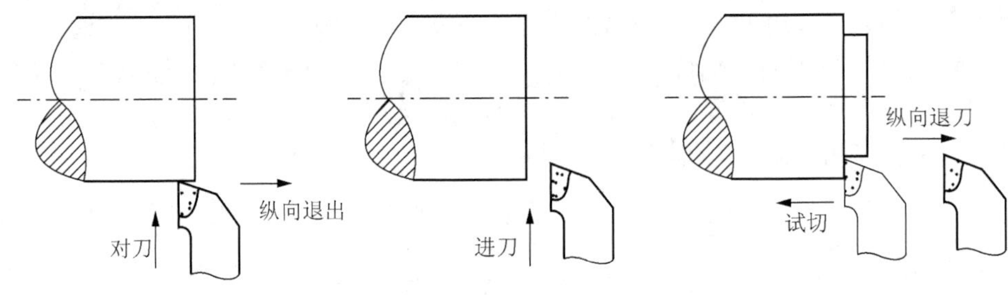

图 6-16　试切

4. **调头车端面和外圆**

这个过程和上述操作过程相似，只是切削深度不一样，作为初学者要注意：在调头装夹工件时，可以在已加工面垫铜皮以保护，要记住滑板定位标记、尺寸调整、退刀操作和安全操作。

6.2.4　车削台阶训练

台阶面是外圆车削时，相邻两个直径处出现的环形端面，可以看成是外圆车削和端面车削的组合。如图 6-17 所示，零件毛坯尺寸同前。

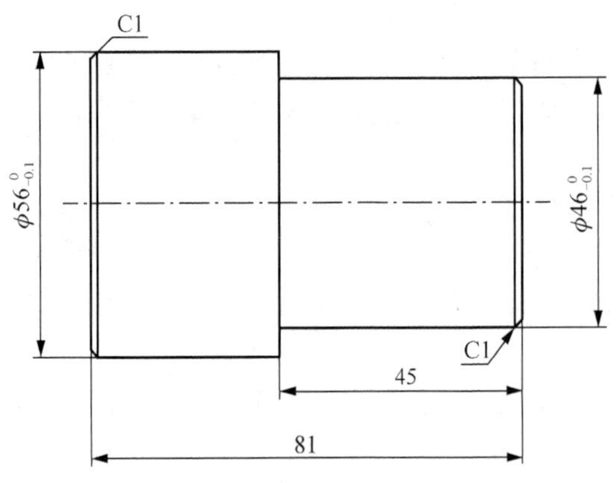

图 6-17　车削台阶训练零件图

1. **车刀的准备和安装**

通常可以选用 90° 偏刀，但仍需要根据粗车、精车和余量来调节偏刀位置。

简单来说，粗车时由于切削深度大，应该使偏角小于 90°，为 85°～90°，以减小刀尖压力。

精车时，切削深度较小，表面质量要求高，则要求偏角偏大，取 93° 左右为宜。偏角的调节可以通过目测在装刀的时候进行调整。

2. **装夹工件及外圆加工**

(1) 用三爪卡盘夹住工件毛坯外圆长度约 15mm，校正并夹紧。

(2) 按照前面外圆车削的基本要领，粗车端面、外圆ϕ56.5mm。

(3) 粗车外圆ϕ46.5mm，长 45mm。

(4) 精车外圆ϕ46mm 至精度要求，长 45mm，倒角 C1。退刀，停机。

3. 车外圆和台阶面

(1) 卸下工件，调头，垫铜皮夹住ϕ46mm 外圆，校正并夹紧。

(2) 粗车端面。

(3) 精车端面，保证零件总长 81mm。

(4) 精车外圆ϕ56mm 至精度要求。

(5) 倒角 C1。退刀，停机。

(6) 检查和测量零件是否达到要求。

4. 取下零件

6.2.5　车槽和切断训练

在常见的阶梯轴上经常可以看到越程槽和退刀槽，这些属于外沟槽。还有一类在工件内孔中的沟槽，称为内沟槽。沟槽的形状以矩形为主，也有圆弧形和梯形。切断操作是将已加工好的零件从毛坯上切去，一般采用正向切断，即切断刀横向进给，直到工件被切断。通常，切槽和切断所使用的刀具可以通用，如图 6-18 所示。

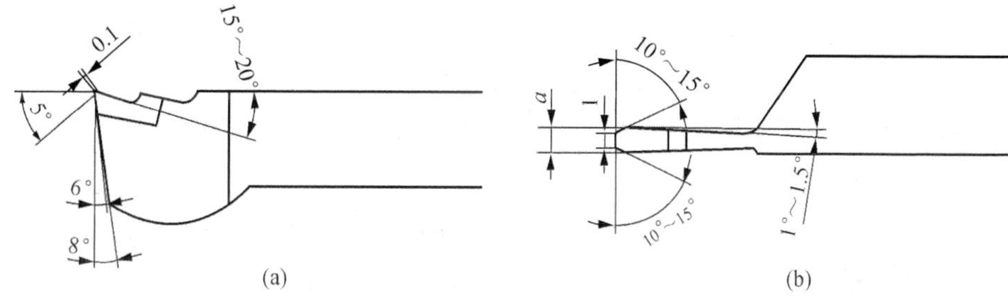

图 6-18　硬质合金切断刀

切断(槽)刀以横向进给为主，由于前端切削刃窄、刀体又长，因此强度较低，要特别注意选择和确定刀具的几何参数，以提高刀具的强度，否则很容易崩刃。有以下几个方面的几何参数需要控制。

(1) 前角。对塑性材料γ_0可取稍大 20°～30°，而脆性材料则偏小 0°～10°。

(2) 后角。一般控制在 6°～8°。

(3) 主偏角。由于切断刀以横向进给为主，因此k_r=90°。

(4) 副偏角。两侧的副偏角必须对称，以免两侧受力不均引起切削振动影响加工质量，副偏角k'_r不能太大，否则会影响刀具强度。可取 1°左右。

(5) 主切削刃宽度 a。宽度太大则切削力也大，材料浪费也大，宽度过小则刀体强度又弱，可以参考经验公式：$a \approx (0.5 \sim 0.6)\sqrt{d}$。

(6) 主切削刃。对于高速钢切断刀，主轴转速不高，主切削刃为直线型，而对于硬质合金刀具，适合于高速切断，因此主切削刃两边需要倒角，这是排屑通畅的需要。

1. 切断方法

直接法：切断刀垂直于工件横向进给，直接切断工件。该法对刀具、机床本身和夹具的刚度要求较高，否则容易造成刀具折断。

左右进刀法：为了克服直接法的缺点，可以让切断刀在垂直于工件的一定纵向范围内，进行反复进给切削，直至达到切槽要求或切断。

2. 切断训练

就用前面切削台阶面的零件来训练切断，如图 6-19 所示。

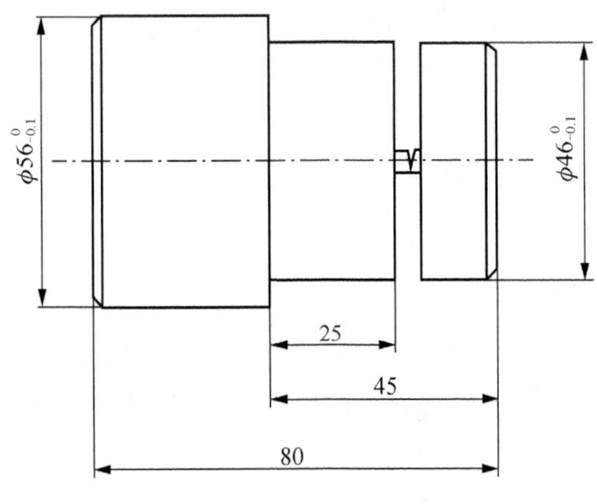

图 6-19　切断训练零件图

(1) 安装刀具，装夹零件，校正夹紧。

(2) 横向进给试切，标记床鞍位置，确定切断距离。

(3) 切断，保证尺寸 25mm。

(4) 退刀，停机。

可以训练用直接法和左右进刀法来实现上述切断，在用高速钢切削的时候，左右反复移动切削时速度不要过快，以免造成偏载断刃。

6.2.6　车削轴类零件综合训练

轴类零件加工非常普遍，为了保证轴的加工精度，方便顶尖定位或螺纹加工，通常需要在轴端首先钻中心孔。

1. 中心孔

钻中心孔配备有专门的钻头，国标规定中心孔的形式有四种：A 型(不带护锥)、B 型(带护锥)、C 型、D 型，中心孔以底部圆柱孔直径 d 为基本尺寸。图 6-20 所示为 A 型和 B 型中心孔。

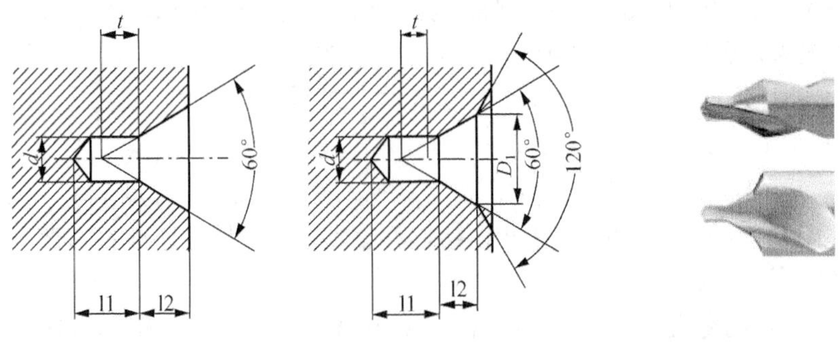

图 6-20　A 型和 B 型中心孔

(1)A 型中心孔。圆锥孔锥角 60°，不带护锥，与机床尾座顶尖的锥面配合，起定心和支撑作用。该型中心孔不适合多次装夹或不保留中心孔的工件。

(2)B 型中心孔。与 A 型比较，在端部多了一个 120°的圆锥孔，其作用是保护 60°锥孔的表面不在加工中损坏，适合多次装夹。

2. 中心钻安装

(1)选用要求的钻头。

(2)将钻头装入钻夹头中，并用钥匙拧紧。

(3)用左手握住钻夹头外套部位，沿轴线方向，用力将钻夹头锥柄部推向车床尾座套筒锥孔中即可。若两个锥孔不吻合，可以借助过渡锥套。

3. 典型轴类零件加工

如图 6-21 所示零件，形状较简单，为一般用途的轴。零件结构工艺分析后发现其有三个台阶面，两个槽，三个外圆面，直径处精度达图纸要求。由于轴比较长，加工精度又高，因此必须考虑顶尖支撑定位，并分粗、精加工两个步骤进行，车槽可放在精车以后。

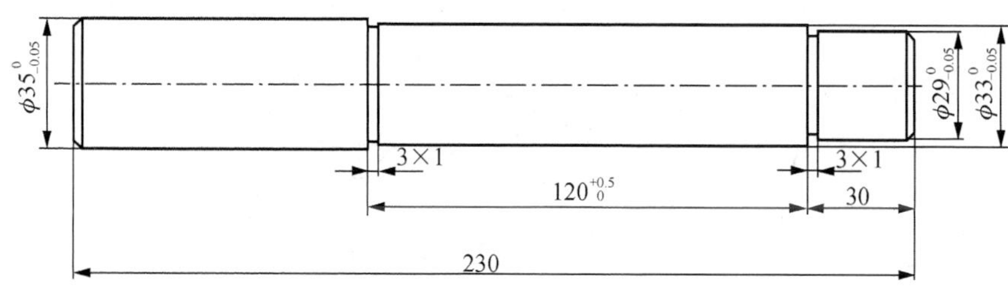

图 6-21　综合车削零件图

1)准备工作

(1)准备 90°偏刀、切槽刀(主切削刃长度小于 3mm)和 45°弯头偏刀。

(2)安装刀具，并校准高度。

(3)装夹毛坯，考虑到要钻中心孔，则毛坯伸出夹具的距离控制在 40mm 左右，校正后夹紧。

(4)设置好合适的主轴转速。

2)粗车加工

(1)车端面，钻中心孔 A2.5。

(2)粗车外圆ϕ36mm×25mm。退刀，停机。

(3)调头工件，夹持ϕ36mm 外圆，校正后夹紧。

(4)车端面，保证整件长度 230mm。

(5)钻中心孔 A2.5。

(6)后顶尖实现一夹一顶装夹工件，粗车外圆至ϕ36mm。

(7)从右端开始，粗车外圆至ϕ29.5mm，长度 29.5mm。

(8)接着，车ϕ33.5mm 外圆，长度 119.5mm。

3)精车加工

(1)调头工件，一夹一顶装夹工件，校正后夹紧。

(2)精车外圆至ϕ35mm 及精度要求，倒角 C1。

(3) 再次调头，一夹一顶装夹工件，校正后夹紧。

(4) 车外圆至ϕ29mm 及精度要求，长度 30mm，倒角 C1。

(5) 车外圆至ϕ33mm 及精度要求，长度 120mm。

4) 切槽

车图纸要求的两处矩形外沟槽 3mm×1mm 至要求。

6.2.7　车外圆锥面

车外圆锥面的方法主要有转动小滑板法、偏移尾座法、仿形法和宽刃刀法。本书主要介绍转动小滑板法。如图 6-22 所示，当工件锥角为 a 时，可将小滑板沿逆时针旋转圆锥半角 $a/2$，移动小滑板行走的轨迹与工件圆锥水平投影面内的素线平行。

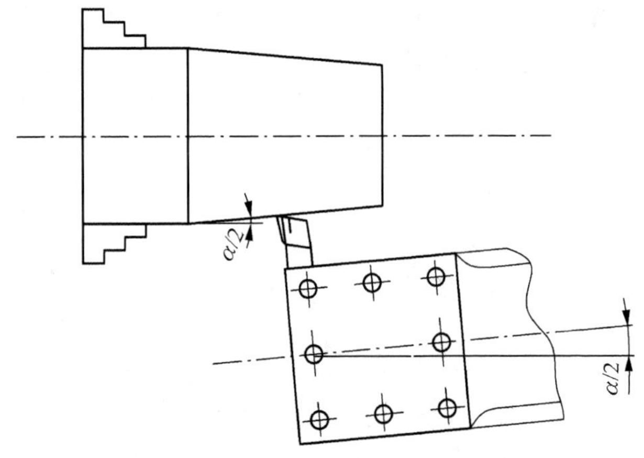

图 6-22　转动小滑板法

转动小滑板法可车削外圆锥和内圆锥，也可车削大锥角，可以根据工件要求灵活多变，调整锥角，但是由于是手控，加工精度不高，表面质量不好保证，而且不适合较长的圆锥面加工。

(1) 首先判断加工的外圆锥的类型，如圆锥大端靠近主轴，而小端靠近尾座的称为顺锥，相应加工时小滑板应该逆时针转动以配合。如圆锥小端靠近主轴，而大端靠近尾座的称为逆锥，相应加工时小滑板应该顺时针转动以配合。

(2) 小滑板转动的角度为加工外圆锥角度的 1/2。车削常用的对应标准可以查找相关工具书，如表 6-1 列出部分对应数据。

表 6-1　外圆锥度与小滑板转角对应表

锥度	小滑板转动角度	锥度	小滑板转动角度
120°	60°	1∶100	0°17′11″
90°	45°	莫氏锥度 1#	1°25′43″
30°	15°	莫氏锥度 2#	1°25′50″
1∶3	9°27′44″	莫氏锥度 3#	1°26′16″
1∶10	2°51′45″	莫氏锥度 4#	1°29′15″
1∶20	1°25′56″	莫氏锥度 5#	1°30′26″

(3) 车刀的安装要确保刀尖严格对准工件回转中心，否则加工出来的圆锥素线为双曲线。

(4) 手动进给要尽量保持均匀，否则加工的工件表面粗糙度较大。

(5) 旋转小滑板时要先把小滑板下面转盘上两个螺母松开，调整好角度以后，要拧紧。

(6) 由于锥角不是整数，因此小滑板的调节无法精确，因此只能首先通过目测，然后再通过试切来进行找正。

如图 6-23 所示零件，莫氏 4#锥度，毛坯为 45#钢，尺寸ϕ55mm×125mm。

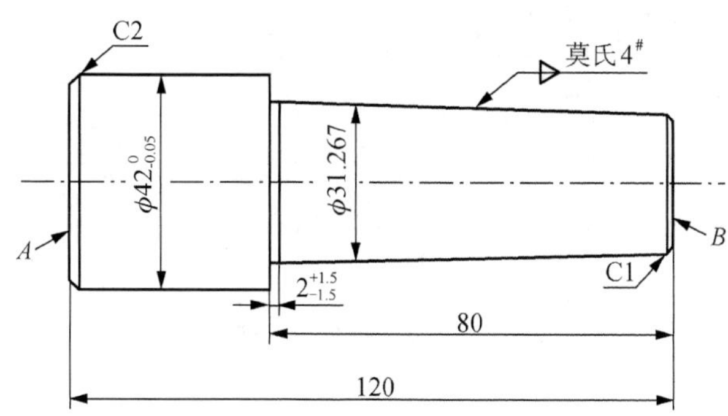

图 6-23　车外圆锥训练零件图

1) 准备工作

(1) 选用 90° 偏刀和 45° 偏刀。

(2) 三爪卡盘装夹毛坯，伸出长度 50mm 左右，校正并夹紧。

2) 加工

(1) 车端面，粗、精车ϕ42mm 外圆，长度大于 40mm，倒角 C2。

(2) 调头。装夹ϕ42mm 外圆，伸出长度 85mm 左右，校正并夹紧。

(3) 车端面，保证工件整长 120mm。

(4) 车外圆ϕ32mm，长 80mm。停机。

(5) 小滑板逆时针转动 1°29′15″，开机。移动中滑板和小滑板使刀尖接触到外圆面，并标记中滑板位置。

(6) 向后退出小滑板，将这个位置作为粗车起始位置。

(7) 按尺寸对中滑板刻度要求调整进给量，中小滑板配合，进给均匀不间断地完成。

(8) 用标准量规进行锥度检测，并调整。

(9) 精车外圆锥面至尺寸要求。

(10) 倒角 C1。

6.2.8　车三角形螺纹训练

提示：对于初学者，车螺纹必须在专业指导人员的指引下进行，以免发生安全事故。

1. 知识准备

1) 三角形螺纹刀的准备和安装

刃磨获得所需的 60° 刀尖角的三角形螺纹刀，准备车制外螺纹，如图 6-24 所示。

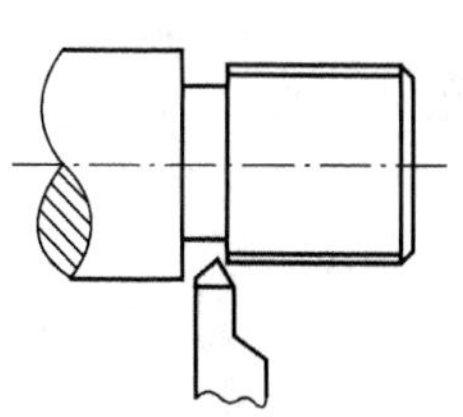

图 6-24　车制外螺纹

保证刀具的主副后角在 6°左右，前角为 5°～15°，刀尖磨圆弧角，刀尖角 60°，刀尖角可用专用的样板牙检查并修正，如图 6-25 所示。

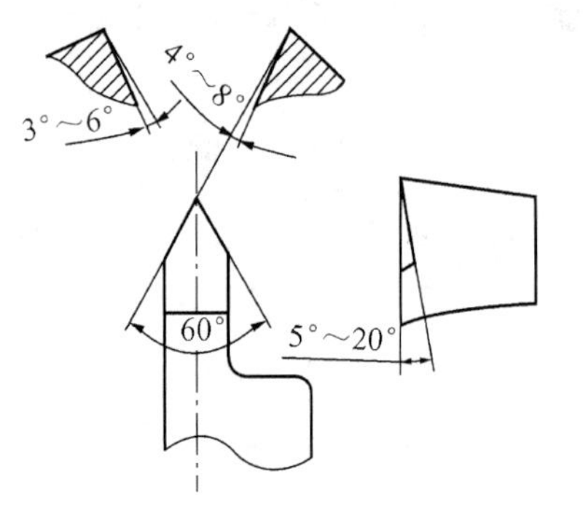

图 6-25　外螺纹车刀和样板牙

2) 车刀安装

(1) 刀尖高度必须对准工件的回转中心。

(2) 用螺纹样板牙套与车刀对啮，进行透光检查，以免车刀装得不正。

(3) 车刀伸出不要过长，为刀杆厚度的 1.5 倍左右，且夹紧要稳固，以免振动。

3) 主轴、进给箱档位调整

车削加工时，大部分时候用到的是光杠进行自动进给，而在加工螺纹时，就必须使用丝杠，而丝杠的自动进给速度很快，如用高速钢车刀切制时，主轴转速一般控制在 150r/min 以下，用硬质合金钢车刀切制时，主轴转速一般控制在 400r/min 以下。因此，要求操作者注意力高度集中。

加工螺纹前应首先从进给箱上找到相应切制螺纹的参数，并把手柄打到相应的位置，尤其是要将手柄扳到丝杠进给档位，有些还需要调整交换齿轮，作为初学者，这项工作应在指引下完成。

4) 尺寸的确定

如果要在零件上切制 M30×2 的螺纹，则有几个关键参数需要确定。

(1) 切制螺纹处的零件实际加工直径 D。

$$D = d - 0.13P = 30 - 0.13 \times 2 = 29.74\,(\text{mm})$$

(2) 螺纹深度 h。

$$h = 0.65P = 0.65 \times 2 = 1.3\,(\text{mm})$$

(3) 中滑板进给格数 n。如果中滑板每一格为 0.04mm，则螺纹深度 h，中滑板横向进给的格数 n 应该为

$$n = h/0.04 = 32.5 \text{ 格}$$

切制好的螺纹应该用专用的环规(包括过规和止规)进行检测，以顺利通过过规，而无法通过止规为准。

5)是否切制退刀槽

一般来说，车削螺纹时应先切制退刀槽，槽底直径应小于螺纹小径，宽度为(2～3)P。

如果不用退刀槽的螺纹，则需要在螺纹终止处预先刻出一条线，当车刀切制到该线处时，迅速横向退刀，并关闭开合螺母，使螺纹收尾在 2/3 圈之内。

6)车削次数和要求

螺纹车削不是一次完成的，而是通过数次进给已达到螺纹深度。试切时，中滑板进给一格，在工件上切出螺纹痕迹，以进行测量比对。正式切削时，背吃刀量由大到小，工程上低速切削可以分 10 次左右进行深度进给，而高速切削可以分 3～7 次进行深度进给，直至切削出要求的螺纹深度，并用量规检测合乎要求即可。

对于初学者，主轴转速不宜过高，要特别注意中滑板的进给格数，进给错误会导致刀刃崩坏，所以退刀的位置要尽量靠近螺纹端部，进给时有利于观察进给量是否正确。

7)螺纹切制方法

开合螺母法和倒顺车法是切制螺纹的两种基本方法。

开合螺母法是通过床鞍右侧的开合螺母启闭操作进行自动进给切制和停止的，倒顺车法是通过车床操作杆向上拉或向下拉来使主轴正反转，以实现自动切制和手动退刀后的车刀的自动返回，两种方法都需要操作者快速反应，动作果断。

2. 车削三角形螺纹

如图 6-26 所示为外螺纹训练零件图，毛坯为 45#钢，尺寸为ϕ50mm×120mm，切制螺纹标准为 M30×2。

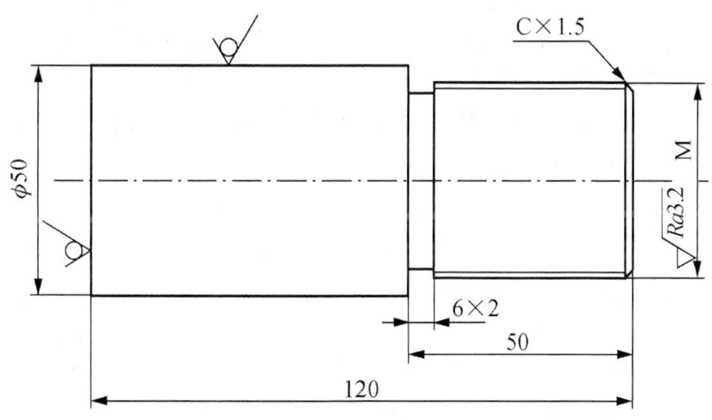

图 6-26　外螺纹训练零件图

1)准备工作

(1)选用 90° 偏刀、45° 偏刀和 60° 刀尖角螺纹刀，各刀刀尖都必须与工件轴心对齐并等高，校正并夹紧。尤其是螺纹刀安装，还必须使用样板套牙进行校准。

(2)三爪卡盘装夹毛坯，伸出长度 70mm 左右，校正并夹紧。

2)加工

(1)车端面，粗、精车ϕ45mm 外圆至精度要求，长度大于 70mm。

(2) 调头。装夹ϕ45mm 外圆，伸出长度 70mm 左右，校正并夹紧。

(3) 车端面，保证工件整长 120mm。

(4) 粗、精车ϕ29.74mm 外圆至精度要求，倒角 C1.5。

(5) 切槽 6×2mm。

3) 加工螺纹

(1) 选用 60° 刀尖角的螺纹刀，档位开关上扳动到丝杠传动进给。

(2) 试切。左右手配合移动滑板，使刀尖轻触外圆面，标记中滑板起始位置。向右退出。再闭合开合螺母，一旦见到刀尖进入退刀槽内即时松开开合螺母，停止进给。横向退刀 1～2 圈，再向右移动退刀到工件端部。检查螺纹形状是否符合要求。

(3) 粗、精车螺纹，分别按进给深度 10 格、6 格、5 格、4 格、3 格、3 格、1 格进行切制，具体操作过程同步骤(2)。注意，要特别留意进给深度是否因为退刀时中滑板的回转圈数而造成读数误差，因此，每一次加工前，最好能够目测刀尖与工件的位置情况。

(4) 用环规检测螺纹加工的精度，决定是否需要调整进给深度。

(5) 合格后，退刀，停机，取下零件。

注意，车削过程中或刚切制完时，切勿用手去摸螺纹，以免伤手。

6.2.9 工艺卡的制作

在制作工艺卡之前，需要先了解工艺、工序、工步这三个概念。

工艺，有人解释为“做工的艺术”，即工艺既是一种方法，也是一个过程。就机械制造而言，工艺应该是泛指将劳动者运用工具将毛坯加工成为产品或零件的方法和过程。可以看出，对于不同的生产环境、不同的地域特点、不同的硬件条件，即使加工同一个零件，工艺也并不唯一，这种不确定性和不唯一性使得工艺有了好坏之分。例如，加工一个零件，用数控机床和普通机床加工，其精度和成本就会有很大的区别。作为工程师，需要考量经济性、可靠性、灵活性、通用性等特征，以制定出符合生产技术要求的零件加工工艺路线。

工序是产品制造过程中的基本环节，也是构成生产的基本单位。即一个或一组工人，在一个工作地点对同一个或同时对几个工件进行加工所连续完成的那部分工艺过程，称为工序。比如，齿轮加工工艺包含车床加工工序、键加工工序、滚齿工序、热处理工序等，即使相同的产品也可以用不同工序的排列去组成不同的工艺。

因此，工序又可分成若干工步。加工表面不变、切削刀具不变、切削用量中的进给量和切削速度基本保持不变的情况下所连续完成的那部分工序内容，称为工步。比如，加工阶梯轴的不同直径的外圆面，就是同一工步。如果要在轴的端面钻孔或者车螺纹(只要涉及装卸刀具或者工件)就涉及多个工步。

工艺卡片则可以用来记录这种加工路线，卡片中包含本工序加工图、加工刀具、测量量具、设备、定位等。工艺卡一般为表格形式，图文并茂，文字简洁，方便工人使用。因此，工艺卡不仅可以提高生产效率，还能规范生产。卡片里面应该包含着使用什么方式和工具去生产产品，使用何种加工参数，并且各加工方法之间的顺序流程等。

表 6-2 和表 6-3 分别为阶梯轴类综合零件和榔头手把的加工工艺卡示例。

表6-2　机械加工工艺卡片（一）

工程训练中心	机械加工工艺卡片	零部件图号				共　页
		零部件名称	阶梯轴			第　页
材料牌号　铝	毛坯种类　棒料	毛坯外形尺寸	$\phi 25\times145$			备注
工步	工序内容	切削用量				工序简图
		切削深度/mm	刀具类型	每分钟转数或往返次数	进给量/(mm/r)	
1	夹住$\phi 25$mm毛坯外圆，工件伸出长度为65mm，车平端面	≤0.5	外圆车刀	500～700	0.12～0.36	65
2	车外圆至$\phi 240_{-0.20}$mm，长度为55mm	≤1	外圆车刀	500～700	0.28～0.55	$\phi 24^{0}_{-0.20}$　55
3	车外圆至$\phi 20$mm，长度为44mm	≤1	外圆车刀	500～700	0.28～0.55	$\phi 20^{0}_{-0.20}$　44
4	车外圆至$\phi 200_{-0.10}$mm，长度为17mm	≤1	外圆车刀	500～700	0.28～0.55	$\phi 12^{0}_{-0.20}$　17

续表

工步	工序内容	切削用量				工序简图
		切削深度/mm	刀具类型	每分钟转数或往返次数	进给量/(mm/r)	
5	加工凹槽至 4×1		切槽刀	400～500	0.12～0.36	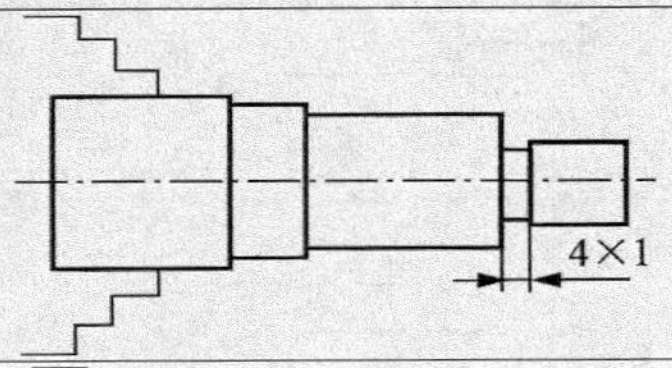 4×1
6	小溜板转动 7° 车圆锥	≤2	外圆车刀	500～700	0.28～0.55	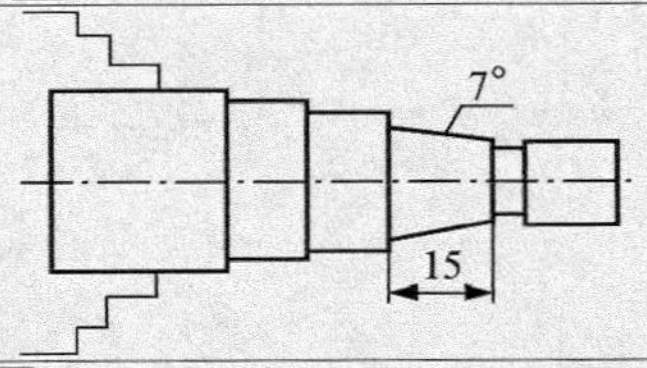 7°, 15
7	倒角 1×45°		外圆车刀	500～700		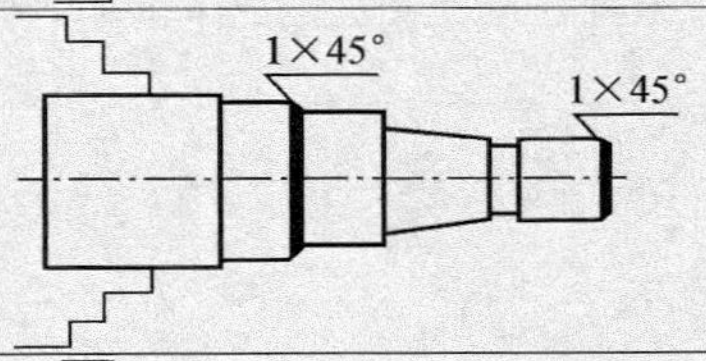 1×45°, 1×45°
8	切断，保证总长为 50.5mm		切槽刀	400	0.12～0.36	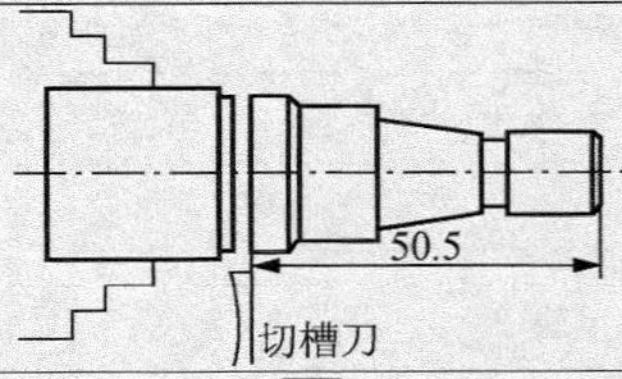 50.5, 切槽刀
9	调头安装，夹住 $\phi 200_{-0.20}$ mm 外圆，找正，车端面，保证总长 50±0.1，倒角 1×45°	≤0.5	外圆车刀	500～700	0.12～0.36	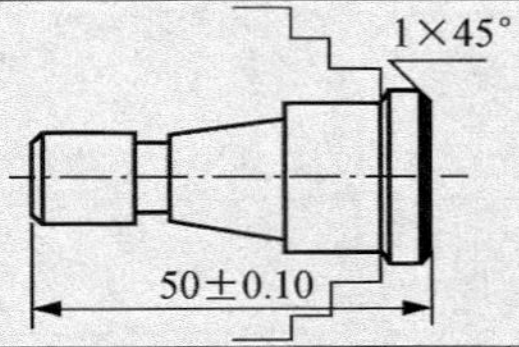 1×45°, 50±0.10

										编制（日期）	审核（日期）	标准化（日期）	会签（日期）
标记	处数	更改文件号	签字	日期	标记	处数	更改文件号	签字	日期				

表 6-3　机械加工工艺卡片（二）

工程训练中心	机械加工工艺卡片	零部件图号				共　页
		零部件名称	榔头钯			第　页
材料牌号 45#	毛坯种类 棒料	毛坯外形尺寸	ϕ16×182			备注
工步	工序内容	切削用量				工序简图
		切削深度/mm	刀具类型	每分钟转数或往返次数	进给量/(mm/r)	
1	夹住ϕ16mm 毛坯外圆，工件伸出长度为 25mm，车平端面	≤0.5	90° 外圆车刀	500～700	0.012～0.036	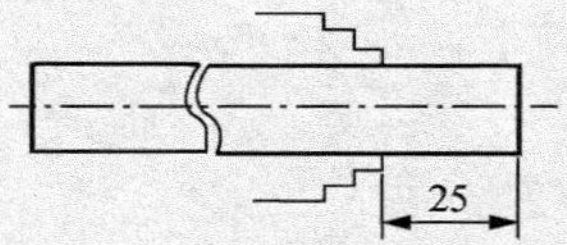
2	钻中心孔		中心钻	700～800		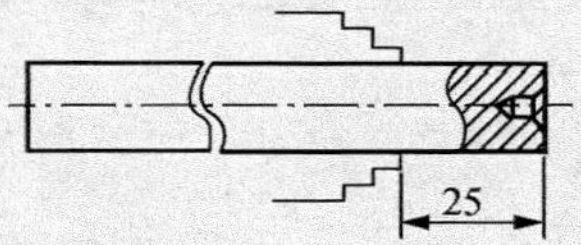
3	车外圆至 $\phi10_{-0.20}^{-0.10}$ mm，长度为 17mm	≤1	90° 外圆车刀		0.028～0.056	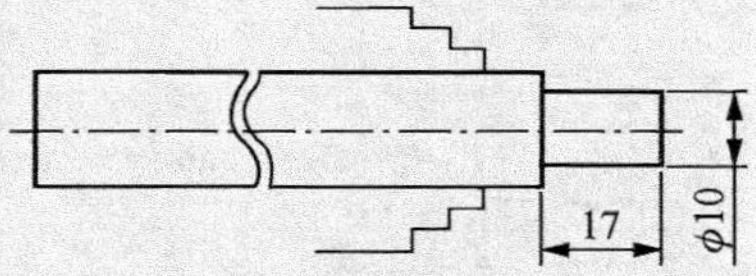
4	倒角 2×45°		45° 外圆车刀			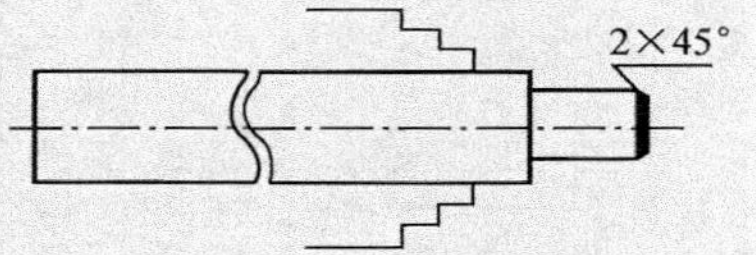
5	攻丝 M10		板牙	30～40		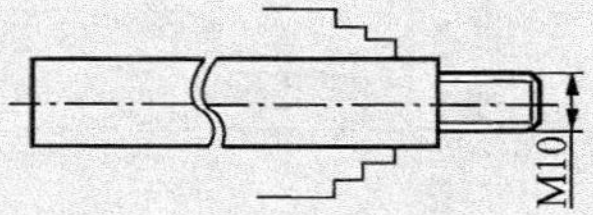

续表

工步	工序内容	切削用量				工序简图
		切削深度 mm	刀具类型	每分钟转数或往返次数	进给量/(mm/r)	
6	夹住ϕ16mm 外圆，顶尖顶右端面，工件伸出长度为150mm，车外圆至ϕ14mm	≤1	90° 外圆车刀	500～700	0.028～0.056	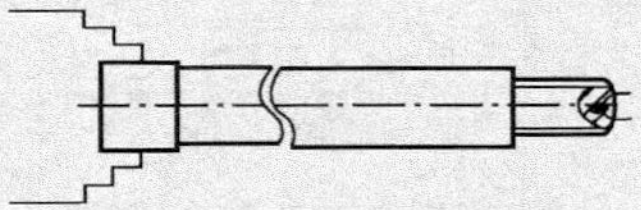
7	装夹如上，车圆锥面，保证小头尺寸ϕ10mm					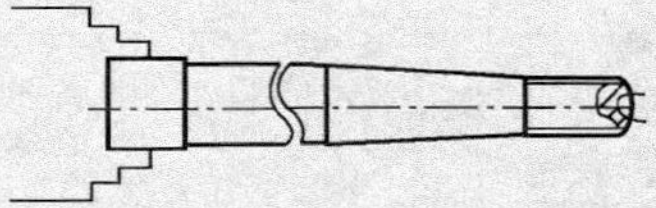
8	调头装夹ϕ13mm 外圆，车外圆，车端面，保证总长180mm					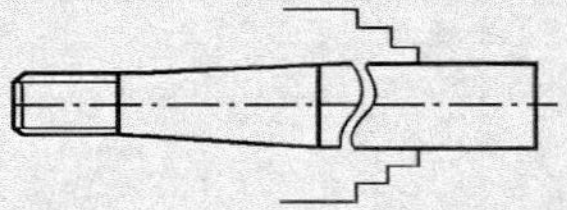
9	车斜面					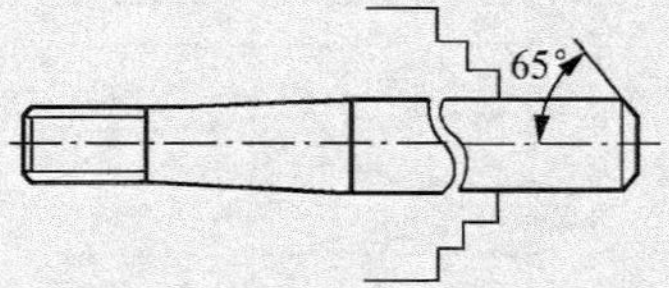 65°

											编制（日期）	审核（日期）	标准化（日期）	会签（日期）	
标记	处数	更改文件号	签字	日期	标记	处数	更改文件号		签字	日期					

思考和练习

1. 何为切削三要素？各要素对零件加工表面质量和精度的影响？

2. 辅助平面下车刀几何角度的定义，以及各角度对零件加工的影响？

3. 常用切削刀具的材料有哪几种？碳素工具钢适用于做哪些刀具？哪种刀具耐热性能最好？比较高速钢和硬质合金在性能上的主要区别及应用。

4. 车刀安装要注意哪些问题？

5. 工件安装定位有哪些装夹方式，各有什么特点？

6. 车床上可以完成哪些类零件的加工？

7. 粗加工、精加工、切削用量三要素的值在选取上有何区别？

8. 用切槽刀切制较宽的槽可用什么进给方法？

9. 车削螺纹时，产生扎刀是什么原因？

10. 切屑的种类有哪些？

第 7 章　铣销、刨削和磨削

教学提示　铣削加工是在铣床上利用铣刀的旋转和工件的移动对工件进行切削加工的工艺过程，是一种生产率较高的平面、沟槽和成型面的加工方法。刨削加工是在刨床上用刨刀对工件作水平相对直线往复运动的切削加工方法，主要用于零件的外形加工。磨削加工是在磨床上用磨具(砂轮、油石等)作为切削工具，对工件表面进行切削加工，是机械零件的精密加工方法。

教学要求　掌握铣削、刨削和磨削加工的基本知识，如加工方法、特点，机床的结构、传动原理、操作方法，刀具的结构特点、装夹方法和常用的机床附件的功用。

7.1　铣　　削

7.1.1　铣削概述

1. 铣削加工

铣削是指使用旋转的多刃刀具切削工件，是一种高效率的加工方法。铣削加工对象包括平面(水平面、垂直面、斜面)、沟槽(直角槽、键槽、V 形槽、燕尾槽、T 形槽、圆弧槽)、成形面、孔(钻孔、扩孔、铰孔、铣孔)和分度工作等。

2. 铣削工艺

1)铣削加工的切削用量

铣削用量的选择对提高铣削的加工精度、改善加工表面质量和提高生产率有密切的关系。铣削时的铣削用量由铣削速度、进给量、铣削宽度及铣削深度四个要素(图 7-1)组成。

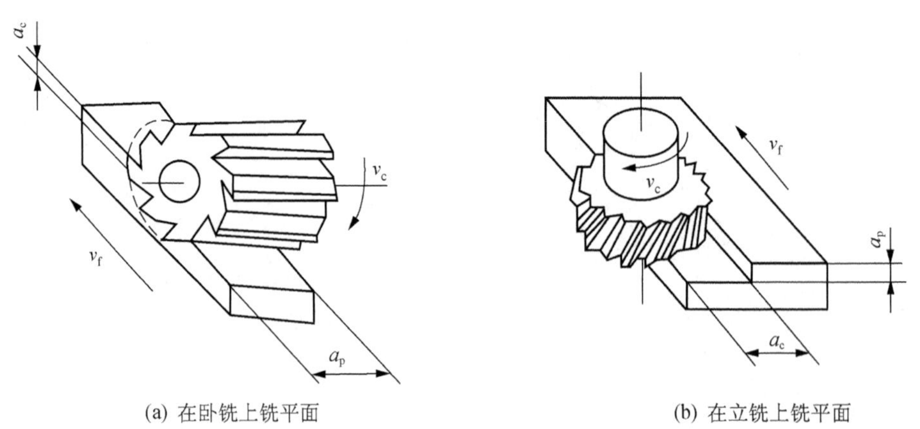

(a) 在卧铣上铣平面　　(b) 在立铣上铣平面

图 7-1　铣削运动和铣削用量

(1)铣削速度。铣削速度是指铣削时切削刃上选定点在主运动中的线速度，通常以切削刃上离铣刀轴线距离最大的点在1min内所经过的路程表示，单位为m/min。

$$v_c = \pi dn / 1000$$

式中，v_c为铣削速度，m/min；d为铣刀直径，mm；n为铣刀(或铣床主轴)转速，r/min。

(2)进给量f。进给量是指铣刀在进给运动方向上相对工件的单位位移量。由于铣刀为多刃刀具，按照单位时间不同，有以下三种度量方法。

每转进给量f (mm/r)：铣刀每回转一圈，工件对铣刀沿进给方向移动的距离。

每齿进给量f_z (mm/z)：铣刀每转过一个刀齿，工件对铣刀沿进给方向移动的距离。

每分钟进给量v_f (mm/min)：指工件对铣刀沿进给方向每一分钟移动的距离。

上述三者的关系为

$$v_f = fn = f_z Zn$$

式中，n为铣刀转速，r/min；Z为铣刀齿数。

(3)铣削宽度a_c。铣削宽度是指在垂直于铣刀轴线方向和工件进给方向上测得的铣削层尺寸(铣削层是指工件上正被刀刃切削的那层金属)，单位为mm。

(4)铣削深度a_p。铣削深度是指在平行于铣刀轴线方向上测得的铣削层尺寸，单位为mm。

2)铣削用量的选择原则

铣削用量的选择主要考虑工件的加工精度、铣刀的耐用度和机床的刚性等多个因素的影响。首先选定铣削深度，其次确定每齿进给量，最后确定铣削速度。这样选择是因为铣削速度对刀具耐用度影响最大，进给量次之，铣削深度或铣削宽度影响最小。下面介绍按照加工精度的不同选择铣削用量的一般原则。

(1)粗加工。粗加工余量较大，精度要求不高，应当根据工艺系统刚性及刀具耐用度来选择铣削用量。一般选取较大的铣削深度和铣削宽度，从而使得一次进给尽可能多地切除毛坯余量。在刀具性能允许的条件下应以较大的每齿进给量进行切削，以提高生产率。

(2)半精加工。半精加工时，工件的加工余量一般为0.5～2mm，并且为了抑制积屑瘤，加工时主要降低表面粗糙度值，因此应选择较小的每齿进给量，而取较大的切削速度。

(3)精加工。精加工时，工件的加工余量很小，应当着重考虑刀具的磨损对加工精度的影响，因此宜选择较小的每齿进给量和较大的铣削速度进行铣削。

3. 铣削加工工艺

在铣床上可以进行平面、沟槽、成形面、螺旋槽、钻孔和镗孔等切削加工。

1)铣削平面

在铣床上用圆柱铣刀、立铣刀和端铣刀都可进行水平面的加工。铣平面主要有周铣和端铣两种，如图7-2所示。根据铣刀对工件的作用力在进给方向上的分力与工件进给方向的关系可分为顺铣和逆铣，如图7-3所示。顺铣是指铣刀对工件的作用力在进给方向上的分力与工件进给方向相同的铣削方法，即同向铣；逆铣是指铣刀对工件的作用力在进给方向上的分力与工件进给方向相反的铣削方式，即反向铣。

2)铣斜面

铣削斜面可以用以下几种方法进行加工。

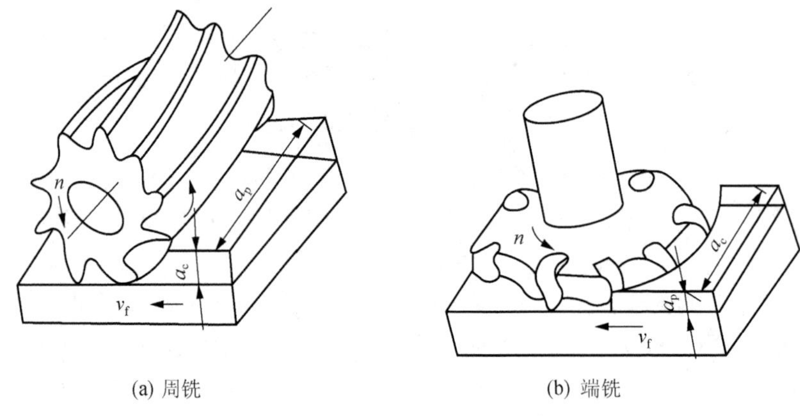

(a) 周铣　　(b) 端铣

图 7-2　铣削平面

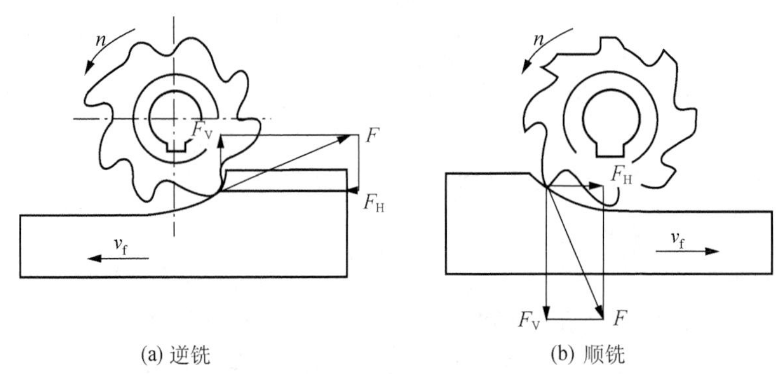

(a) 逆铣　　(b) 顺铣

图 7-3　逆铣和顺铣

(1)将工件倾斜进行铣削。这种方法在卧铣和立铣上都可使用，当铣刀无法实现转动角度时，可以将工件倾斜所需角度后铣削斜面。如图 7-4(a)所示，在零件设计基准的下面垫一块倾斜的垫铁，则铣出的平面就与设计基准面成倾斜位置，改变倾斜垫铁的角度，即可加工不同角度的斜面。

(2)将铣刀倾斜进行铣削。在立铣头可偏转的立式铣床、装有立铣头的卧式铣床、万能工具铣床上均可将端铣刀、立铣刀按要求偏转一定角度进行斜面的铣削，如图 7-4(b)所示。

(3)用角度铣刀直接铣削所需角度的斜面。角度铣刀是指切削刃与轴线倾斜成某一角度的铣刀，如图 7-4(c)适用于铣削宽度不大的斜面。

(4)用分度头铣斜面。这种方法适用于圆柱形和特殊形状的零件的铣斜面，如图 7-4(d)所示。

3)铣沟槽

铣削沟槽可以分为在轴上铣键槽、铣 T 形槽和燕尾槽几种情况。

(1)铣键槽。在轴上开键槽主要有敞开式、半封闭式和封闭式三种。通常，铣削敞开式键槽是使用三面刃盘铣刀或切口盘铣刀在卧铣上进行的。铣削封闭式键槽是使用立铣刀或键槽铣刀在立铣上进行的。

(2)铣 T 形槽。T 形槽在机器零件上经常遇到。例如，铣床和刨床的工作台上用来安放紧固螺栓的槽就是 T 形槽，铣 T 形槽通常分三步，如图 7-5(a)、(b)所示，首先用立铣刀或三面刃铣刀铣出直角槽，然后在立铣上用 T 形槽铣刀铣削 T 形槽，最后再用角度铣刀铣出倒角。需要注意的是，T 形槽铣刀工作时切削量应选得小些，同时应多加冷却液，因为 T 形槽铣刀工作时排屑困难，散发的热量不易释放。

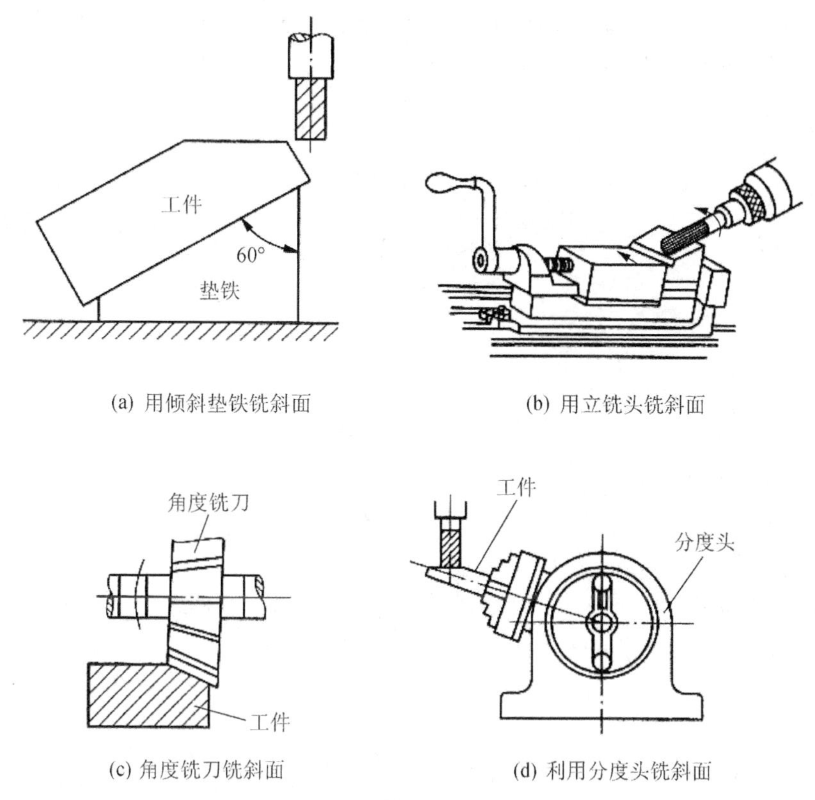

图 7-4　铣斜面的几种方法

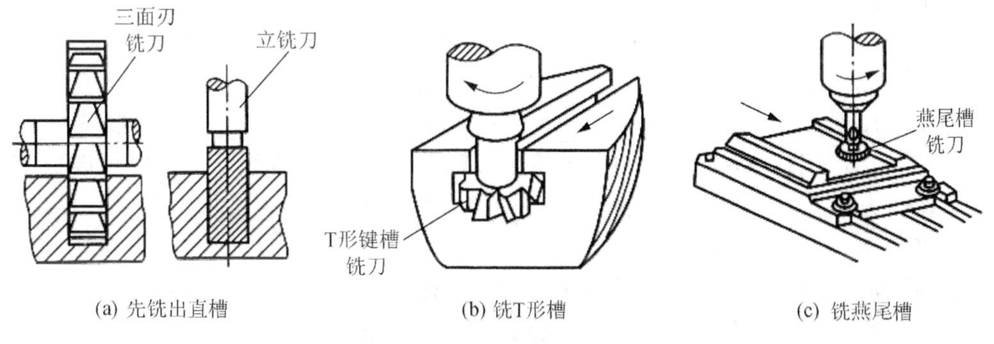

图 7-5　铣 T 形槽和燕尾槽

(3) 铣燕尾槽。燕尾槽是机械零部件联结中广泛采用的一种结构，用来作为机械移动部件的导轨，如铣床床身和悬梁相配合的导轨槽、升降台导轨、车床拖板等。燕尾槽分为内燕尾槽和外燕尾槽，两者相互配合使用。铣燕尾槽与 T 形槽的步骤相同，如图 7-5(c) 所示，也是首先铣出直角槽，然后用带柄的角度铣刀(又称燕尾槽铣刀)铣出燕尾槽。需要注意的是，燕尾槽铣刀刀尖处的切削性能和强度较差，应多加冷却液进行充分冷却，合理排屑并减小铣削力。

4）铣成形面

成形面是指零件的某一表面在截面上的轮廓线由曲线和直线所组成的面。各种成形面常在卧式铣床上用与工件成形面形状相吻合的成形铣刀来加工。如图 7-6 所示，对于要求不高的成形面，可在工件上划线，移动工作台来完成铣曲面。在大批量生产中，可以采用靠钼夹具或专用的靠模铣床来对曲线外形面进行加工。

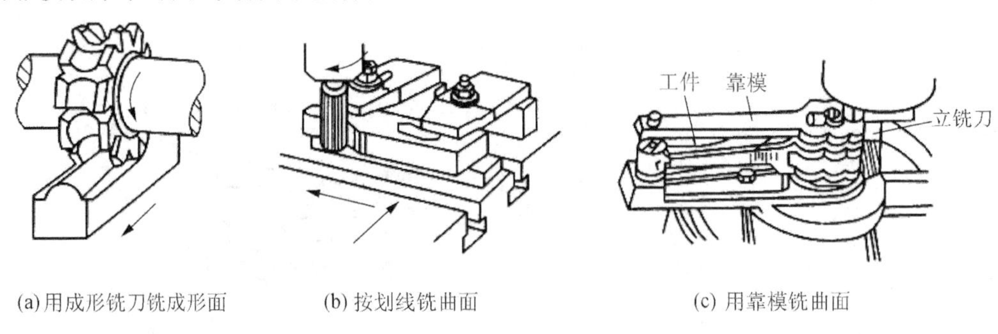

(a) 用成形铣刀铣成形面　(b) 按划线铣曲面　(c) 用靠模铣曲面

图 7-6　铣成形面

4. 铣削工艺特点

生产率较高，铣削速度较高，且无空回行程；加工精度高，铣削加工的尺寸公差等级为 IT8～IT7，表面粗糙度 *Ra* 值为 3.1～1.6μm。铣刀为多齿刀具，每旋转一圈，每个刀齿只铣削一次，切离工件的一段时间内，可以得到一定的冷却，散热条件较好；但是，切入和切出时散发的热和冲击力会加速刀具的磨损，甚至可能引起硬质合金刀片的碎裂，使刀具的寿命下降。

7.1.2　铣床

铣削加工的设备称为铣床。铣床是将毛坯固定，用高速旋转的铣刀在毛坯上走刀，切出需要的形状和特征的机床。铣床除了能铣削平面、沟槽、轮齿、螺纹和花键轴外，还能加工比较复杂的型面。

按照布局形式不同，铣床可以分为以下几类，不同种类的铣床应用的范围也不同。

(1) 升降台铣床：包括万能式、卧式和立式等，主要用于加工中小型零件，应用最广。

(2) 龙门铣床：包括龙门铣镗床、龙门铣刨床和双柱铣床，均用于加工大型零件。

(3) 工作台不升降铣床：这是介于升降台铣床和龙门铣床之间的一种中等规格的铣床。有矩形工作台式和圆形工作台式两种，由于工作台均不可升降，其垂直方向的运动由铣头在立柱上升降来完成。

(4) 其他专用铣床：为加工相应的工件而制造的专用铣床。包括仪表铣床、工具铣床、凸轮铣床、键槽铣床、曲轴铣床、轧辊轴径铣床和方钢锭铣床等。

铣床种类虽然很多，但各类铣床的基本结构大致相同。现以 X6132 卧式万能升降台铣床为例(图 7-7)，介绍铣床的型号、各部分的名称、功用及操作方法。

铣床的型号由表示该铣床所属的系列、结构特征、性能及主要技术规格等代号组成。图 7-8 为 X6132 铣床型号示例。

卧式万能升降台铣床简称万能铣床，是铣床中应用最多的一种。X6132 型铣床具有功率大、转速高、变速范围宽、刚性好、结构可靠、性能良好、加工质量稳定、操作灵活轻便、行程大、精度高、通用性强等特点。X6132 型铣床的传动系统框图如图 7-9 所示。

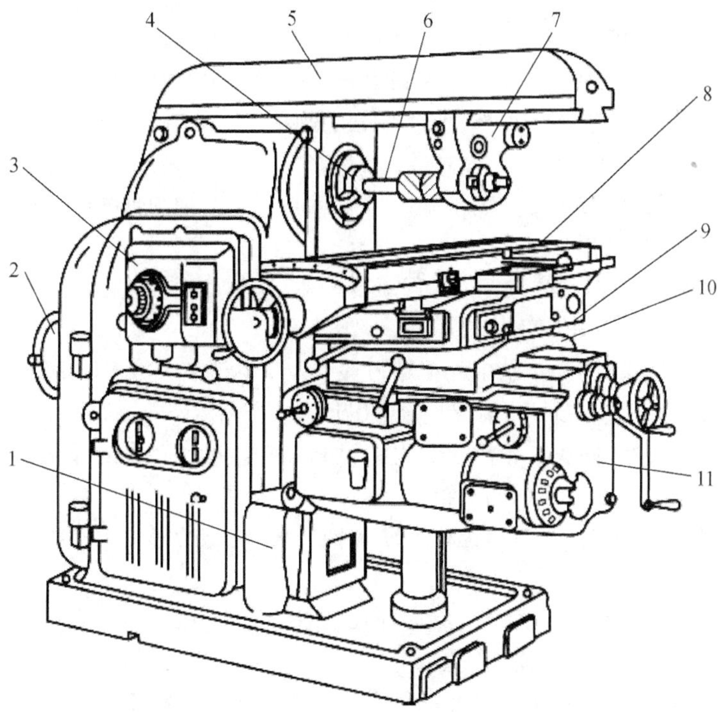

图 7-7　X6132 卧式万能升降台铣床

1-床身；2-电动机；3-主轴变速机构；4-主轴；5-横梁；6-刀杆；7-吊架；8-纵向工作台；9-转台；10-横向工作台；11-升降台

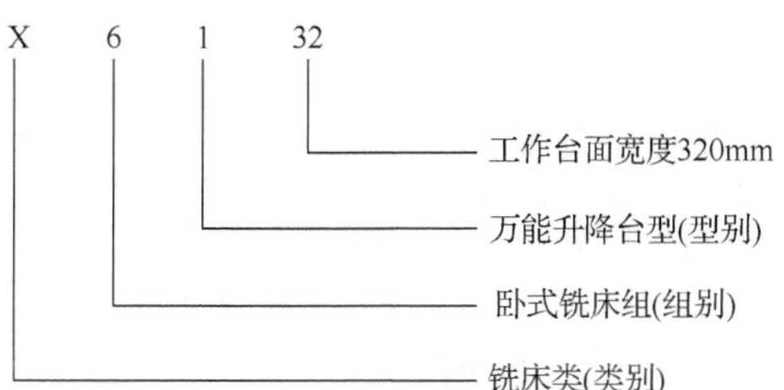

图 7-8　铣床型号示例

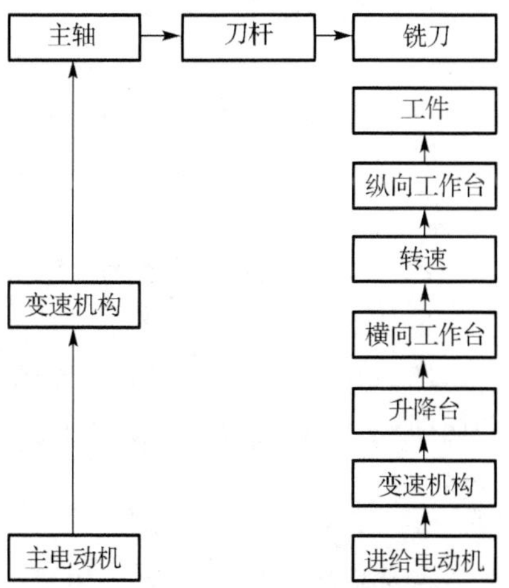

图 7-9　X6132 型铣床的传动系统框图

卧式万能升降台铣床的主要组成部分如下。

(1)床身。床身是铣床的主体，用来固定和支撑铣床上所有部件。床身的前壁有燕尾形的垂直导轨，升降台可沿导轨上下移动。床身内部装有电动机、主轴、主轴变速机构和润滑油泵等。

(2)横梁与吊架。横梁用于安装吊架，吊架上面有与主轴同轴线的支撑孔，用来支撑铣刀轴的外端，增强铣刀轴的刚性。

(3)主轴。主轴是一根空心轴，前端有锥度为 7:24 的圆锥孔，铣刀轴一端安装在圆锥孔中，主轴通过铣刀轴带动铣刀作同步旋转运动。

(4)主轴变速机构。由主传动电动机通过带传动、齿轮传动机构带动主轴旋转，操纵床身侧面的手柄的转盘，可使主轴获得 18 种不同的转速。

(5)纵向工作台。纵向工作台用于装夹夹具和工件，可在转台的导轨上由丝杠带动作纵向移动，以带动台面上的工件作纵向进给。

(6)横向工作台。横向工作台(也称床鞍、横托板)位于升降台上面的水平导轨上，可带动纵向工作台作横向移动。

(7)转台。转台安装在纵向工作台与横向工作台之间，用来带动纵向工作台在水平面内做±45° 的水平调整，以满足加工的需要。

(8)升降台。升降台装在床身正面的垂直导轨上，用来支撑工作台，可使整个工作台沿床身垂直导轨上下移动，以调整工作台面到铣刀的距离。升降台中下部有丝杠与底座螺母连接，铣床进给系统中的电动机和变速机构等就安装在其内部。

7.1.3 铣刀及其安装

1. 铣刀

铣刀是一种多刃刀具，刀齿分布在圆柱铣刀的外圆表面或端铣刀的端面上。常用的铣刀刀齿材料有高速钢和硬质合金两种。在铣削时，铣刀每个刀刃在转动一圈的过程中，只参与一次切削，其余时间处于停歇状态，有利于散热。

铣刀的种类很多，分类方法也很多。按照装夹方法不同分为带孔铣刀和带柄铣刀两大类。带孔铣刀多用于卧式铣床上，带柄铣刀多用于立式铣床上。

1) 带孔铣刀

常用的带孔铣刀有圆柱铣刀、圆盘铣刀、角度铣刀和成形铣刀等，如图 7-10 所示。

(1)圆柱铣刀。又可分为斜齿圆柱铣刀(图 7-10(a))和直齿圆柱铣刀两种，主要用于铣削平面。

(2)圆盘铣刀。如图 7-10(b)所示三面刃盘铣刀，主要用于铣削直角沟槽、台阶和切断等。

(3)角度铣刀。如图 7-10(c)所示角度铣刀，主要用于铣削各种角度的沟槽及斜面等。

(4)成形铣刀。如图 7-10(d)所示成形铣刀，主要用于铣削齿轮或链轮等与刀刃形状对应的成形齿槽。

2) 带柄铣刀

常用的带柄铣刀有立铣刀、键槽铣刀、镶齿端铣刀和 T 形槽铣刀等，如图 7-11 所示。

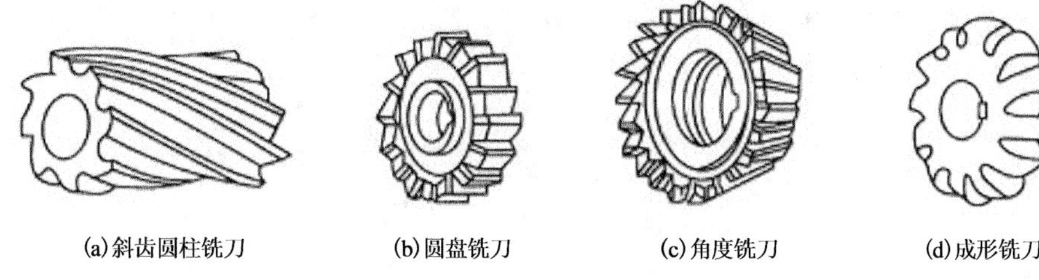

图 7-10　常用的带孔铣刀

(1)立铣刀。如图 7-11(a)所示为立铣刀，主要用于加工沟槽、小平面和台阶等。

(2)键槽铣刀。如图 7-11(b)所示为键槽铣刀，主要用于铣削封闭式和半封闭式键槽等。

(3)镶齿端铣刀。如图 7-11(c)所示为镶齿端铣刀，在刀体上镶有许多硬质合金刀片，主要用于铣削大的平面，生产率较高。

(4)T 形槽铣刀。如图 7-11(d)所示为 T 形槽铣刀，用于加工 T 形槽。

除此之外，还有用于加工燕尾槽和齿槽的燕尾槽铣刀与齿槽铣刀。均属于加工特定形面的铣刀。

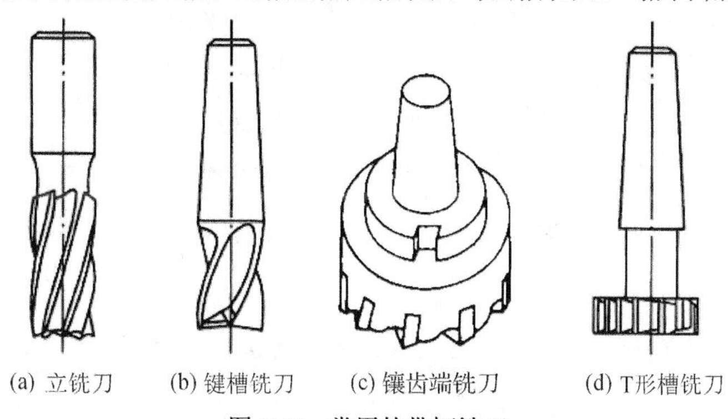

图 7-11　常用的带柄铣刀

2. 铣刀的安装

铣刀的结构不同，在铣床上的安装方法也不相同。铣刀安装是铣削工作的一个重要组成部分，正确安装铣刀，不仅影响加工质量，也影响铣刀的使用寿命。

(1)带孔铣刀的安装。带孔铣刀要用铣刀杆来安装。如图 7-12 所示，安装时，先将铣刀杆锥体的一端插入主轴锥孔，用拉杆拉紧，然后通过套筒调整铣刀的合适位置，刀杆的另一端用吊架支承。安装时，铣刀应尽量靠近主轴或吊架，减少刀杆的变形，保证铣刀有足够的刚度；拧紧刀杆的压紧螺母时，必须先安装吊架，以防刀杆受力弯曲。

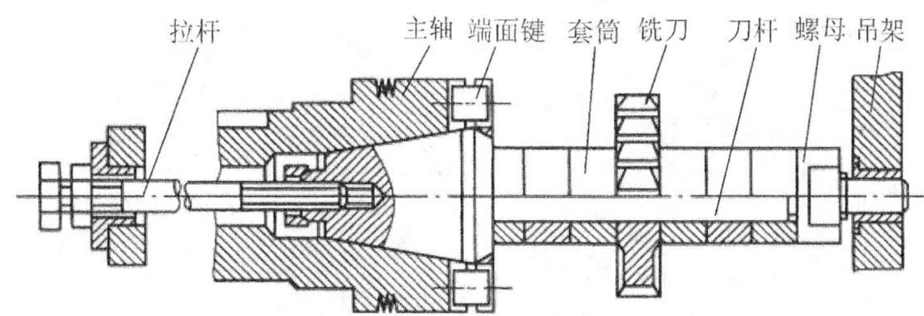

图 7-12　带孔铣刀的安装

(2)带柄铣刀的安装。带柄铣刀分为直柄铣刀和锥柄铣刀两种。如图 7-13 所示，直柄铣刀的直径较小，可以用通用的夹头或弹簧夹头安装在铣床上。锥柄铣刀可以直接装入锥孔，或者采用过渡锥套进行安装后，用拉杆拉紧。

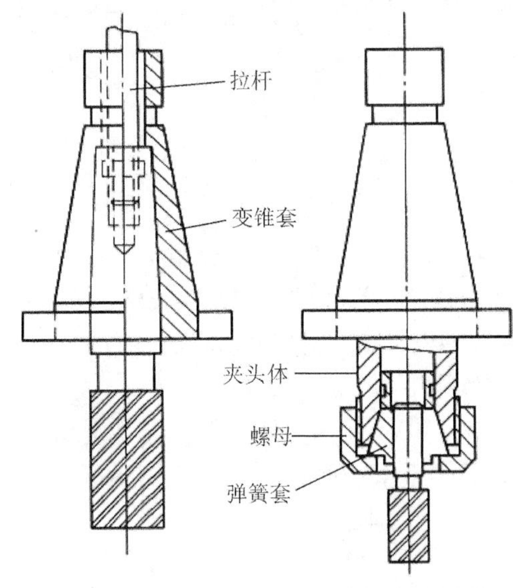

(a) 锥柄铣刀的安装　　(b) 直柄铣刀的安装

图 7-13　带柄铣刀的安装

7.1.4　铣床附件与工件安装

1. 铣床附件

铣床的主要附件有平口钳、回转工作台、分度头和万能铣头，如图 7-14 所示。

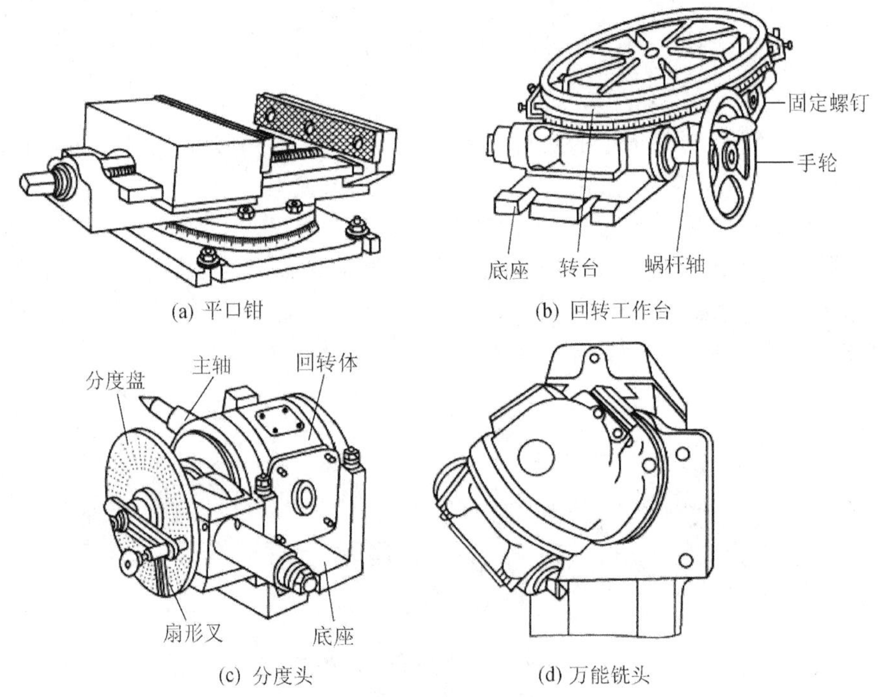

(a) 平口钳　　(b) 回转工作台

(c) 分度头　　(d) 万能铣头

图 7-14　铣床附件

1) 平口钳

平口钳是一种通用夹具，经常用其安装小型工件，铣削长方体工件的平面、台阶面、斜面和轴类工件上的键槽时都可以使用平口钳装夹，平口钳有固定式和回转式两种。使用时应先校正其在工作台上的位置，保证钳口与工作台台面的垂直度和平行度。

2) 回转工作台

回转工作台(也称转盘、平分盘、圆形工作台等)，可分为卧轴式和立轴式两种。它的内部有一套蜗轮蜗杆，摇动手轮，通过蜗杆轴，能带动与转台相连接的蜗轮转动；转台周围有刻度，可用来观察和确定转台位置，拧紧固定螺钉，转台就固定不动；手轮上的刻度盘也可以读出转台的准确位置，从而铣削比较规则的内外圆弧面。回转工作台常用于中小型工件的圆周分度和作圆周进给铣削回转曲面，如圆弧周边、圆弧形槽等。

3) 分度头

分度头主要用于多边形工件、齿轮、花键轴、牙嵌式离合器等圆周分度和螺旋槽的铣削加工。应用最广泛的分度头是万能分度头，其主轴轴线应与工作台台面平行，与刀杆轴线垂直；分度头主轴与后顶尖等高。万能分度头的功用如下。

(1) 能使工件实现绕自身的轴线周期地转动一定的角度，即进行分度。

(2) 利用分度头主轴上的卡盘夹持工件，能使被加工工件的轴线，相对于铣床工作台在向上 90° 和向下 10° 的范围内倾斜成需要的角度，以加工各种位置的沟槽、平面等，如铣圆锥齿轮。

(3) 与工作台纵向进给运动配合，通过配换挂轮，能使工件连续转动，以加工螺旋沟槽、斜齿轮等。

4) 万能铣头

万能铣头主要用来扩大卧式铣床的加工范围，铣头可实现空间转动。在卧式铣床上安装万能铣头，不仅能完成各种立铣的工作，还可根据铣削的需要，使铣头主轴在空间偏转成所需的任意角度。但由于万能铣头的安装工作烦琐，安装后又使铣床的工作空间大幅度减小，所以在一定程度上限制了万能铣头的应用。

2. 工件安装

铣削加工过程中会产生很大的作用力。如果工件夹装不牢固，在切削力的作用下，工件会产生振动，进而使铣刀折断，损坏刀杆、夹具和工件甚至会发生人身事故。铣床上常用的工件安装方法有以下几种。

(1) 用压板和螺栓安装。根据工件的形状和大小，可以直接用压板安装在工作台上，如图 7-15 所示。

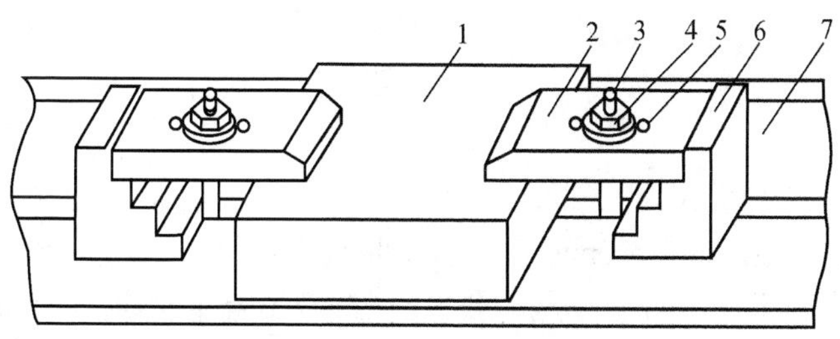

图 7-15　压板和螺栓安装工件

1-工件；2-压板；3-T 形螺栓；4-螺母；5-垫圈；6-台阶垫铁；7-工作台面

(2)用平口钳安装。安装工件时，应使铣削力方向趋向固定钳口方向，如图 7-16 所示。

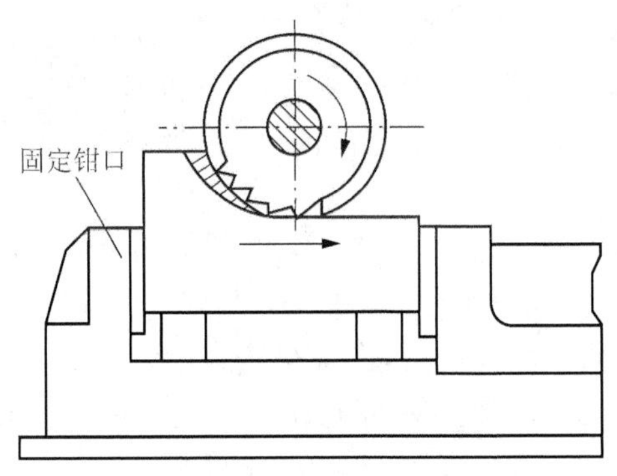

图 7-16 平口钳安装工件

(3)用分度头安装。分度头可以用来安装工件铣斜面，进行分度，以及加工螺旋槽等。安装工件时，可以只用分度头卡盘安装一般工件，也可以用分度头卡盘和尾座顶尖一起安装轴类工件，如图 7-17 所示。

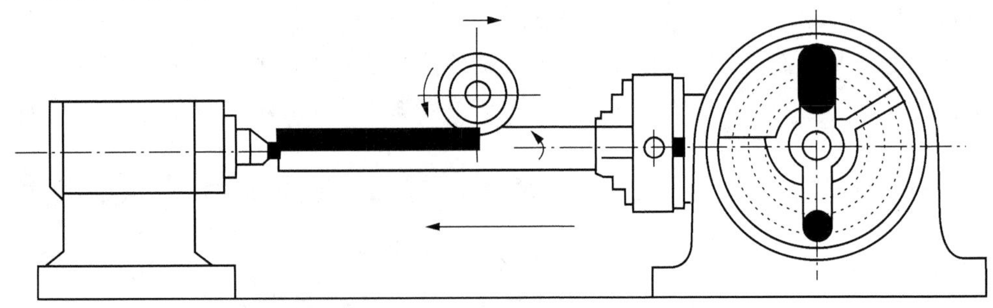

图 7-17 分度头与尾座顶尖安装轴类工件

(4)用专用夹具或组合夹具安装。专用夹具是根据工件的几何形状及加工方式专门设计的工艺设备，可以在通用机床上加工各种形状复杂的工件。组合夹具是由各种形状不同、规格尺寸不同的标准元件组成的，可以根据工件形状和工序要求，装配成各种夹具。使用完毕后，便可拆开、清洗、油封后存放起来，下次需要时再重新组装成其他夹具。

7.1.5 铣削加工工程训练

长方体铣削是很多加工的前步骤，涉及夹紧力、加紧方式以及尺寸、平面度、垂直度的测量，因此长方体的铣削加工在工程训练中是非常实用的。

在 X6132 万能卧式铣床上，采用圆柱铣刀加工如图 7-18 所示的工件，毛坯各加工尺寸余量为 5mm，材料为 HT200。

铣削步骤如下。

(1)装夹并校正平口虎钳。

(2)选择并装夹铣刀(选择ϕ80mm×80mm 圆柱铣刀)。

(3)选择铣削用量根据表面粗糙度的要求，一次铣去全部余量而达到 *Ra*3.2 是比较困难的，因此分粗铣和精铣两次完成。

①粗铣：粗削用量。取主轴 $n = 118\text{r/min}$，进给速度 $v_{\text{f}} = 60\text{mm/min}$，铣削宽度 $a_{\text{e}} = 2\text{mm}$。

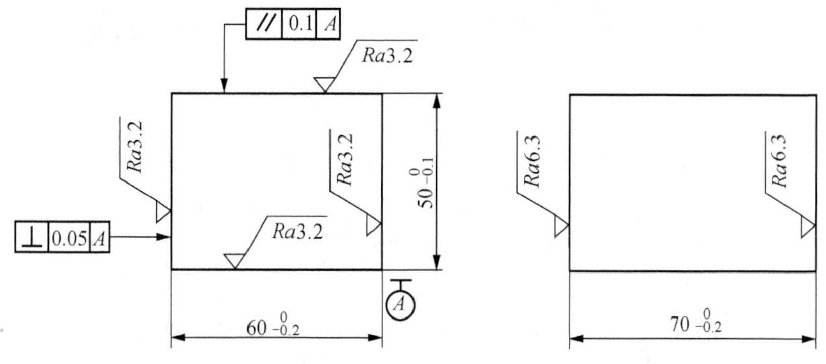

图 7-18　长方体零件

②精铣铣削用置。取主轴转速 $n=118\text{r/min}$ ，进给速度 $v_f=37.5\text{mm/min}$ ，铣削宽度 $a_e=0.5\text{mm}$ 。

(4) 试切铣削在铣平面时，先试铣一刀，然后测量铣削平面与基准面的尺寸和平行度，以及与侧面的垂直度。

(5) 铣削顺序：以 *A* 面为粗定位基准铣削 *B* 面(图 7-19(a))保证尺寸 52.5mm；以 *B* 面为定位基准铣削 *A*(或 *C*)面(图 7-19(b))，保证尺寸 62.5mm；以 *B* 和 *A*(或 *C*)面为定位基准铣削 *C*(或 *A*)面(图 7-19(c))，保证尺寸 $60^{\ 0}_{-0.20}$ mm；以 *C*(或 *A*)和 *B* 面为基准铣削 *D* 面(图 7-19(d))，保证尺寸 $50^{\ 0}_{-0.10}$ mm；以 *B*(或 *D*)面为定位基准铣削 *E* 面(图 7-19(e))，保证尺寸 72.5mm；以 *B*(或 *D*)和 *E* 面为定位基准铣削 *F* 面，保证尺寸 $70^{\ 0}_{-0.20}$ mm。

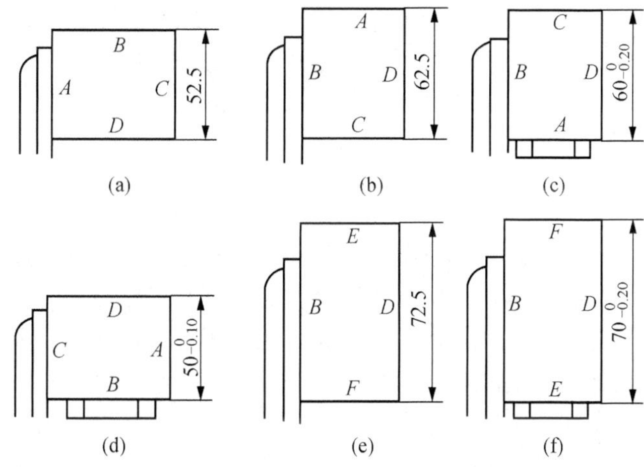

图 7-19　铣削六面体顺序

7.1.6　铣床安全操作规范

铣床在操作工作中要遵循下列安全操作规程。

1．开机前

(1) 检查机床有无异常，在规定部位加注润滑油和冷却液。

(2) 检查各手柄，使自动手柄处于“停止”位置，并把其他手柄处于所需位置。

(3) 先安装好刀具，再装夹好工件。装夹必须牢固可靠，严禁用开动机床的动力装夹刀杆和拉杆。

2. 开机中

(1) 准备铣削加工前，刀具必须离开工件，查看铣刀旋转方向与工件相对位位置，通常采用逆铣工位开机。

(2) 在加工中，若需要进行主轴变速，必须先停车，打开变速操作手柄后选择转速，以适当的速度将操作手柄复位。

(3) 在加工中，若采用自动进给，必须注意行程的极限位置，和铣刀与工件夹具之间的相对位置，避免发生过铣和撞铣夹具事故，确保刀具和夹具的安全。

(4) 在加工中，若需要测量工件，必须先停车，不得用手强行制动惯性转动着的铣刀主轴。

(5) 在加工中，严禁将多余的工件、夹具、刀具、量具等摆在工作台上，以免碰撞、跌落，发生人身和设备事故。

(6) 在加工中，严禁多人同时操作一台机床；因台套数限制，需多人共同操作一台机床时，必须严格分工或分时段操作，不得擅离岗位、闲谈和打闹。

(7) 在工作中，若发生事故，应立即切断电源，保护现场以便进行事故分析。

3. 关机后

(1) 铣削结束后，必须先停车再取下工件，应及时去毛刺，防止拉伤手指或划伤堆放的其他工件。

(2) 铣削结束后，应认真清扫机床、加油，并将工作台移向立柱附近，打扫工作场地，将切屑倒至规定地点。

7.2 刨　　削

7.2.1 刨削概述

在刨床上用刨刀对工件进行切削加工的过程称为刨削加工。刨削加工通常用于加工平面(水平面、垂直面、斜面)、槽(直槽、燕尾槽、T 形槽、V 形槽)及某些特定形状的成形面。

刨削加工是往返运动，但是只用一把刀具在工作行程进行切削，返回行程并不切削，所以刨削加工的生产率较低。由于刨削刀具简单，加工灵活方便，故常常用于单件、小批量生产，或加工狭长的平面。刨削加工精度可达 IT9～IT8 级，表面粗糙度 *Ra* 值为 12.5～3.2μm，用宽刀精刨时 *Ra* 值为 1.6μm。

7.2.2 刨床

刨削加工所使用的设备主要有牛头刨床和龙门刨床。

1. 牛头刨床

牛头刨床的主运动为刨刀直线往复运动，进给运动为工件横向进给运动。牛头刨床是刨削类机床应用最广泛的一种机床，适合刨削长度不超过 1000μm 的中、小型零件，现以 B6065 型牛头刨床为例进行介绍。

1)牛头刨床的型号

刨床的型号由表示该刨床所属的系列、结构特征、性能及主要技术规格等代号组成。图 7-20 所示为 B6065 刨床型号示例。

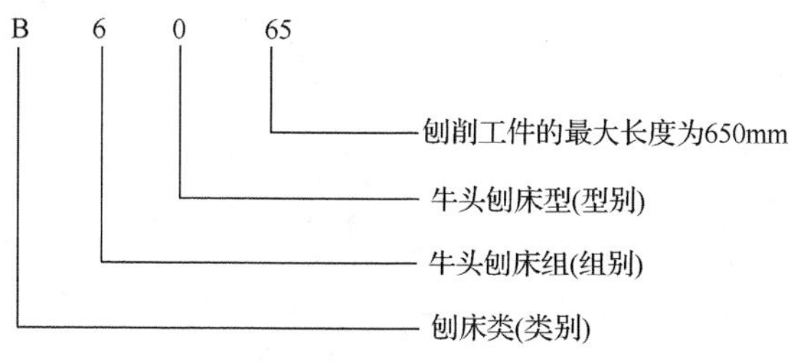

图 7-20 刨床型号示例

2)牛头刨床的组成

如图 7-21 所示，牛头刨床的主要组成部分及作用如下。

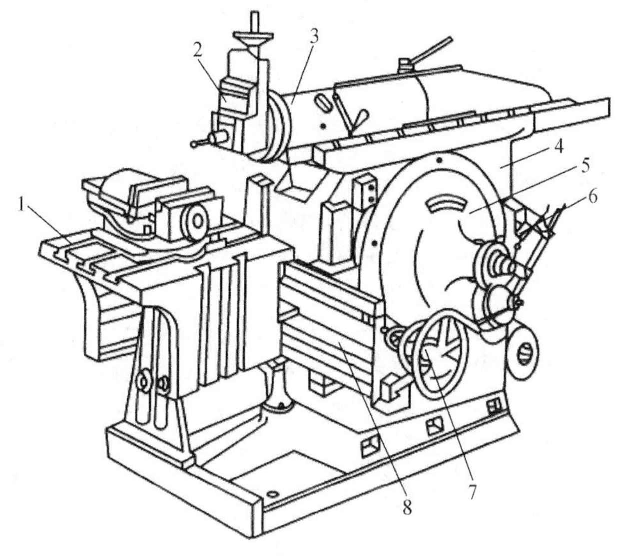

图 7-21 B6065 牛头刨床

1-工作台；2-刀架；3-滑枕；4-床身；5-摆杆机构；6-变速机构；7-进刀机构；8-横梁

(1)床身。床身用于支撑和连接刨床的各部件，其顶面导轨供滑枕作往复运动，侧面导轨供横梁和工作台升降。床身是一个箱形铸铁壳体，床身内部有主运动变速结构和摆杆机构。

(2)工作台。工作台用于安装工件，可随横梁上下调整，并可沿横梁导轨横向移动或横向间隔进给。

(3)刀架。刀架用来夹持刨刀，并可做竖直或斜向进给。如图 7-22 所示，扳转刀架进给手柄 5 时，滑板 4 即可沿刻度转盘 6 上的导轨带动刨刀作竖直进给。滑板 4 须斜向进给时，松开刻度转盘 6 上的螺母，将转盘 7 扳转所需角度即可。滑板 4 上装有可以偏转的刀座 3，刀座 3 上的抬刀板 2 可绕轴向上转动，从而使得刨刀在返回行程时离开零件已加工表面，减少刀具与零件的摩擦。

(4)滑枕。用于带动刀架沿床身水平导轨作往复直线运动，此运动为刨削加工的主运动。

滑枕往复直线运动的快慢、行程的长度和位置，均可根据加工需要调整。

(5)横梁。横梁装在床身前侧的垂直导轨上，横梁可带动工作台升降，工作台还可沿横梁移动。

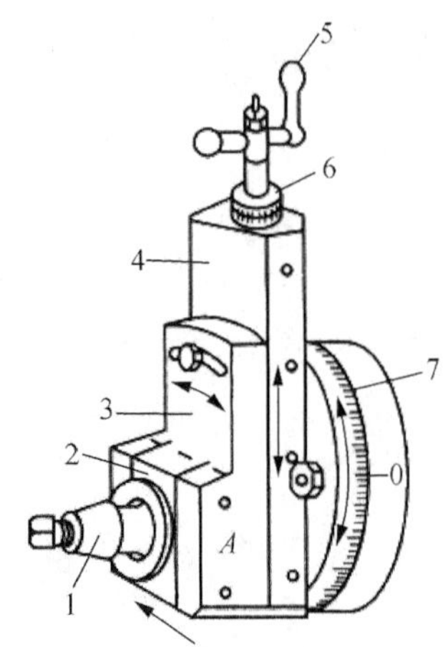

图 7-22 牛头刨床刀架

1-刀架；2-抬刀板；3-刀座；4-滑板；5-刀架进给手柄；6-刻度转盘；7-转盘

3)牛头刨床的典型机构

B6065 牛头刨床机构运动示意图如图 7-23 所示，其典型机构及其特点概述如下。

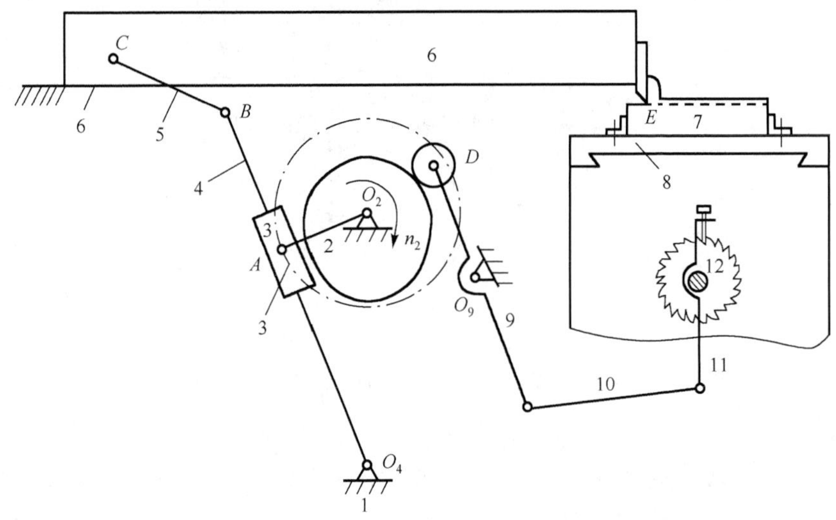

图 7-23 牛头刨床机构运动示意图

1-机架；2-曲柄；3-滑块；4-导杆；5-连杆；6-滑块；7-工件；8-工作台；9-摇杆；10-连杆；11-摇杆；12-棘轮

(1)变速机构。变速结构由两组滑动齿轮组成，从而实现滑枕变速。

(2)摆动导杆机构。导杆机构中的滑块 3 在导杆的轨道上滑动并带动摆杆绕下端支点 O_1 转动，通过连杆 5 的作用，带动滑块 6 作往复直线移动，实现滑枕的往复运动。

(3)滑枕往复直线运动速度的变化。滑枕往复直线运动速度在各点都不一样，工作行程速度慢，空回行程速度快，实现了慢进快回，节约了空回行程的时间。

2. 龙门刨床

刨削较长的零件时，因滑枕行程长，悬伸太长，不能采用牛头刨床的布局，而需要选用龙门式布局。如图 7-24 所示，龙门刨床的工作台带动工件做主运动，刀架在龙门架上做垂直于工作台方向的间歇直线运动。

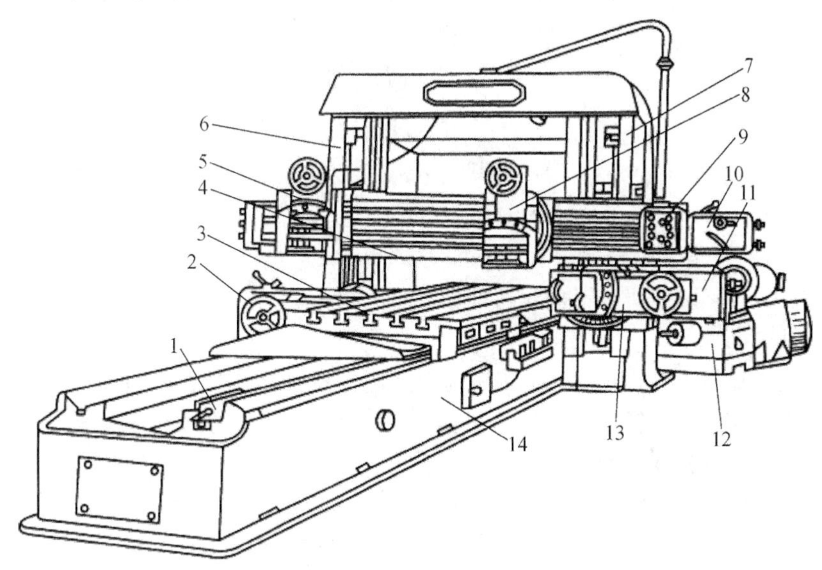

图 7-24　B2010A 龙门刨床

1-液压安全器；2-左侧刀架进给箱；3-工作台；4-横梁；5-左垂直刀架；6-左立柱；7-右立柱；8-右垂直刀架；9-悬挂按钮站；10-垂直刀架进给箱；11-右侧刀架进给箱；12-工作台减速箱；13-右侧刀架；14-床身

龙门刨床加工的工件，一般采用压板螺钉，直接将工件压紧在往复运动的工作台上。工作台带着工件通过门式框架做直线往复运动，空回行程速度大于工作行程速度。横梁上一般装有两个垂直刀架，其中刀架滑座可在垂直面内回转一个角度，并可沿横梁做横向进给运动，当刀架做往复运动时，就可以对工件的水平面刨削。刨床立柱上的左、右侧刀架可沿立柱导轨做垂直进给运动，刨削工件的垂直面，当刀架偏转一定角度，可对工件的各种斜面进行刨削。并且，龙门刨床的横梁可沿立柱导轨升降，以调整工件和刀具的相对位置，适应不同高度工件的刨削加工。

龙门刨床的结构刚性好，切削功率大，适合加工大型零件上的平面或沟槽，并可同时加工多个中型零件。

7.2.3　刨刀及其安装

1. 刨刀的特点

刨刀的结构和角度与车刀相似，其区别如下。

(1) 刨削加工时有冲击现象，因此，刨刀刀柄截面一般为车刀的 1.25～1.5 倍。

(2) 切削用量大的刨刀常做成弯头的，弯头刨刀在受到切削变形时，刀尖不会像直头刨刀一样发生扎刀现象。

2. 刨刀的种类

刨刀按照用途可分为平面刨刀、偏刀、切刀、弯切刀、角度刀、样板刀等，如图 7-25 所示。

(1) 平面刨刀，用于刨削水平面，有直头刨刀和弯头刨刀。

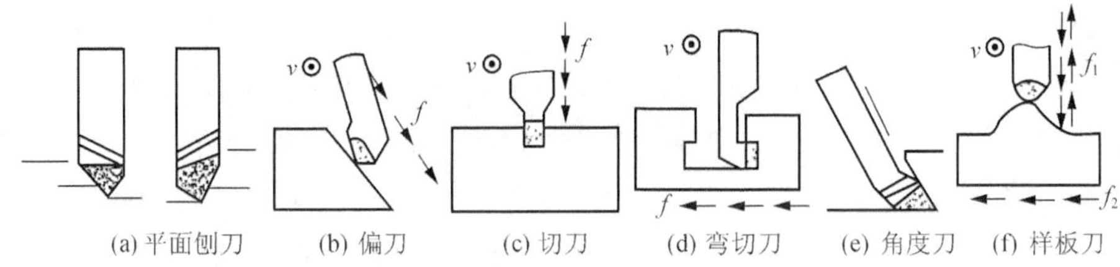

图 7-25 常用刨刀

(2) 偏刀，用于刨削台阶面、垂直面和外斜面等。

(3) 切刀，用于刨削直角槽、沉割槽和切断工件等。

(4) 弯切刀，用于刨削 T 形槽和侧面沉割槽。

(5) 角度刀，用于刨削燕尾槽和内斜面等。

(6) 样板刀，用于刨削 V 形槽和特殊形状表面。

3. 刨刀的安装

刨刀的安装如图 7-26 所示，在装夹刨刀前，先松开转盘螺钉，调整转盘对准零线，以便准确地控制吃刀深度；再转动刀架进给手柄，使刀架下端与转盘底侧基本平齐，以增加刀架的刚性，减少刨削中的冲击振动。

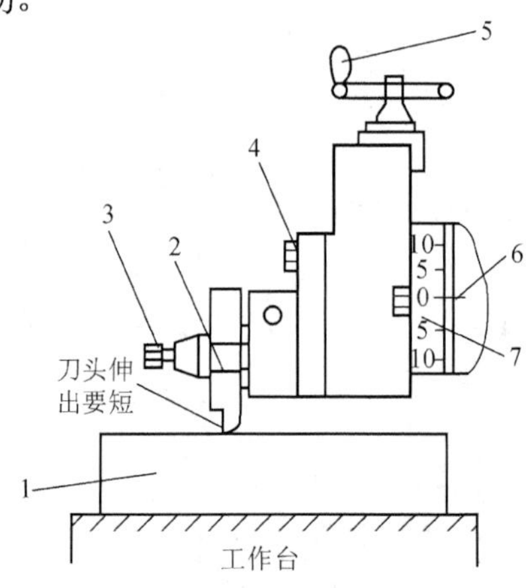

图 7-26 刨刀的安装

1-工件；2-刀夹；3、4-刀座螺钉；5-刀架进给手柄；6-转盘对准零线；7-转盘螺钉

刨刀在刀架上不应伸出过长，以免在加工时发生振动和折断刨刀。直头刨刀的伸出长度一般为刀杆厚度的 1.5～2 倍，弯头刨刀可伸出稍长些。在装拆刀具时，左手扶住刨刀，右手使用扳手。扳手放置位置要合适，用力方向由上而下地转螺钉，将刀具压紧或松开。

7.2.4 工件安装

刨削时，必须将工件装夹在工作台或夹具上，经过校正、夹紧，使工件在整个加工过程中始终保持正确的位置，这个过程称为工作的装夹。刨床上工件的装夹方法有很多，主要有平口钳装夹和压板、螺栓装夹等。

1. 平口钳装夹

平口钳是一种通用夹具，一般用来装夹中小型工件或形状简单的工件。平口钳结构简单，夹紧牢靠，使用方便，所以应用广泛。

平口钳装夹方法如图 7-27 所示。使用时先将平口台钳的钳口校正，并固定在工作台上。装夹时应该注意工件的水平位置不能偏斜。如果工件高度不够，其下方可加垫铁，保证牢靠。

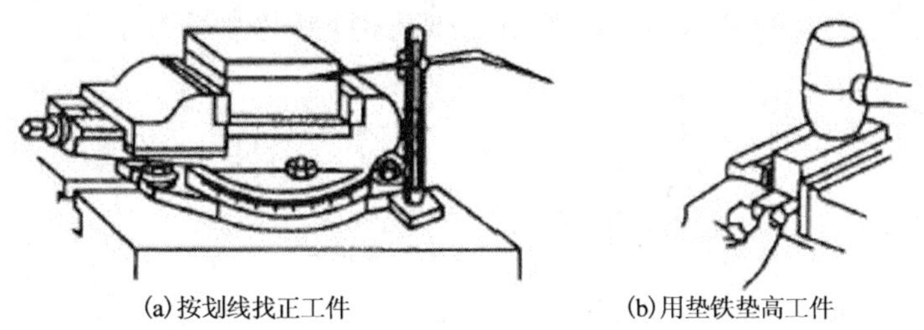

(a)按划线找正工件　　(b)用垫铁垫高工件

图 7-27　平口钳装夹方法

2. **压板、螺栓装夹**

对于大型工件和形状不规则的工作，如果用平口钳难以装夹，则可以根据工作的特点和外形尺寸，采用压板、螺栓和垫铁把工件固定在工作台上直接进行刨削，如图 7-28 所示。

使用压板装夹工件时要注意压板的位置应安排得当，压紧力的作用点最好靠近切削处，压紧力的大小要适当。如果工件放置压板处的下方是空的，必须要先垫实方可用压板压紧。如果压紧内孔面，应当使用插销压板。

3. **专用夹具装夹**

专用夹具是用来完成工件某一工序特定加工内容，从而专门设计制造的高效工艺装备，它既能使装夹过程迅速完成，又能保证工件加工后的质量，特别适合大批量生产。

7.2.5　刨削工艺

1. **刨削加工切削用量**

在牛头刨床上加工时，刨刀的纵向往复直线运动为主运动，工件随工作台做横向间歇进给运动，如图 7-29 所示。

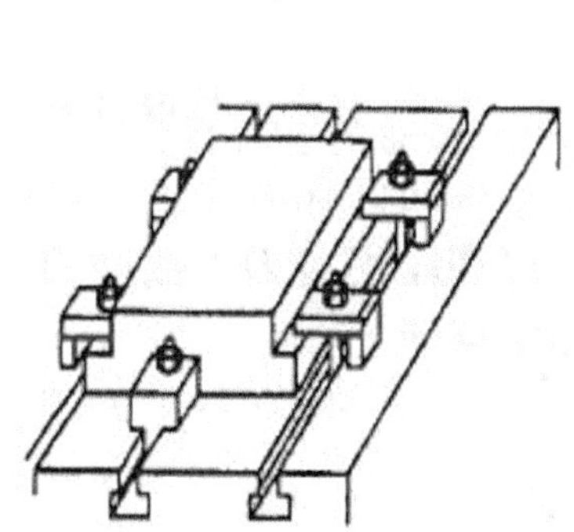

图 7-28　压板螺栓装夹方法

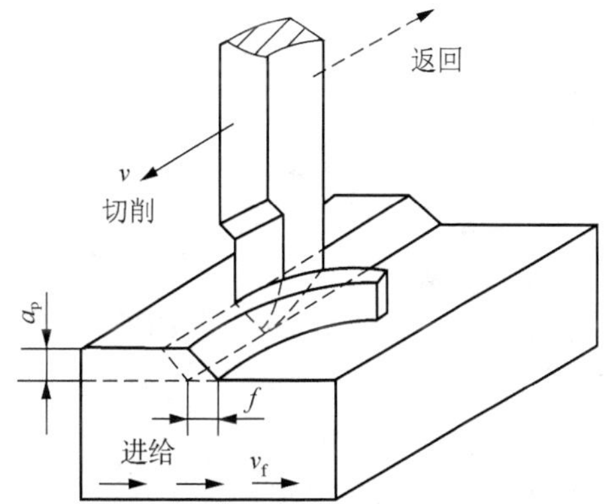

图 7-29　刨床的刨削运动和切削用量

1)刨削速度

刨刀或工件在刨削时的主运动的平均速度，称为刨削速度，单位为 m/s，其值可按下式计算。

$$V_{\mathrm{W}}=\frac{2Ln_{\mathrm{tab}}}{1000}$$

式中，L 为工作行程长度，mm；n 为滑枕每分钟的往复次数，往复次数/min。

2）进给量 f

刨刀每往复一次工件横向移动的距离，称为进给量，单位为 mm/每次往复。在 B6065 牛头刨床上的进给量为

$$f=k/3$$

式中，k 为刨刀每往复行程一次棘轮被拨过的齿数。

3）刨削深度 a_{p}

刨削深度即每次切去的金属层厚度，是指已加工面与待加工面之间的垂直距离，单位为 mm。

2. 刨削用量的选择原则

刨削加工切削用量的选择原则是在保证刀具耐用度的前提下，达到较高的金属切除率。为此粗加工时选用较大的切削深度和较大的进给量。精加工时，切削深度要尽量小，但必须大于刀尖的圆角半径，进给量一般是刀刃宽度的 0.5～0.7，切削速度的选择要尽量避开刀瘤区。使用特别宽的宽刃精刨刀时，要校验机床功率。

3. 刨削加工工艺

1）刨削水平面

刨削水平面前，首先将工件装夹在工作台或平口台钳上，找正位置。按照加工精度和形状要求，选用合适的刨刀，并装夹在刀架上。将工件和刨刀安装好后，将工作台调整到适当高度，然后调整滑枕行程长度和起始位置。开动机床移动滑枕，使刨刀接近工件后停车。转动工作台横向走刀手柄，将工件移到刨刀刀尖。摇动刀架拖板，使刨刀刀尖微微接触工件表面。开动机床，工作台作横向进刀，刨出工件 1～1.5mm 宽度后停车，用钢板尺或游标卡尺测量尺寸。若与要求的尺寸不符，则应退出工件，重新调整吃刀深度试切至合格尺寸，然后再正式开动机床，工作台横向走刀或自动进给，将工件多余金属刨去。测量工件尺寸，合格后即可卸下工件。

当工件表面要求较高时，在粗刨后，还要进行精刨。整个平面的刨削过程，特别是精刨，应一次连续完成，避免中途停车，否则刨削后的表面会出现接刀痕迹。

2）刨削垂直面

刨削垂直面，通常采用偏刀刨削，利用手工操作摇动刀架手柄，使刀具做垂直进给运动来加工垂直平面。必须注意，刨削垂直面时，刀架转盘应对准零线，如图 7-30 所示，保证所刨平面的垂直度。

3）刨削斜面

刨削斜面的操作方法很多，最常用的是正夹斜刨，也就是工件正常夹持在工作台上，将刀架及转盘分别倾斜一定角度进行刨削。刨削斜面时要按图 7-31 所示的方位来调整刀座的偏转方向和角度，刨左侧面，向左偏转；刨右侧面，向右偏转。

4）刨削 T 形槽

各种机床的工作台都开有 T 形槽，在 T 形槽中放入 T 形槽螺栓，以便将工件或夹具固定

在工作台上。刨削 T 形槽前，首先刨出各个关联平面，然后在工件的端面和上平面划出加工线，然后根据图 7-32 所示的步骤，按线进行刨削加工。

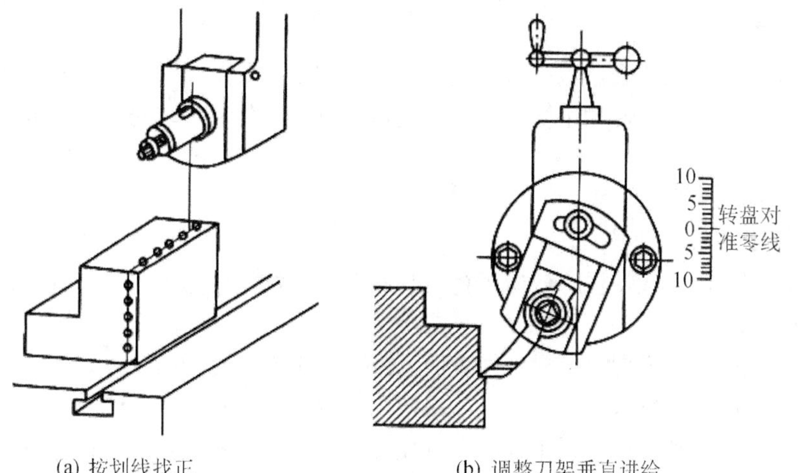

(a) 按划线找正　(b) 调整刀架垂直进给

图 7-30　刨削垂直面

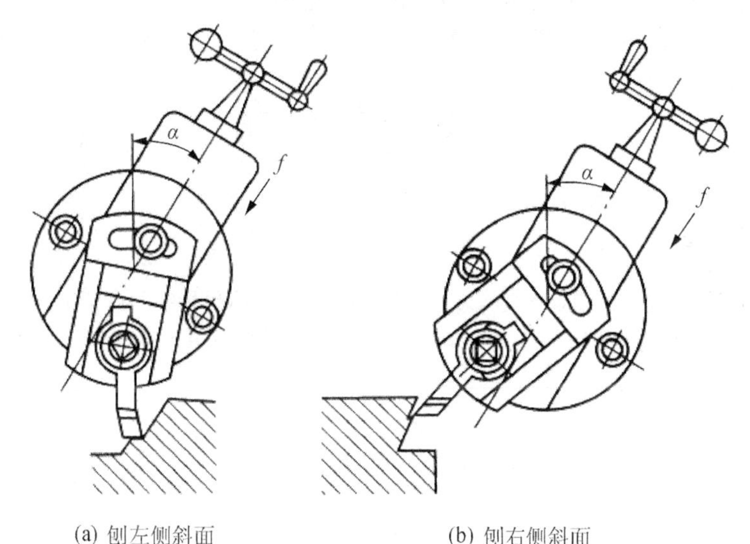

(a) 刨左侧斜面　(b) 刨右侧斜面

图 7-31　刨削斜面

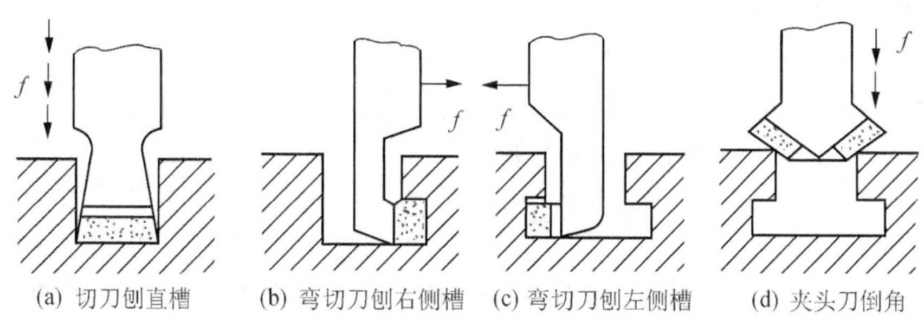

(a) 切刀刨直槽　(b) 弯切刀刨右侧槽　(c) 弯切刀刨左侧槽　(d) 夹头刀倒角

图 7-32　刨 T 形槽

7.2.6 刨床安全操作规程

刨床在操作工作中要遵循下列安全操作规程。

1. 开机前

(1)工作时应穿工作服，戴袖带。女生应戴工作帽，头发或辫子应塞入工作帽内。

(2)检查各手柄，使转动手柄、变速手柄调整到所需位置，以防开车时因突然撞击而损坏机床。

(3)将工件、刀具装夹牢固。

2. 开机中

(1)开动刨床后，应使机床低速运行 1～2min，使润滑油渗到各个位置，使机床转动正常后才能开车。

(2)在加工中，不准用手触摸工件表面，也不准用手清除切屑。

(3)在加工中，不准戴手套工作，不得擅离岗位、闲谈和打闹。

(4)在加工中，若需要测量工件，必须先停车，不得在机床运行时进行变速、清除切屑、测量工件等。

(5)在工作中，若发生事故，应立即切断电源，保护现场以便进行事故分析。

(6)机床电线不得裸露，开关、按钮等都必须有良好的绝缘效果，操作应正确。

7.3 磨 削

7.3.1 磨削概述

磨削加工是指在磨床上利用高速旋转的砂轮对已成形的工件表面进行精密的切削加工，通过砂轮上的磨粒对工件切削、刻划与滑擦的综合作用，使工件能够达到更高的加工精度。

磨削加工是砂轮表面随机分布了大量硬度很高的磨粒，在工件表面进行切削、刻划和滑擦三种作用的综合结果，通常用于半精加工和精加工。

1. 磨削加工的应用

磨削加工的方式很多，可用不同类型的磨床，分别加工内外圆柱面、内外圆锥面、平面、成形表面(如花键、齿轮、螺纹等)及刃磨各种刀具等。常见的磨削加工形式如图 7-33 所示。

2. 磨削加工的特点

磨削加工与其他切削加工相比较，具有如下特点。

(1)加工材料广泛。由于磨料硬度极高，故磨削不仅可加工一般金属材料，如碳钢、铸铁等，还可加工一般刀具难以加工的高硬度材料，如淬火钢、各种切削刀具材料及硬质合金等。磨削不利于加工硬度低且塑性很好的有色金属材料，因为磨削这些材料时，砂轮容易堵塞，失去切削的能力。

(2)加工尺寸精度高，表面粗糙度值低。磨削的切削厚度极薄，每个磨粒的切削厚度可小到微米，故磨削的尺寸精度可达 IT6～IT5，表面粗糙度 Ra 值达 0.8～0.1μm。高精度磨削时，尺寸精度可超过 IT5，表面粗糙度 Ra 值不大于 0.012μm。

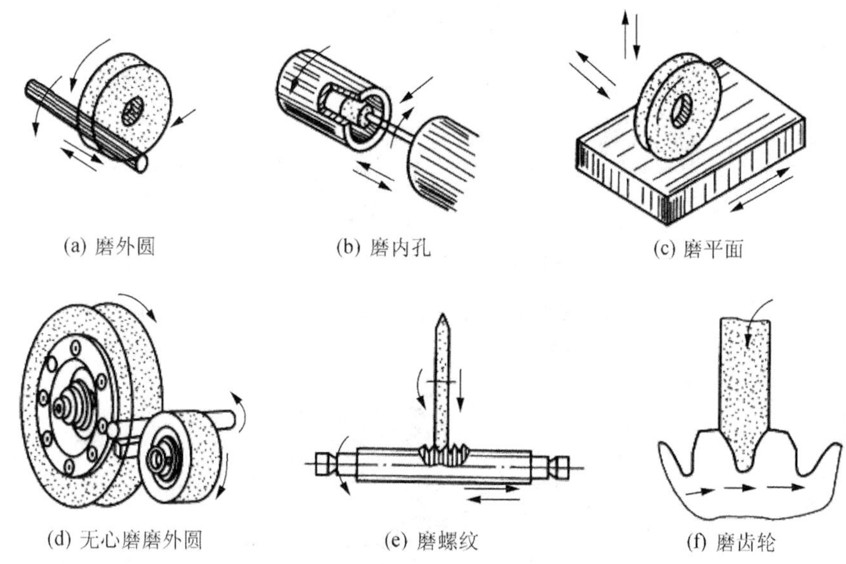

图 7-33 常见的磨削加工形式

(3)磨削温度高。磨削过程中，由于切削速度很高，产生大量切削热，温度超过 1000℃。同时，高温的磨屑在空气中发生氧化作用，产生火花。在如此高温下，将会使零件材料性能改变而影响质量。因此，为减少摩擦和迅速散热，降低磨削温度，及时冲走屑末，以保证零件表面质量，磨削时需使用大量切削液。

(4)砂轮有自锐性。当作用在磨粒上的切削力超过磨粒的极限强度时，磨粒就会破碎，产生较锋利的新棱角，而随磨粒的脱落会露出一层新的锋利磨粒，能够部分地恢复砂轮的切削能力，继续进行切削。这种现象称为砂轮的自锐作用，有利于磨削加工。

(5)磨削属多刃、微刃切削。磨削用的砂轮是由许多细小坚硬的磨粒用结合剂黏结在一起经焙烧而成的疏松多孔体，这些锋利的磨粒就像铣刀的切削力，在砂轮高速旋转的条件下，切入零件表面，故磨削是一种多刃、微刃切削过程。

7.3.2 磨床

磨床是利用磨具对工件表面进行磨削加工的机床。大多数的磨床使用高速旋转的砂轮进行磨削加工，少数使用油石、砂带等其他磨具和游离磨料进行加工。磨床的种类很多，有外圆磨床、内圆磨床、平面磨床、齿轮磨床、螺纹磨床、导轨磨床、无心磨床、工具磨床等。

1. 外圆磨床

外圆磨床分为普通外圆磨床和万能外圆磨床。普通外圆磨床除主要用于加工各种圆柱形表面和轴肩端面，还可磨削锥度较大的外圆锥面，但普通外圆磨床自动化程度较低，只适用于小批量，单件生产和修配工作。万能外圆磨床带有内圆磨削附件，除普通外圆磨床可加工范围之外，它还可以磨削各种内圆柱面和圆锥面，其应用最广泛。

M1432A 万能外圆磨床是普通精度磨床，万能外圆磨床型号示例如图 7-34 所示。

M1432A 型万能外圆磨床的结构外形如图 7-35 所示，主要包括床身、头架、工作台、内圆磨具、砂轮架、横向进给机构、尾架。

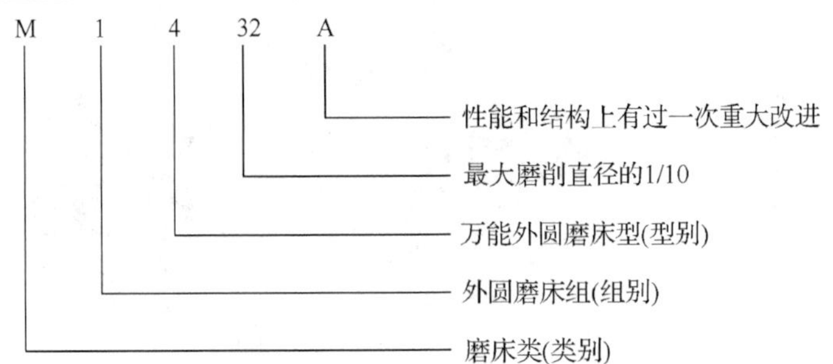

图 7-34　万能外圆磨床型号示例

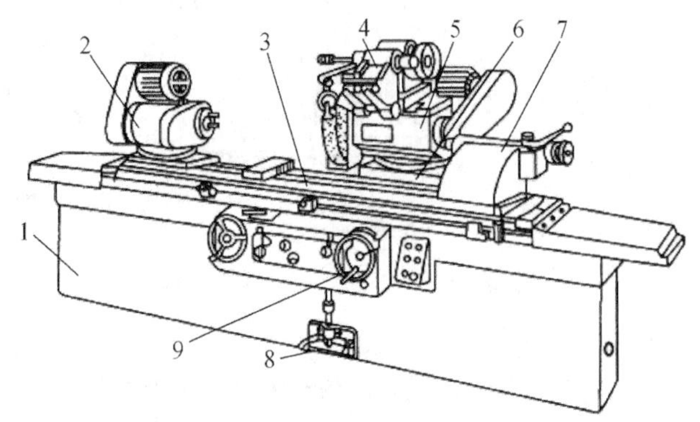

图 7-35　M1432A 型万能外圆磨床

1-床身；2-头架；3-工作台；4-内圆磨具；5-砂轮架；6-横向进给机构；7-尾座；8-脚踏操作板；9-横向进给手柄

(1)床身。床身是磨床的支撑，用于支撑和安装各个部件。床身上部有纵向导轨、横向导轨、工作台、砂轮座、头架和尾座等，内部装有液压传动系统。床身上的纵向导轨供工作台移动，横向导轨供砂轮架移动。

(2)头架。头架上装有主轴，主轴端部装有顶尖、拨盘或卡盘，用来安装、夹持工件。主轴由主轴电动机通过带传动驱动变速机构，使工件获得 6 级不同的转动速度。头架可以在平面上偏转 90°。

(3)工作台。工作台可以自动换向，在液压系统驱动下沿着纵向导轨做往复运动，使工件实现无级调速纵向进给，同时也可以手动控制进给。工作台分为上、下两层，上层工作台上面装有头架和尾座，可以在平面内偏转一个角度以实现外圆锥面的磨削。

(4)内圆磨具。内圆磨具支撑磨内孔的砂轮主轴。

(5)砂轮架。砂轮架支撑并传动砂轮主轴旋转，由单独的电动机通过传动带带动砂轮高速旋转，可在水平面±30° 范围内转动。砂轮架可在床身后部的导轨上做横向移动。移动方式有自动间歇进给、手动进给、快速趋近工件和退出。

(6)横向进给机构。通过进给机构带动滑鞍上的砂轮架实现横向进给。

(7)尾座。尾座的套筒内装有顶尖，它和头架的顶尖一起固定工件。尾座在工作台的位置可根据工件长度的不同进行调整，可在工作台上纵向移动。扳动尾座上的杠杆，顶尖套筒可伸出或缩进，以便装卸工件。

万能外圆磨床可用于内外圆柱表面、内外圆锥表面的精加工。虽然生产率较低，但由于其通用性较好，广泛用于单件小批生产车间、工具车间和机修车间。

2. 内圆磨床

内圆磨床用于磨削内圆柱面、内圆锥面及孔内端面等。如图 7-36 所示为一普通内圆磨床外形图，主要由床身、工作台、工件头架、砂轮架、砂轮修整器等部分组成。磨削锥孔时，头架在水平面内偏转一个角度。内圆磨床的磨削运动和外圆磨床的相近。普通内圆磨床的自动化程度低，磨削尺寸通常靠工人测量加以控制，仅适用于单件和小批量生产。

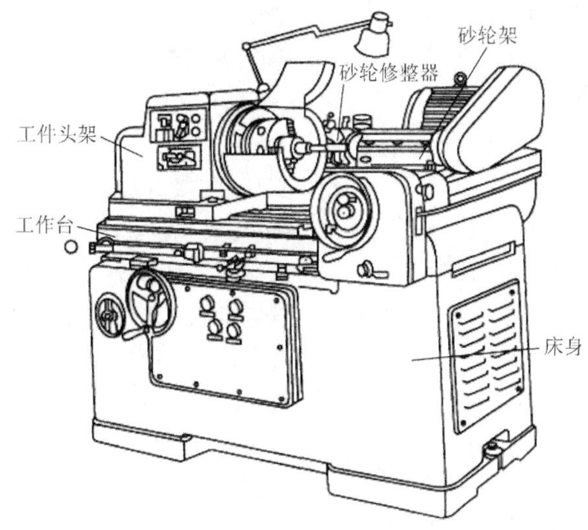

图 7-36　普通内圆磨床

3. 平面磨床

平面磨床主要用于磨削各种工件的平面或成形表面。它由床身、工作台、立柱及砂轮修整器等部件组成。按照平面磨床工作台的结构特点和配置形式，可将平面磨床分为五种类型，即卧轴矩台平面磨床、卧轴圆台平面磨床、立轴矩台平面磨床、立轴圆台平面磨床及双端面磨床等。

卧轴矩台平面磨床结构组成如图 7-37 所示。磨削工作过程：砂轮的主轴轴线与工作台台面平行，工件安装在矩形电磁吸盘上，并随工作台做纵向往复直线运动。砂轮在高速旋转的同时做间歇的横向移动，在工件表面磨去一层后，砂轮反向移动，同时做一次垂直方向进给，直至将工件磨到所需的尺寸。

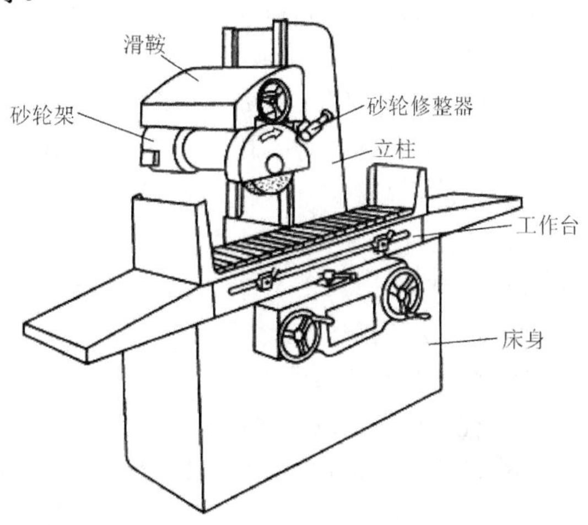

图 7-37　卧轴矩台平面磨床

7.3.3　砂轮

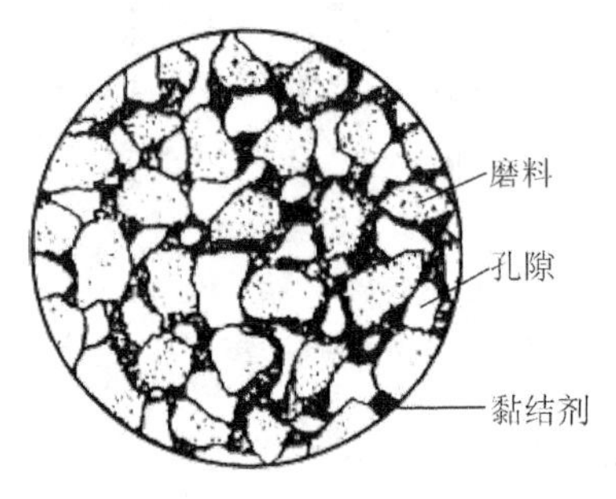

图 7-38　砂轮构造

砂轮是磨削的切削工具。一般为圆形，中心有通孔。磨粒、黏结剂和孔隙是构成砂轮的三要素，如图 7-38 所示。磨料主要起切削作用，黏结剂起黏结作用，孔隙起容屑和冷却作用。

1. 砂轮的特性及其选择

砂轮的特性主要包括磨料、粒度、硬度、黏结剂、组织、形状和尺寸。

(1) 磨料。磨料有刚玉类、碳化硅类和超硬磨料，起切削作用，硬度高，耐热性好，有锋利的棱边和一定的强度。

(2) 粒度。粒度是指磨料颗粒的大小。磨粒用筛选法分类，它的粒度号以筛网上 1in①长度内的孔眼数表示。粒度号越大，磨料越细，颗粒越小。粗磨或磨软金属时，用粗磨料；精磨或磨硬金属时，用细磨料。

(3) 硬度。硬度是指砂轮上磨料在外力作用下脱落的难易程度，反映了结合剂把持磨粒的强度。砂轮硬度和磨料硬度是两个不同的概念。砂轮硬度主要取决于结合剂加入量及其密度。磨粒容易脱落表示硬度低；反之，表示硬度高。相同的磨粒可以制成不同硬度的砂轮。在磨削加工中，若被磨工件的材质硬度高，磨削时为了能及时使磨钝的磨粒脱落，露出具有尖锐棱角的新磨粒，则一般选用硬度低的砂轮；当磨削较软的金属时，为了使磨粒不致过早脱落，则选用硬度高的砂轮。但有色金属韧性大，不易磨削。

(4) 黏结剂。黏结剂是把松散的磨料固结成砂轮的材料。黏结剂可分为有机的和无机的两类。无机黏结剂有陶瓷和硅酸钠等；有机黏结剂有树脂、橡胶等。最常用的是陶瓷、树脂和橡胶黏结剂。其中陶瓷黏结剂做成的砂轮耐蚀性和耐热性很高，应用广泛。采用树脂黏结剂的砂轮强度高。由于树脂具有可塑性，因此可以制成很薄的切断或者开槽砂轮。但这种砂轮耐热性、化学稳定性差。橡胶黏结剂的砂轮弹性大，主要用于表面抛光、轴承滚道和锥面磨削，可用作无心磨导轮等。

(5) 组织。组织表征磨具中磨料、黏结剂和气孔三者之间的体积比例关系，常按磨料占砂轮整个体积的百分率计算，并依次确定砂轮的组织号。磨料在砂轮中所占的体积百分率较小，砂轮号较小，表示磨料之间的间隙越宽，组织越疏松。较松组织的磨具使用时不易钝化，磨削过程中发热少，能减少工件的发热变形和烧伤，用于磨削韧度高而硬度不高的材料，适合大面积磨削；砂轮号越大，表示磨粒之间间隙越小，组织越紧密。较紧组织砂轮磨粒不易脱落，有利于保持其几何形状，一般用于成形磨削和精密磨削。

(6) 形状和尺寸。根据磨床结构与所加工工件的不同，砂轮被制成各种形状和尺寸。砂轮的尺寸范围很大：用于大型曲轴磨削的陶瓷黏结剂普通磨料砂轮，最大外径为 2000mm，用于半导体材料切断和开槽的电镀金属黏结剂金刚石超薄砂轮，最薄为 0.03mm。磨削工件时应尽可能选择外径较大的砂轮，以提高砂轮的磨削速度。

为了方便选用，在砂轮的非工作表面上印有特性代号，如代号 PA 60KV6P300×40×75 表示

① 1in=2.54cm。

砂轮的磨料为铬刚玉(PA)，粒度为 60#，硬度为中软(K)，黏结剂为陶瓷(V)，组织号为 6 号，形状为平形砂轮(P)，尺寸外径为 300mm，厚度为 40mm，内径为 75mm。

2. 砂轮的检查和装夹

在磨床上安装砂轮时，要特别注意，因为砂轮的转速很高，如安装不当，就会破裂而造成事故。安装砂轮前要先检查外观，并经过静平衡试验。

首先要检查所选的砂轮有无裂纹。可观察外形或用木棒轻敲，如发出清脆声音者为好，发出嘶哑声音者有裂纹，有裂纹的砂轮绝对禁止使用。

安装砂轮时，砂轮内孔与砂轮轴或法兰盘外圆之间，不要过紧，否则磨削时受热膨胀，易使砂轮胀裂；也不能过松，否则容易发生偏心，失去平衡，以至于引起振动。

3. 砂轮静平衡

砂轮通过高速旋转对工件进行切削加工。砂轮在制造中，因几何形状不对称，内部组织不均匀，内、外圆不同轴等，它的实际轴线与通过质量中心的旋转轴线有可能产生偏离。这种轴线偏离的状态称为砂轮的静不平衡。静不平衡会引起机床振动、主轴和轴承磨损加快、砂轮磨损不均匀以及工件表面质量下降等，因此对外径大于 200mm 的砂轮必须进行静平衡检验。

砂轮静平衡检验如图 7-39 所示，可将砂轮装在心轴上，再放到平衡架的导轨上。如果不平衡，可以移动法兰盘端面环形槽内的平衡块进行平衡，直到砂轮在导轨上任意位置都能平衡。

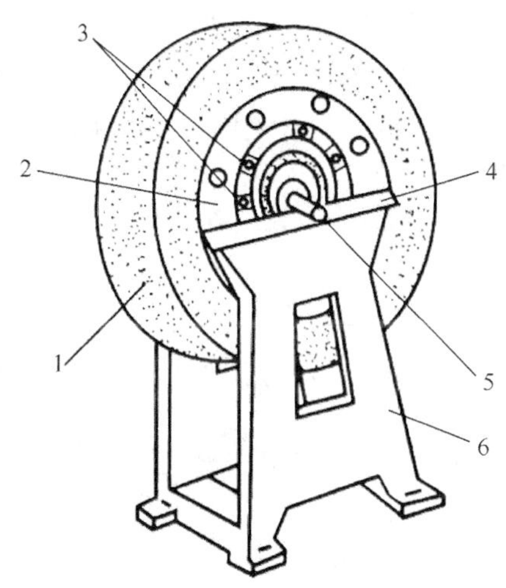

图 7-39　砂轮静平衡检验

1-砂轮；2-砂轮套筒；3-平衡块；4-平衡轨道；5-心轴；6-平衡架

4. 砂轮的修整

砂轮工作一段时间后，磨粒逐渐变钝，砂轮工作表面空隙被磨屑堵塞，砂轮几何形状也会发生改变，造成磨削质量和生产率都下降，最后使砂轮丧失切削能力，这时需要对砂轮进行修整，以便磨钝的磨粒脱落，恢复砂轮的切削能力和外形精度。修整砂轮通常用金刚石笔进行，利用高硬度的金刚石将砂轮表层的磨料及磨屑清除掉，修出新的磨粒刃口，恢复砂轮的切削能力，并校正砂轮的外形。

7.3.4　工件安装

1. 外圆磨床上工件的装夹

在外圆磨床上，工件一般用前、后顶尖装夹，也可用三爪自定心卡盘、四爪单动卡盘、心轴装夹。

(1) 顶尖装夹。用顶尖顶住工件两头，用“鸡心夹”来带动工件旋转。磨床所用的顶尖是固定顶尖，不随工件一起转动。头架主轴的尾螺母松开，尾座顶尖是靠弹簧推进力顶紧工件的，这样可以减小安装误差，提高磨削精度。

(2) 卡盘装夹。当工件两端无顶尖孔时，要采用三爪或四爪卡盘装夹，装夹方法与车削装夹方法基本相同。

(3) 心轴装夹。盘套类工件常以内圆定位磨削外圆，此时必须采用心轴来装夹工件。心轴可以安装在两顶尖之间，有时也可以直接安装在头架主轴的锥孔里。

2. 内圆磨床上工件的安装

内圆磨床上进行工件安装工作时，一般会用到 V 形支架、机芯夹头、三爪拨杆等夹具。以其外圆和端面作为定位基准，利用四爪卡盘找正，再安装工件。

3. 平面磨床上工件的装夹

平面磨床上的装夹方法应根据工件的形状、尺寸和材料而定。常见的垫圈、摩擦片、样板、薄板等薄片零件，通常采用垫弹性垫片装夹、机械装夹方式和真空装夹方式来进行装夹，保证薄片工件在自由状态下进行定位与夹紧。垫弹性垫片装夹是采用 0.5mm 厚的橡胶来进行的，当工件受磁性力作用时，橡胶被压缩，弹性变形变小，从而可磨削出工件的平直平面。如此反复多次，直至满足加工精度要求。机械装夹是采用平面磨床附件中的平口钳装夹工件。真空装夹是利用大气的压力装夹薄片工件。

7.3.5　磨削工艺

1. 磨削加工切削用量

磨削时，一般有主运动、径向进给运动、轴向进给运动和工件圆周进给运动。

1) 主运动

主运动 v_s 是砂轮的旋转运动。主运动速度即磨削速度 v_s，是砂轮外圆的线速度，单位为 m/s，其计算公式为

$$v_s = \frac{\pi d_s n_s}{1000}$$

式中，d_s 为砂轮直径，mm；n_s 为砂轮转速，r/s。

2) 径向进给运动

径向进给运动是砂轮切入工件的运动。径向进给量 f_r 为工作台每双(单)行程，砂轮切入工件的深度，其单位为 mm/(d·str)(当工作台每单行程进给时，单位为 mm/str；当作连续进给时，单位为 mm/s)。一般情况下，f_r=0.005～0.02mm/(d·str)。

3) 轴向进给运动

轴向进给量 f_a：工件相对砂轮沿轴向的进给量。一般情况下 f_a=(0.2～0.8)B；B 为砂轮宽度，单位为 mm；f_a 的单位，圆磨为 mm/r，平磨为 mm/(d·str)。

4) 工件圆周(或直线)进给运动

工件进给速度 v_w：工件圆周线速度或工作台的移动速度，单位为 m/s。

外圆磨削时，工件的回转运动，进行纵向或横向磨削。

$$v_w = \frac{\pi d_w n_w}{1000}$$

平面磨削时，工作台的直线往复运动，进行周边或端面磨削。

$$v_w = \frac{2Ln_{tab}}{1000}$$

式中，L 为工作台行程，mm；d_w 为工件直径，mm；n_w 为工件转速，r/s；n_{tab} 为工作台往复频率，次/s。

2. 磨削加工基本工艺

磨削分为三个阶段，初磨阶段、稳磨阶段和光磨阶段。常用的磨削方法有外圆磨削、内圆磨削、平面磨削、成形磨削和无心外圆磨削。本书仅介绍前三种方法。

1) 外圆磨削

外圆磨削主要是在外圆磨床上磨削轴类工件的外圆柱、外圆锥和轴肩端面。具体步骤如下：先把工件两端面上的中心孔分别对准放在头架和尾座的顶尖上，或一端用头架上的卡盘装夹，另一端用尾座上的顶尖支撑。磨削外圆的主运动是砂轮的高速旋转运动，进给运动是工件的圆周进给运动、纵向进给运动和径向进给运动。

外圆磨削常用的方法有纵磨法、横磨法和深磨法三种。如图 7-40 所示，磨削时根据工件形状、尺寸、磨削余量和加工要求选用合适的方法。

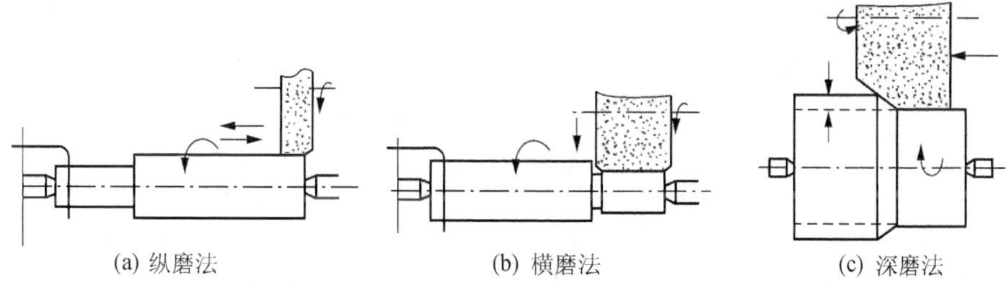

(a) 纵磨法　(b) 横磨法　(c) 深磨法

图 7-40　外圆磨削常用的方法

(1) 纵磨法。磨外圆时，砂轮的高速运动为主运动，工件旋转的同时还随工作台做纵向往复运动，这样实现沿工件轴向进给。根据需要，选择在单行程或双行程对砂轮做径向移动，实现工件沿径向进给，逐渐磨去工件径向加工余量。当工件加工接近最终尺寸时，采用几次无径向进给的光磨行程，提高工件的表面质量，最终以磨削的火花消失为标记结束该工件的磨削。

纵磨法的优点在于：每次径向进给量小，磨削力小，散热条件好，可以充分提高工件的磨削精度和表面质量，能满足较高的加工质量要求。但是这种磨削方法效率较低，适合单件、小批量生产。

(2) 横磨法。采用横磨法磨削外圆时，砂轮宽度比工件磨削宽度大，工件不需要做纵向进给运动，高速旋转的砂轮以很慢的速度连续向工件做径向进给运动，直到磨去全部余量。

横磨法的特点：砂轮宽度大于磨削宽度，适于成形磨削，一次行程完成磨削加工全过程，生产效率高，但工件与砂轮接触面积大，工件易发生变形和烧伤，砂轮形状误差直接影响工件几何形状精度，故精度较低且表面粗糙度较大。使用横磨法磨削时，必须给予充分的切削液降温，使用功率大、刚度高的磨床，工件不宜长，主要用于磨削长度较短的外圆表面以及两边都有台阶的轴径。

(3) 深磨法。利用砂轮斜面完成粗磨和半精磨，最大外圆完成精磨和修光，全部磨削余量在一次纵走刀中磨去。磨削时工件圆周进给速度和纵向进给速度都很慢，砂轮前端修整成阶梯形或锥形。

深磨法的特点：深磨法的生产率约比纵磨法高 1 倍，表面粗糙度值为 0.4～0.8μm。但修整砂轮较复杂，只适于大批量生产，磨削允许砂轮越出被加工面两端较大距离的工件。

2) 内圆磨削

内圆磨削可以在内圆磨床上进行，也可以在万能外圆磨床上进行，主要用来磨削工件的圆柱孔、圆锥孔和孔端面。加工时，工件夹持在卡盘上，工件和砂轮按相反方向旋转，同时砂轮还沿被加工孔的轴线做直线往复运动和横向进给运动。

磨削方法和外圆磨削的相同，如图 7-41 所示，由于砂轮轴刚性差，一般都采用纵磨法。只有孔径较大、磨削长度较短的特殊情况下，才采用横磨法。

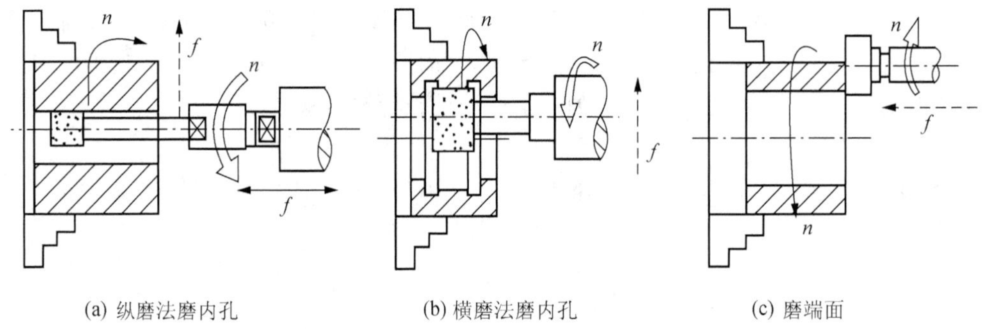

(a) 纵磨法磨内孔　　(b) 横磨法磨内孔　　(c) 磨端面

图 7-41　内圆磨削常用方法

内圆磨削时，受工件孔径的限制，只能采用较小直径的砂轮。因此，砂轮磨损较快，需要经常修整和更换。同时，由于砂轮轴悬伸长度比较大，刚度低，容易振动，因此磨削深度不能太长，只能采用很小的切入量，降低了生产率。磨削时与工件接触面积大，发热多，而切削液很难直接浇注到磨削区域，所以导致了磨削温度高。

3) 平面磨削

平面磨削主要用于磨削平面、沟槽等。平面磨削的主运动是砂轮的旋转运动，进给运动是砂轮的纵向进给运动、横向进给运动和竖直进给运动。平面磨削常用的方法有两种：一种是周磨法，如图 7-42 所示；另一种是端磨法，如图 7-43 所示。

周磨法是用砂轮圆周表面进行磨削，一般使用卧式平面磨床。砂轮和工件的接触面积小，排屑及时，冷却条件好、工件变形小，砂轮磨损均匀，能得到较高的加工质量。但是磨削效率比较低，适合精磨平面时使用。

端磨法是用砂轮端面进行磨削，一般使用立式平面磨床。砂轮轴伸出比较短，刚度大，能采用比较大的切削用量，相应的磨削效率比较高。但是由于砂轮和工件的接触面积大，同时因砂轮端面外侧、内侧切削速度不相等，排屑及冷却条件不理想，即使有大量的冷却液降温，工件的加工质量也比周磨法低，只适合粗磨平面。

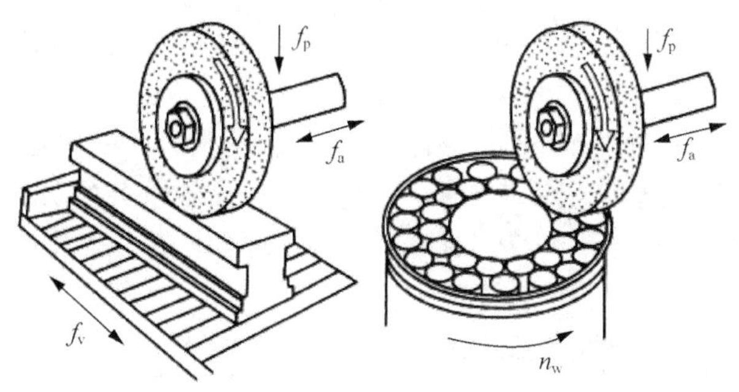

(a) 卧轴矩台平面磨床磨削　(b) 卧轴圆台平面磨床磨削

图 7-42　平面磨削周磨法

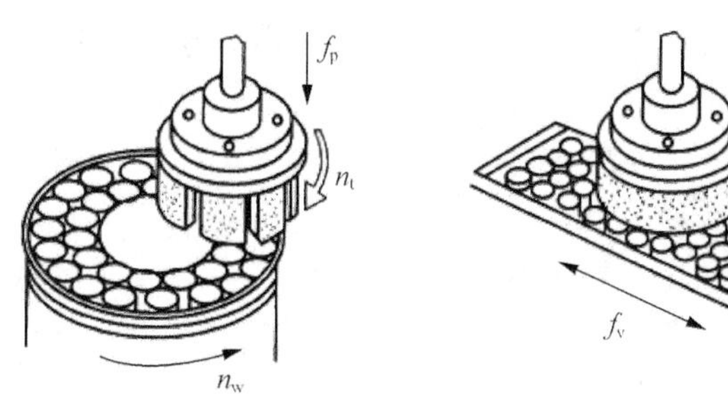

(a) 立轴圆台平面磨床磨削　(b) 立轴矩台平面磨床磨削

图 7-43　平面磨削端磨法

3. 磨削步骤

(1) 把工件放置在平面磨床的电磁工作台上，通电使工件牢固地吸紧。也可以用夹具安装工件。

(2) 调整工作台的纵向行程，保证磨削时砂轮能超出工件适当的距离。

(3) 开动砂轮的旋转运动，使砂轮慢慢垂直下降，直到砂轮与工件表面轻微接触。(火花刚刚出现。)

(4) 调整磨削深度，选择纵向进给速度和横向进给速度，开始粗磨。

(5) 根据工件尺寸调整磨削用量，最后精磨到工件的设计尺寸。注意应在停车垂直进给后反复光磨一两遍，以保证工作的精度。

(6) 关电退磁，取下工件。

7.3.6　磨床安全操作规程

磨床在操作工作中要遵循下列安全操作规程。

1. 开机前

(1) 新砂轮要用木槌轻敲来检查是否有裂缝。

(2) 安装砂轮时，要在砂轮与法兰盘之间垫衬纸。砂轮安装完成后，要进行静平衡检验，检验不合格需要重新调整，直至达到静平衡要求。

(3) 校核新砂轮最高线速度是否符合所用机床的使用要求。对于高速磨床要特别注意校核，以防发生砂轮破裂事故。

(4)启动磨床前，要检查砂轮、卡盘、挡板、砂轮罩壳等是否紧固。

2. 开机中

(1)砂轮应经过 2min 空运转试验，确定砂轮运转正常时才能开始磨削。

(2)操作时不得戴手套，工件要拿稳，不得使工件在砂轮上跳动。

(3)正确掌握切削用量，不能吃刀过大，以免挤坏砂轮，导致事故发生。

(4)测量工件尺寸时，要将砂轮退离工件。

(5)必要时先退刀，使砂轮与工件离开，然后停车。

思考和练习

1. X6132 型万能卧式铣床主要由哪几部分组成？各部分的主要作用是什么？
2. 铣床的主要附件有哪几种？其主要作用是什么？
3. 铣床能加工哪些表面？各用什么刀具？
4. 简述逆铣与顺铣的区别。
5. 铣床上工件的安装方法主要有哪几种？
6. 刨削加工常用装夹方式有哪些？
7. 简述刨削加工与铣削加工的异同点。
8. 刨削的主运动和进给运动是什么？龙门刨床与牛头刨床的主运动、进给运动有何不同？
9. B6065 牛头刨床由哪几个主要部分组成？各部分有什么作用？
10. 为什么刨刀往往做成弯头的？
11. 砂轮由哪三要素构成？如何选择砂轮硬度和粒度？
12. 引起砂轮不平衡的原因是什么？试述平衡砂轮的目的和方法。
13. 外圆磨削有几种方法？各有什么特点？
14. 与外圆磨削相比，内圆磨削有什么特点？

第 8 章　钳　　工

教学提示　钳工主要是利用虎钳和各种手动工具对金属进行手工加工的方法。它是机械制造中的重要工种之一。钳工是一种比较复杂、细微、工艺要求高的工作。虽然目前有很多先进的机械加工方法，但钳工具有加工灵活、工具简单、操作方便、适用面广等特点，有很多工作仍需钳工来完成，在机械制造和维修中有着不可替代的作用。同时，钳工操作对工人技术要求较高，且劳动强度较大，生产率低。

教学要求　了解钳工的特点、工作范围以及在机器制造过程中的地位和作用；初步掌握钳工常用设备的使用、维护和保养；重点掌握钳工主要工作(锉、锯、划线、攻丝、钻孔等)的基本操作方法；基本掌握机器的安装和拆卸工艺方法；了解并严格遵守钳工安全操作规程，能按图纸要求完成实训作品。

8.1　钳 工 概 述

1. 钳工的分类

钳工分工较细，一般分为装配钳工、修理钳工、模具钳工、划线钳工和钣金钳工等。无论哪一种钳工，要想完成好本职工作，首先应该掌握钳工的基本操作。

2. 钳工的基本操作

钳工的基本操作包括：①划线；②锯削；③錾削；④锉削；⑤钻孔、扩孔、锪孔、铰孔；⑥攻螺纹、套螺纹；⑦刮削、研磨；⑧装配与拆卸等。

3. 钳工的加工范围

(1)加工前的准备工作。如清理毛坯、在工件上划线等。

(2)加工精密零件。如锉样板、刮削或研磨机器、量具的配合表面等。

(3)零件装配成机器时互相配合零件的调整，整台机器的组装、试车、调试等。

(4)机器设备的保养维护。

4. 钳工的加工特点

钳工是技术工艺较复杂、加工程序细致、工艺要求高的工种，其加工以手工操作为主，使用工具简单、加工多样灵活、适应面广，用以完成机械加工不方便或难以完成的工作。在机械制造和修配工作中，钳工是必不可少的重要工种。

8.1.1　钳工的常用设备

1. 钳台

钳台也称为钳桌，有单排和双排两种样式。双排式钳台由于操作者是面对面的，所以钳台中央必须加设防护网以保证安全。钳台的高度一般为800～900mm，装上台虎钳后，能得到合适的钳口高度。一般钳口高度以齐人手肘为宜，如图8-1所示。钳台长度和宽度可随工作场地和工作需要而定。钳台要安放在光线充足而又避免阳光直射的地方，钳台之间要留有足够的空间，一般以每人不少于2m^{2}为宜。

2. **台虎钳**

台虎钳为钳工必备工具，也是钳工名称的来源，因为钳工的大部分工作都是在台钳上完成的，如锯、锉、錾以及零件的装配和拆卸等。台虎钳的用途：安装在钳台上，用以夹稳加工工件。台虎钳的规格以钳口的宽度表示，有100mm、125mm、150mm三种。

台虎钳是用来夹持工件的通用夹具，常用的有固定式和回转式两种。两者的主要结构和功能基本相同，区别在于回转式台虎钳的钳体可以回转，能够满足不同方位的加工需求，使用更加方便。回转式台虎钳的结构和工作原理如图8-2所示。

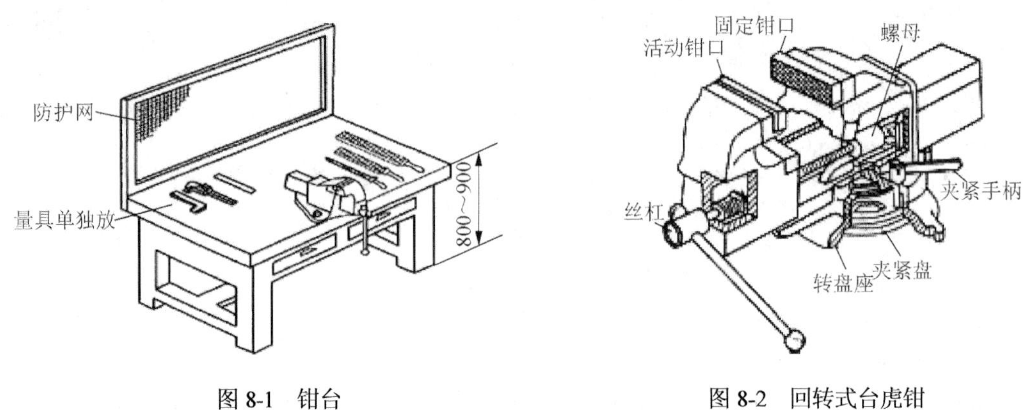

图8-1　钳台　　图8-2　回转式台虎钳

使用台虎钳时应注意以下几点。

(1) 台虎钳在安装时，必须使固定钳身的钳口一部分处在钳台边缘处，保证夹持长条形工件时，工件不受钳台边缘的阻碍。

(2) 台虎钳一定要牢固地固定在钳台上，两个压紧螺钉必须扳紧，使虎钳钳身在加工时没有松动现象，否则会损坏虎钳和影响加工。

(3) 在夹紧工件时只许用手的力量扳动手柄，不许用锤子或其他工具扳动手柄，以免丝杠、螺母或钳身损坏。

(4) 工件尽量夹在钳口中部，使钳口均匀受力。

(5) 不要在活动钳身的光滑表面敲击工件，加工时用力方向最好朝向固定钳身。

(6) 丝杠、螺母和其他滑动表面要求经常保持清洁，并加油润滑。

3. **钳工常用工具和量具**

钳工常用工具有划线用的划针、划线盘、划规、样冲、平板和方箱等；锯削用的锯弓和锯条；錾削用的手锤和錾子；锉削用的各种锉刀；孔加工用的各种麻花钻、锪钻和铰刀；加工螺纹用的各种丝锥、铰手、板牙架、板牙；刮削用的各种刮刀等。

钳工操作用的量具有钢直尺、游标卡尺、外径千分尺、内外卡钳、直角尺、刀口尺、万能角度尺、塞尺、高度游标卡尺、百分表和半径规等。

8.1.2　钳工安全操作规程

(1) 工作场地要保持清洁，零件、毛坯和原材料的放置位置要稳当；工具量具应放置在工作台的适当位置，以免掉下损坏或伤人。

(2) 使用锉刀、手锤等钳工工具前应仔细检查是否牢固可靠，有无损裂，不合格的不准使用。

(3) 凿、铲工件及清理毛刺时，严禁对着他人工作，要戴好防护镜，防止铁屑飞出伤人。使用手锤时，禁止戴手套。不准用扳手、锉刀等工具代替手锤敲打物件，不准用嘴吹或手摸铁肩，以防伤害眼和手。

(4) 用台钳夹持工件时，要注意夹牢，手柄要靠端头，钳口不允许张得过大(不准超过最大行程的 2/3)。夹持圆工件或精密工件时应用铜垫，防止工件坠落或损伤。

(5) 在小型工件上钻孔时，必须用夹具固定，不准用手拿着工件钻孔，在钻孔、扩孔、铰孔时，禁止戴手套操作。

(6) 用汽油和挥发性易燃品清洗工件时，周围应严禁烟火。易燃物品、油桶、油盘、回丝要集中堆放处理。

(7) 使用扳手紧固螺丝时，应检查扳手和螺丝有无裂纹或损坏，在紧固时，不能用力过猛或用手锤敲打扳手，大扳手需要套管加力时，应注意安全。

(8) 使用手锯要防止锯条突然折断，造成割伤事故；使用千斤顶要放平稳，不顶托易滑部位，以防发生意外事故，多人配合要有统一指挥，协调操作。

(9) 钳工操作要精力集中，不得串岗或做与实习无关的事情。

8.2　划　　线

划线是指根据图纸的要求，在毛坯或半成品上划出加工图形或加工界限的操作。划线多用于单件、小批量生产和新产品试制等。在钳工实习操作中，加工工件的第一步是从划线开始的，所以划线精度是保障工件加工精度的前提，如果划线误差太大，会造成整个工件的报废。划线的精度一般为 0.25～0.5mm。

8.2.1　划线的作用

(1) 划出清晰的界限，作为工件加工或安装的依据。

(2) 检查毛坯的形状和尺寸，及早发现不合格品，避免造成后续加工工时的浪费。

(3) 合理分配各加工表面的加工余量和确定孔的位置。

划线不仅能使加工有明确的界限，而且能及时发现和处理不合格的毛坯，避免造成损失，而在毛坯误差不太大时，往往又可依靠划线的借料法予以补救，使零件加工表面仍符合要求。划线的要求是：尺寸准确、位置正确、线条清晰、冲眼均匀。

8.2.2　划线的种类

(1) 平面划线：在工件的一个表面上划线的方法称为平面划线，如图 8-3 所示。它与平面作图法类似。

(2) 立体划线：在工件的长、宽、高三个方向上划线的方法称为立体划线，如图 8-4 所示。立体划线是平面划线的复合运用。

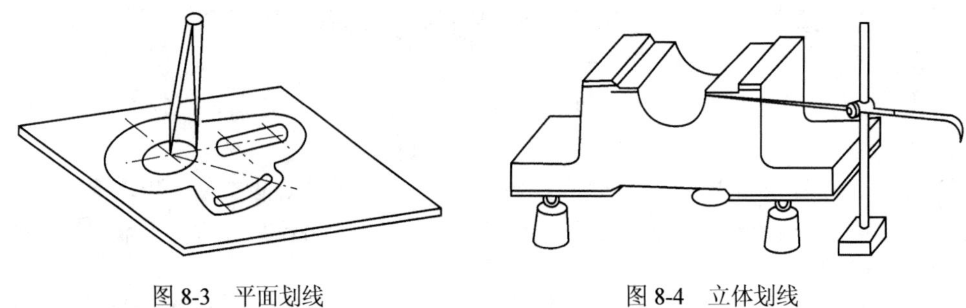

图 8-3　平面划线　　图 8-4　立体划线

8.2.3　划线工具及使用要点

按用途不同，划线工具分为基准工具、绘划工具、测量工具和夹持工具。

1. 基准工具

划线平板是划线的主要基准工具。它是经过精细加工的铸铁件，如图 8-5 所示。使用时应注意：平板安放时要平稳牢固、上表面应保持水平；平面各处要均匀使用，并防止碰撞和锤击，以免使其精度降低；平板表面要保持清洁，长期不用时应涂油防锈，并用保护罩盖住。

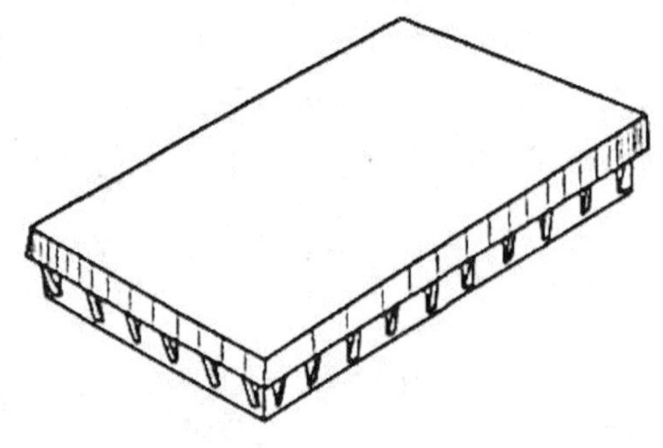

图 8-5　划线平板

2. 绘划工具

绘划工具包括划针、划规、划卡、划针盘和样冲等。

(1) 划针。如图 8-6 所示，划针是在工件表面划线的工具，常用的划针用工具钢或弹簧钢制成，有的划针在尖端部分焊有硬质合金。其直径为$\phi3\sim\phi6$，针尖磨成 15°～20°夹角。划针使用方法如图 8-7 所示：划线时，针尖要紧靠导向面的边沿，并紧压导向工具，划针与划线方向倾斜 45°～75°的夹角，上部向外侧倾斜 8°～12°。

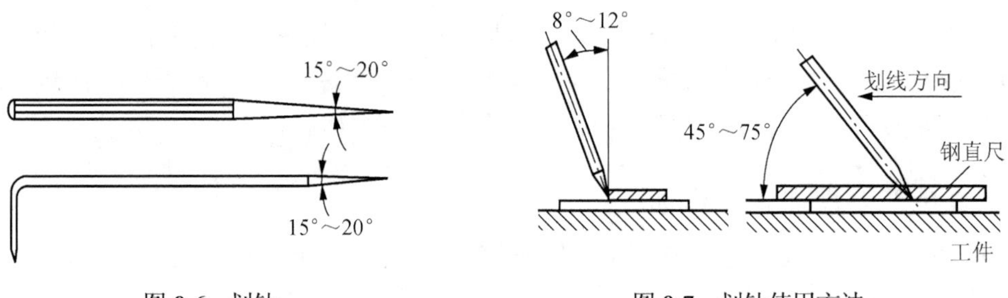

图 8-6　划针　　图 8-7　划针使用方法

(2)划规和划卡(又称单脚规)。划规如图 8-8 所示，它是画圆或弧线、等分线段及量取尺寸等用的工具，它的用法与圆规相似。划卡主要用来确定轴、孔的中心位置，也可划平行线，如图 8-9 所示。划规、划卡使用时旋转的一脚用力应较大，划线的一脚用力较小，划线时两脚尖要保持在同一平面上。划卡使用时，弯脚离零件端面的距离始终保持一致。

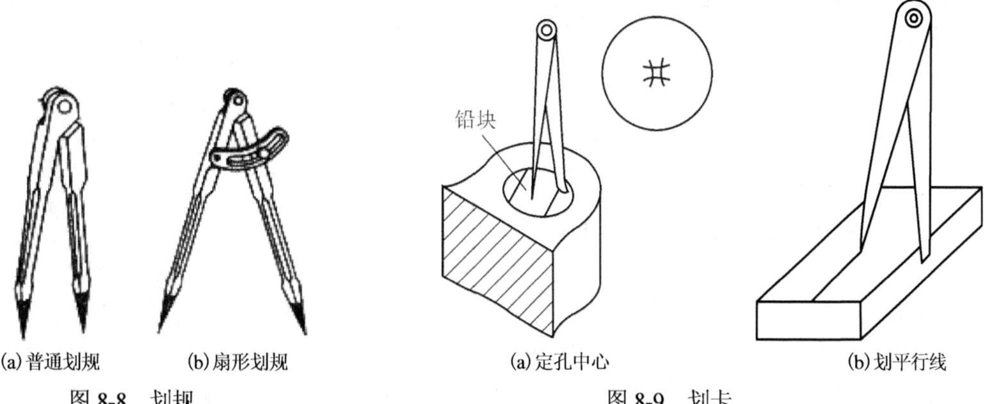

图 8-8　划规　　　图 8-9　划卡

(3)划针盘。如图 8-10 所示，划针盘是立体划线和校正工件位置的工具。普通划针盘的划针尖端一般都焊上硬质合金作划线用，另一端制成弯头，用于校正工件。使用时，划针盘的划针伸出夹紧位置以外不宜太长，应接近水平位置夹紧划针，划针盘与平台接触面应保持清洁，以减小阻力，拖动底座时应紧贴平台工作面，不能摆动、跳动。

(4)样冲。如图 8-11 所示，样冲用于在划好的线上打出样冲眼，以备划线模糊时仍能找到原划线的位置，还用于在划圆和钻孔前在其中心打样冲眼，以便定心。样冲尖一般磨成 45°～60°夹角。打样冲时，冲尖对准线条正中。样冲眼间距视划线长短曲直而定，样冲眼的深浅根据零件表面的粗糙度确定，精加工表面禁止打样冲眼。

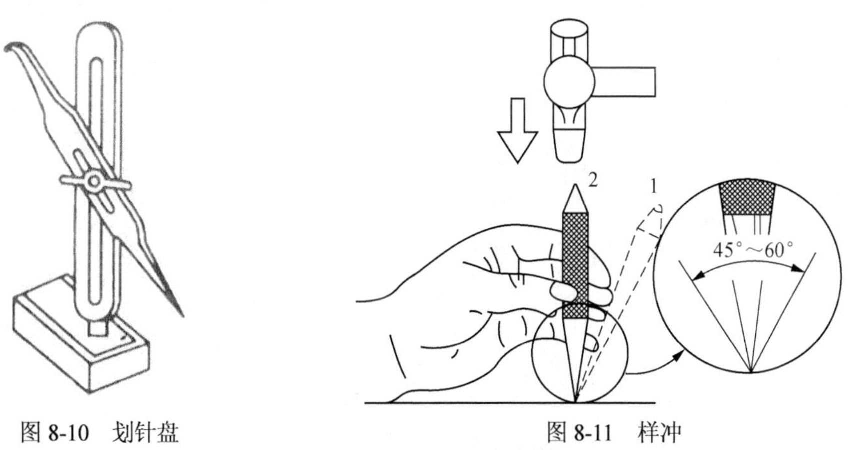

图 8-10　划针盘　　　图 8-11　样冲

3. 测量工具

测量工具有钢尺、直角尺(图 8-12)、普通高度尺、游标高度尺(图 8-13)等。游标高度尺除用来测量工件的高度外，还可用来作半成品划线。当用游标高度尺划线时，必须装上专用的划线装置。游标高度尺是精密划线工具，不得用于粗糙毛坯的划线，用完后应擦净，涂油装盒保管。

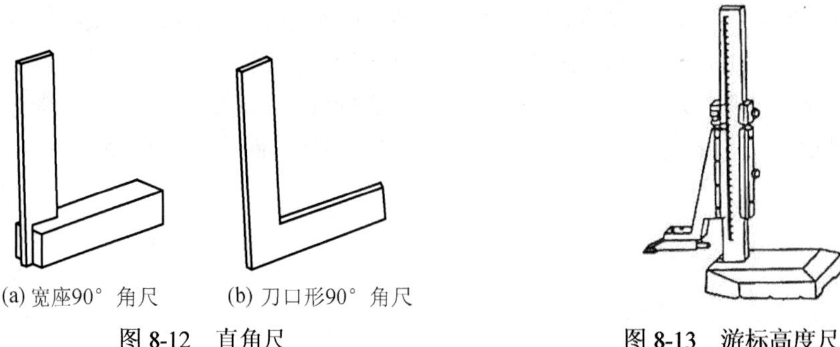

图 8-12　直角尺

图 8-13　游标高度尺

4. 夹持工具

夹持工具有方箱、V 形铁和千斤顶等。

(1)方箱。如图 8-14 所示，方箱是用铸铁制成的空心立方体，它的 6 个面都经过精加工，各相邻的两个面均互相垂直。方箱用于夹持尺寸小而加工面较多的工件。通过在平板上翻转方箱，便可在工件表面上划出互相垂直的线。

(2)V 形铁。如图 8-15 所示，V 形铁用于支承圆柱类工件，以保证工件轴线与平板平行。一般两块为一组。

图 8-14　方箱

图 8-15　V 形铁

(3)千斤顶。如图 8-16 所示，千斤顶用于支承尺寸较大及形状不规则的工件，其高度可以调整，通常用三个千斤顶支承一个工件。

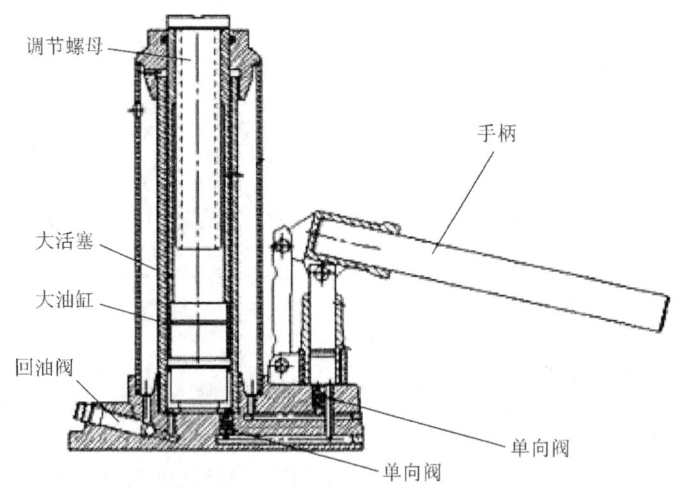

图 8-16　千斤顶

8.2.4　划线基准的确定

基准是用来确定生产对象上各几何要素间的尺寸大小和位置关系所依据的一些点、线、面。

在设计图样上采用的基准为设计基准。在工件划线时所选用的基准称为划线基准。在选用划线基准时，应尽可能使划线基准与设计基准一致，这样，可避免尺寸换算，减少由于基准不重合所产生的误差。

平面划线时，通常要选择两个相互垂直的划线基准，而立体划线时，通常要确定三个相互垂直的划线基准。

常见的划线基准有三种类型。

(1) 以两个相互垂直的平面或直线为基准(图 8-17)。该零件有两个相互垂直方向的尺寸。可以看出，每一方向的尺寸大多是依据它们的外缘线确定的(个别的尺寸除外)。此时，就可把这两条边线分别确定为这两个方向的划线基准。

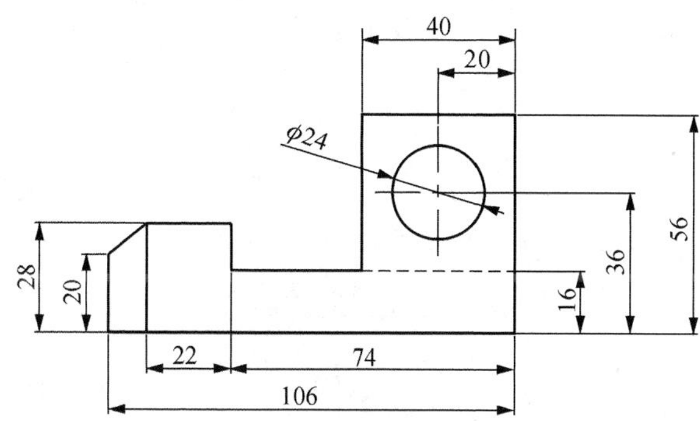

图 8-17　以两个互相垂直的平面(直线)为基准

(2) 以一个平面或直线和一个对称平面或直线为基准(图 8-18)。该零件高度方向的尺寸是以底面为依据而确定的，底面就可作为高度方向的划线基准；宽度方向的尺寸对称于中心线，故中心线就可作为宽度方向的划线基准。

(3) 以两个互相垂直的中心平面或直线为基准(图 8-19)。该零件两个方向的许多尺寸分别与其中心线具有对称性，其他尺寸也从中心线起始标注。此时，就可把这两条中心线分别确定为这两个方向的划线基准。

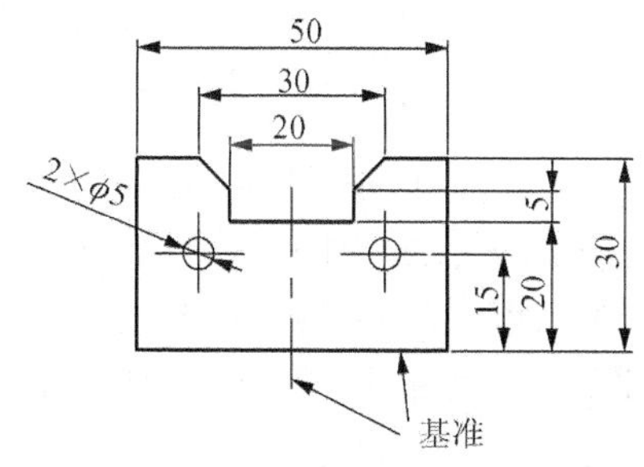

图 8-18　以一个平面(直线)和一个对称平面(直线)为基准

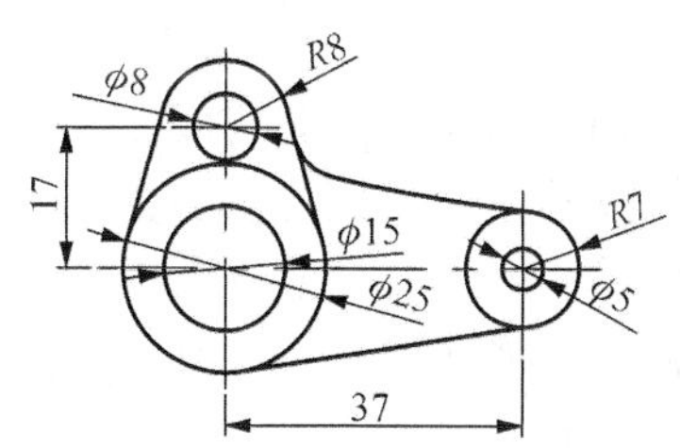

图 8-19　以两个互相垂直的中心平面(直线)为基准

基准的选择：当工件上有已加工面(平面或孔)时，应该以已加工面作为划线基准。若毛坯上没有已加工面，首次划线应选择最主要的(或大的)不加工面为划线基准(称为粗基准)，但该基准只能使用一次，在下一次划线时，必须用已加工面作划线基准。如果一个工件上有很多条线要划，究竟从哪一根线开始，常要遵守从基准开始的原则，可以提高划线的质量和效率，并相应提高毛坯合格率。

8.2.5　划线步骤

(1)研究图纸，确定划线基准，详细了解需要划线的部位、这些部位的作用以及有关的加工工艺。

(2)初步检查毛坯的误差情况，去除不合格毛坯。

(3)清理毛坯，在需划线部分涂上涂料。铸件、锻件涂大白浆；已加工过的表面用龙胆紫加虫胶和酒精，或孔雀绿加虫胶和酒精。用铅块或木块堵孔，以便确定孔的中心位置。

(4)正确安放工件和选用划线工具。

(5)划线。先划出划线基准，再划出其他水平线；翻转工件，找正，划出互相垂直的线。图 8-20 为平行线的划法；图 8-21 为垂直线的划法。

(6)详细检查划线是否正确以及线条有无漏划。

(7)在线条上打冲眼。

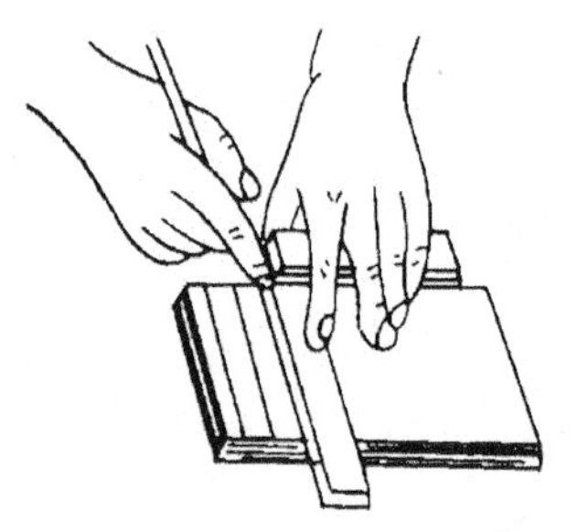

(a) 在平面上划平行线

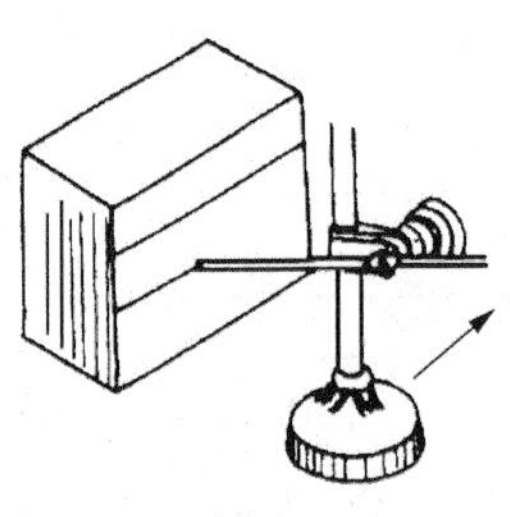

(b) 在立体上划平行线

图 8-20　平行线的划法

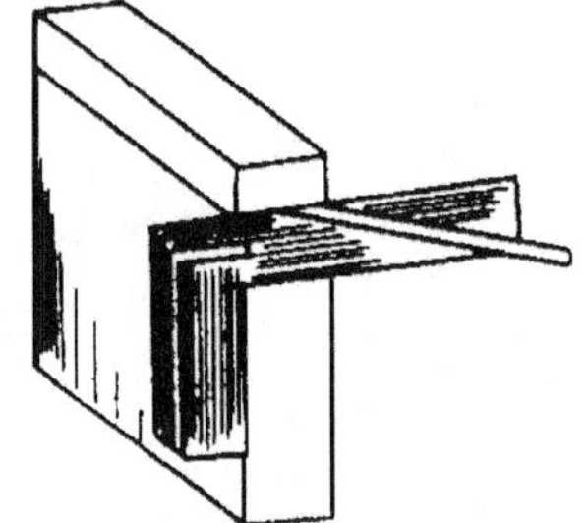

图 8-21　垂直线的划法

划线时应注意：工件夹持或支承要可靠，防止滑落或移动；一次支承中应划全需要的所有平行线，以免再次支承补划，造成误差；正确使用划线工具，划出的线条要准确、清晰；划线完成后，要反复核对尺寸，才能进行机械加工。

8.3　锯　　削

用手锯锯断金属材料或在工件上锯出沟槽的操作称为锯削。虽然在实际生产中已广泛使用各种机械化、自动化的切割设备进行切割操作，但手工切割还是常见的一种钳工操作。它具有设备简单、操作灵活的特点，在单件小批量生产，特别在切割异形工件、开槽、修理等场合应用较广。锯削主要用于：分割各种材料或半成品；锯掉工件上的多余部分；在工件上锯槽。

8.3.1　锯削工具及使用方法

(1)锯弓是用来张紧锯条的。锯弓分为固定式和可调式两类，目前广泛使用的是可调式锯弓，如图 8-22 所示。

(2)锯条是用来直接锯削材料或工件的工具。一般用碳素工具钢或合金钢制成。锯条的长度以两端装夹孔的中心距来表示，手锯常用的锯条长度为 300mm、宽 12mm、厚 0.8mm，如图 8-23 所示。从图中可以看出，锯齿排列呈左右错开状，称为锯路。锯路有交叉、波浪等不同排列形式。其作用就是防止在锯削时锯条卡在锯缝中，同时可以减少锯削时的阻力和便于排屑。锯条按齿距的不同分为粗齿、中齿和细齿三种。

锯条应根据被加工工件的材质、尺寸大小、精度和表面粗糙度来选择。粗齿锯条适用于锯削软钢、黄铜、铝、铸铁等；中齿锯条适用于锯削中等硬度钢、厚壁铜管等；细齿锯条适用于锯削硬度大的钢、板材和薄壁管材等。

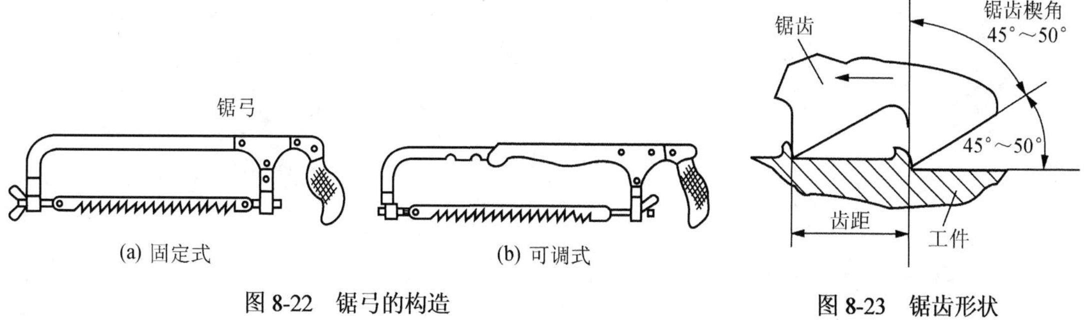

(a) 固定式　　(b) 可调式

图 8-22　锯弓的构造

图 8-23　锯齿形状

8.3.2　锯削操作

1. 锯条的安装

由于手锯向前推时进行切割，因此锯条的安装应使锯齿朝前，且要松紧适中。

锯条的安装方法如图 8-24 所示。图 8-24(a)为正确安装；图 8-24(b)为错误安装。

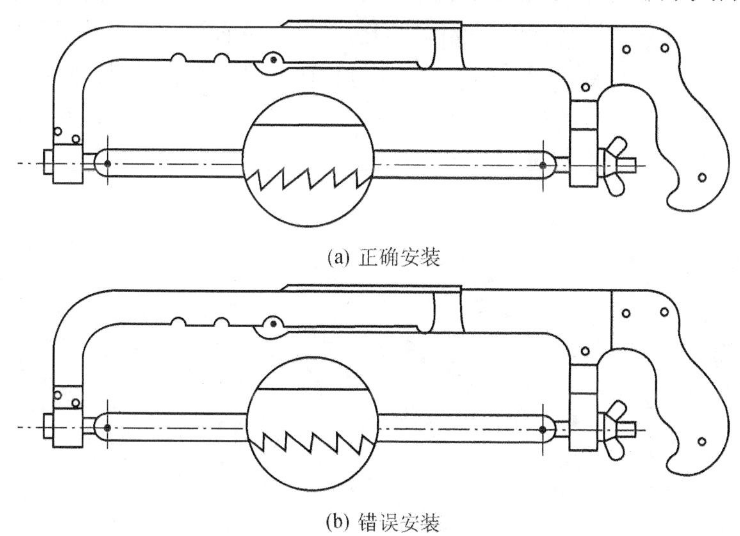

(a) 正确安装

(b) 错误安装

图 8-24　锯条的安装

2. 工件的夹持

工件一般应夹在虎钳的左面，以便操作；工件伸出钳口不应过长，应使锯缝离开钳口侧面 20mm 左右，防止工件在锯割时产生振动；锯缝线要与钳口侧面保持平行，便于控制锯缝不偏离划线线条；夹紧要牢靠，同时要避免工件夹变形和夹坏已加工面。

3. 起锯方法

起锯方法有两种：一种从工件远离自己的一端起锯，称为远起锯，如图 8-25(a)所示。这种起锯方法是逐步切入材料，不易卡住，起锯比较方便。另一种是从工件靠近自己的一端起锯，称为近起锯，如图 8-25(b)所示。这种方法如果掌握不好，锯齿一下子会切入较深，锯条易被卡住，造成崩裂，故一般情况下采用远起锯的方法。

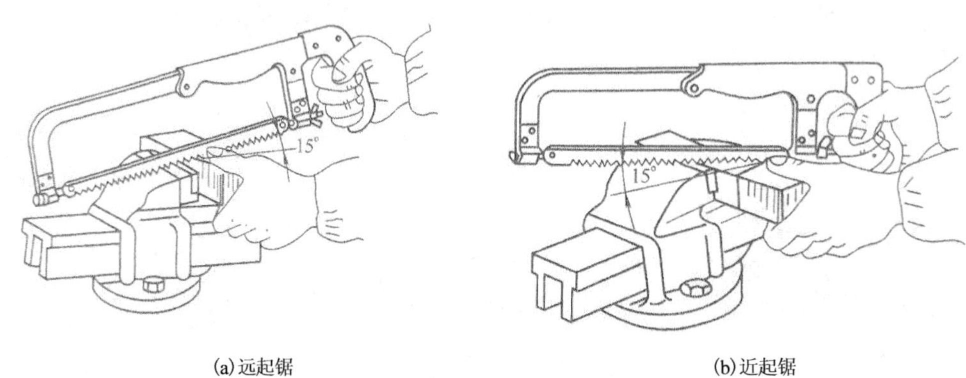

(a)远起锯　　(b)近起锯

图 8-25　起锯方法和起锯角度

起锯时，锯条与工件表面倾斜角为 15°左右，最少要有三个齿同时接触工件。起锯角度太小，锯条不易切入材料，还可能打滑，使锯缝产生偏离。起锯角度太大，锯齿易被工件的棱边卡住。为了起锯平稳准确，可用拇指挡住锯条，使锯条保持在正确的位置。

4. 锯削姿势

锯削姿势如图 8-26 所示。起锯时左脚朝前半步，右脚伸直并稍向前倾，重心在左脚，右手满握锯柄，左手轻扶在锯弓前段；推锯时身体上部稍向前倾，左手给手锯以适当的压力，配合右手扶正锯弓而完成锯削；当锯弓行至 3/4 行程时，身体停止前进，两臂则继续将锯弓向前推；回程时，身体重心后移，左手不施加压力，在零件上轻轻划过，以减少对锯齿的磨损。锯削时视线要落在工件的切削部位。

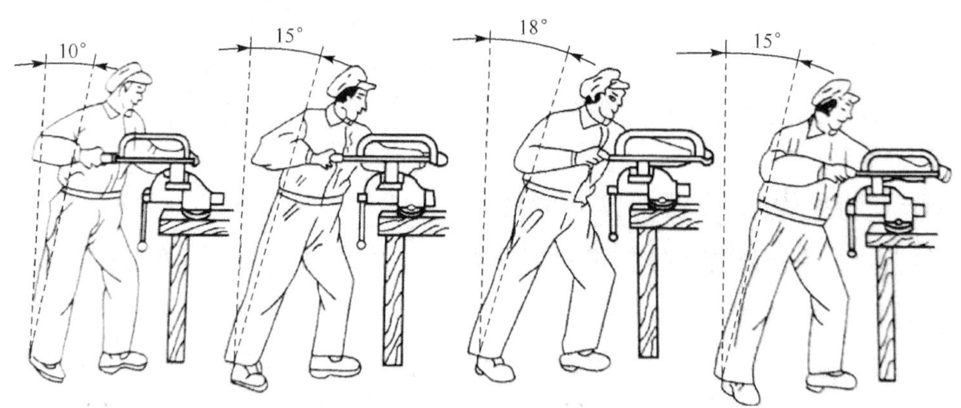

图 8-26　锯削姿势

锯削时，应尽量利用锯条的有效长度。锯削时应注意推拉频率：对软材料和有色金属材料频率为每分钟往复 50～60 次，对普通钢材频率为每分钟往复 30～40 次。

5. **锯削示例**

(1) 锯扁钢、型钢：在锯口处划一周圈线，分别从宽面的两端锯下，如图 8-27 所示。两锯缝将要对接时，轻轻敲击使之断裂分离。

(2) 锯圆管：选用细齿锯条，当管壁锯透后随即将管子沿着推锯方向转动一个适当角度，再继续锯割，依次转动，直至将管子锯断，如图 8-28 所示。

(3) 锯棒料：如果断面要求平整，则应从开始连续锯到结束，若要求不高，可分几个方向锯下，以减小锯削阻力，提高工作效率。

(4) 锯薄板：锯削时尽可能从宽面锯下去，若必须从窄面锯下，则可用两块木垫夹持，连木块一起锯下，如图 8-29 所示。也可把薄板直接夹在虎钳上，用手锯作横向斜推锯。

(5) 锯深缝：当锯缝的深度超过锯弓高度时，应将锯条转 90°重新装夹，当锯弓高度仍不够时，可将锯条转过 180°装夹进行锯削。

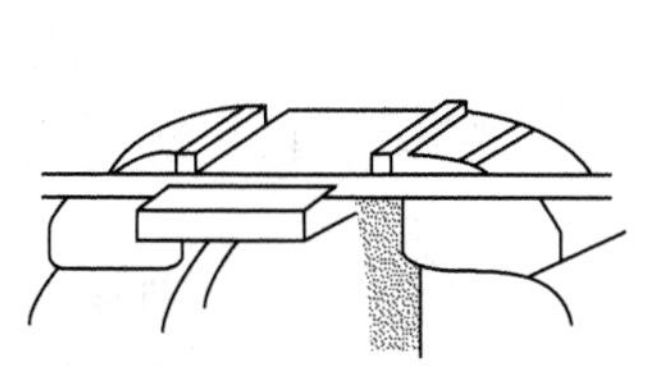

图 8-27　锯扁钢

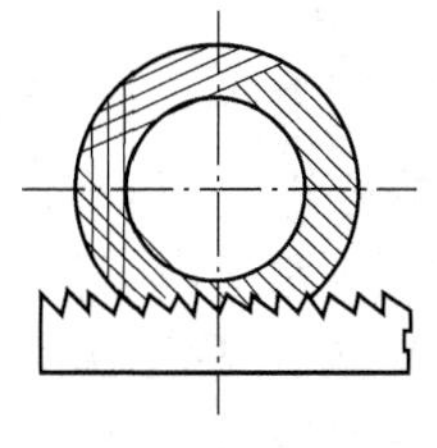

图 8-28　锯圆管

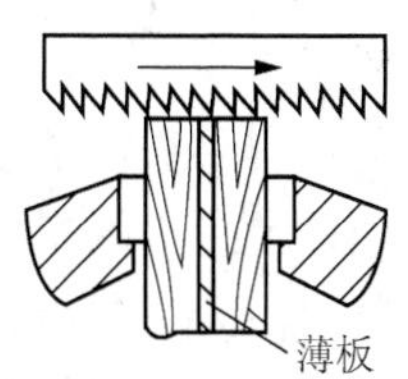

图 8-29　锯薄板

6. **注意事项**

(1) 锯削前要检查锯条的安装方向和松紧程度。

(2) 锯削过程中要把握好力的大小和速度，以免锯条折断伤人。

(3) 工件快要锯断时，施给手锯的压力要轻，以防突然断开砸伤人。

8.3.3　锯削常见缺陷分析

锯削过程中常见缺陷有锯条损坏和工件报废等。锯条损坏包括锯条的折断和崩齿等。工件报废是指尺寸锯小、锯缝歪斜等。其中最常见的现象是锯缝歪斜。

1. **锯条折断的主要原因**

(1) 锯条选择不当或起锯角度不当。

(2) 锯条安装过紧或过松。

(3) 工件未夹紧。

(4) 锯削压力太大或速度过快。

(5) 锯缝歪斜过多，强行纠正。

(6) 新换的锯条在旧的锯缝中被卡住，而造成折断。

2. **锯条崩齿的主要原因**

(1) 锯条选择不当或装夹过紧。

(2) 起锯角度太大或用力太大。

(3) 工件钩住锯齿。

3. **锯缝歪斜的主要原因**

(1) 工件装夹不正。

(2)锯条装夹过松。

(3)锯削时双手操作不协调，推力、压力和方向没有掌握好。

8.4 錾　　削

錾削是利用手锤敲击錾子对工件进行切削加工的一种操作。它主要用于不便机械加工的场合。如加工平面、沟槽、切断金属以及清理铸件或锻件的毛刺等。

8.4.1 錾削工具

錾削的主要工具有錾子和手锤。

1. 錾子

錾子由头部、切削部分和錾身三部分组成，头部有一定的锥度，顶端略带球形，以便锤击时作用力容易通过錾子中心线，錾身多呈八棱形，以防止錾子转动。錾子的切削部分由前刀面、后刀面以及它们的交线形成的切削刃组成。

錾子前刀面与后刀面之间的夹角 β_0 称为楔角。如图 8-30 所示，楔角大小对錾削有直接影响，楔角越大，切削部分强度越高，錾削阻力越大。楔角的大小应根据材料及其硬度来选择，一般錾削钢和铸铁时，楔角取 60°～70°；錾削铜、铝等软材料时，楔角取 30°～50°。錾子后刀面与切削平面之间的夹角 α_0 称为后角，后角越大，切入深度就越大，切削越困难。后角的大小由鉴削时錾子被掌握的位置决定，一般取 5°～8°。錾子前刀面与基面之间的夹角 γ_0 称为前角，其作用是錾切时，减小切屑的变形。前角越大，切削越省力。

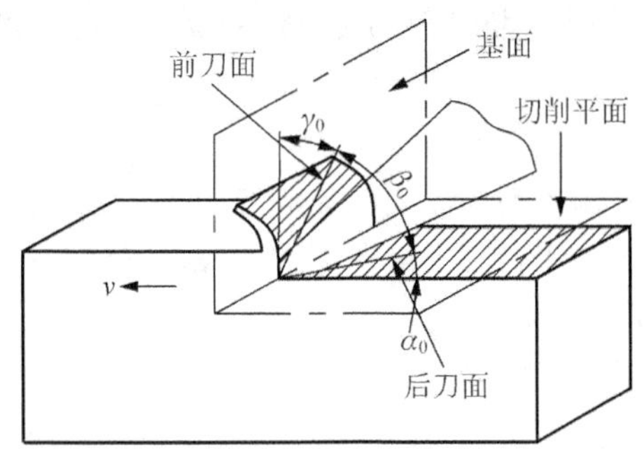

图 8-30　錾削时的角度

錾子一般用碳素工具钢锻成，然后将切削部分刃磨成楔形，经热处理后其硬度达到 56～62HRC。錾子切削部分的硬度要求大于工件材料的硬度。

钳工常用的錾子有阔錾(扁錾)、窄錾(尖錾)、油槽錾等，如图 8-31 所示。阔錾用于錾切平面，切割和去毛刺，窄錾用于开槽，油槽錾用于切油槽。

2. 手锤

手锤是钳工常用的敲击工具，由锤头和木柄组成，如图 8-32 所示。手锤的规格以锤头的重量来表示，常用的有 0.25kg、0.5kg、1kg 等几种。木柄用比较坚韧的木材制成，木柄装在锤头中，必须稳固可靠，要防止脱落造成事故。为此，装木柄的孔做成椭圆形，且两端大中间小。

木柄敲紧在孔中后，端部再打入楔子可防松动。木柄做成椭圆形防止锤头孔发生转动以外，握在手中也不易转动，便于进行准确敲击。

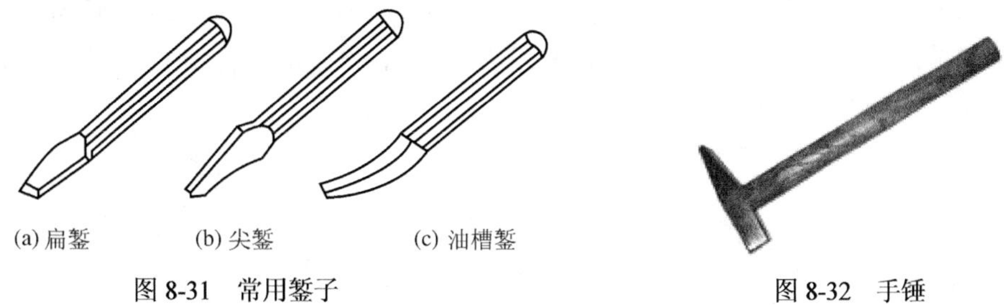

(a) 扁錾　　(b) 尖錾　　(c) 油槽錾

图 8-31　常用錾子　　　　图 8-32　手锤

8.4.2　錾削操作

1. 錾子的握法

錾子的握法有两种，如图 8-33 所示。一种是手心向下，腕部伸直，用中指、无名指握住錾子，小指自然合拢，食指和大拇指自然伸直松靠，錾子头部伸出约 20mm，这种握法称为正握法。另一种是手心向上，手指自然握住錾子，手掌悬空，这种握法称为反握法。錾子不要握得太紧，錾削时，小臂要自然平放，保持正确的后角。

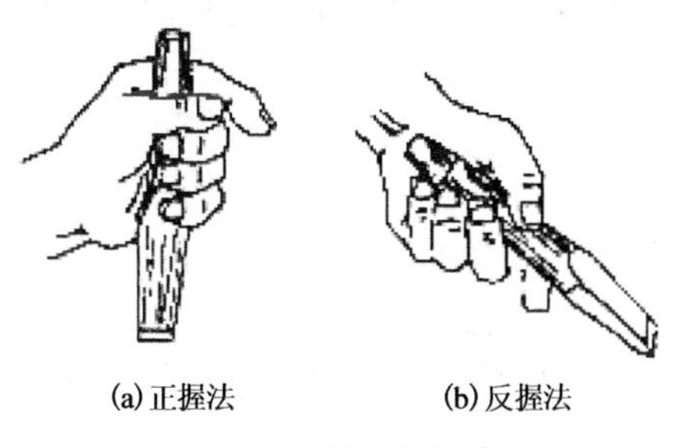

(a) 正握法　　(b) 反握法

图 8-33　錾子的握法

2. 手锤的握法

手锤也有两种握法。一种握法是用右手五指紧握锤柄，大拇指合在食指上，虎口对准锤头方向(木柄椭圆的长轴方向)，木柄尾部露出 15～30mm。在挥锤和锤击过程中，五指始终紧握。这种握法称为紧握法，如图 8-34(a)所示。另一种握法是只用大拇指和食指始终握紧手柄。在挥锤时，小指、无名指、中指依次放松；在锤击时，又以相反的方向依次收拢握紧，这种握法称为松握法，如图 8-34(b)所示。松握法手不易疲劳，且锤击力大，故常用。

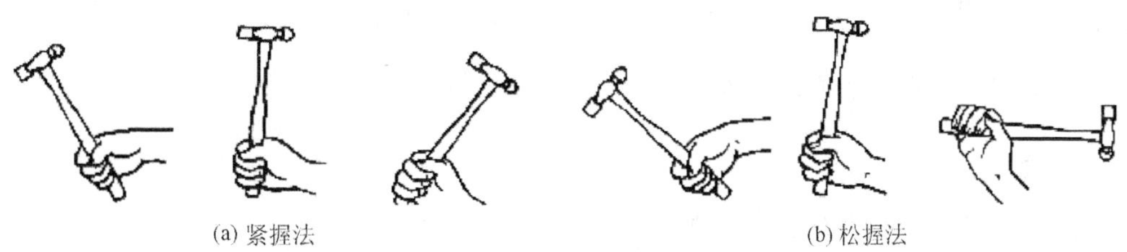

(a) 紧握法　　(b) 松握法

图 8-34　握锤方法

3. 錾削姿势

身体与台虎钳中心线大致成 45°，且略向前倾，左脚跨前半步，膝盖处稍有弯曲，保持自然，右脚站稳伸直，不要过于用力。同时，挥锤要自然，两眼注视錾刃。挥锤方法分为腕挥、肘挥和臂挥三种，如图 8-35 所示。腕挥是仅用手腕的动作来进行锤击运动，采用紧握法握锤，一般仅用于錾削余量较少及錾削开始或结尾。肘挥是用手腕与肘部一起挥动作锤击运动，采用松握法握锤，因挥动幅度较大，锤击力大，应用最广。臂挥是手腕、肘和全臂一起挥动，其锤击力最大，用于需大力錾削的工件。

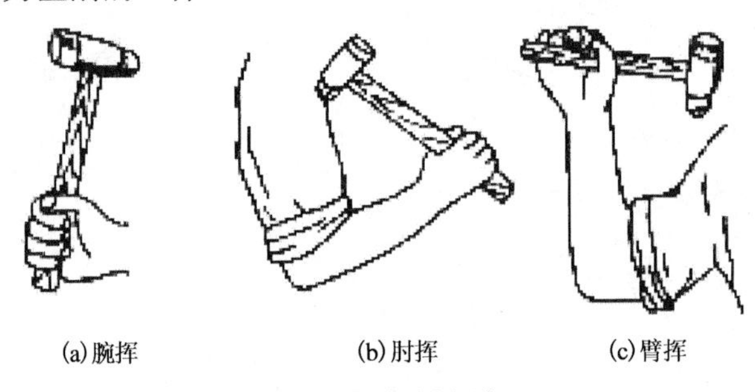

(a) 腕挥　(b) 肘挥　(c) 臂挥

图 8-35　挥锤方法

4. 锤击要领

(1) 挥锤：肘收臂提，举锤过肩，手腕后弓，三指微松，锤面朝天，稍停瞬间。

(2) 锤击：目视錾刃，臂肘齐下，收紧三指，手腕加劲，锤錾一线，锤走弧形，左脚着力，右腿伸直。

(3) 要求：稳，速度 40 次/min；准，命中率高；狠，锤击有力。

5. 錾削操作

(1) 选择錾子：錾削前应根据錾削面的形状、尺寸大小选择合适的錾子。

(2) 确定錾削余量：錾削余量通常取 0.5～2mm，錾削余量大于 2mm 时，可分几次錾削。

(3) 起錾方法：先取后角 α_0 为 0°，轻敲錾子，待卷起铁屑后，后角逐渐变为 5°～8°进行正常錾削。

(4) 錾削收尾：每次錾削距终端 10mm 左右时，应调头錾去其余部分，以防止边沿出现崩裂。

6. 錾削示例

錾削方法如图 8-36 所示。

(1) 錾削平面：錾削较窄平面时，錾子切削刃与前进方向倾斜适当角度。錾削较宽平面时，先用窄錾开几条槽，再用扁錾錾去其余部分。

(2) 錾断板料：对于小而薄的板料可在虎钳上錾断；对于较大型板材可在铁砧上垫软铁后錾削。

(3) 錾削油槽：先按图样要求划出油槽形状，再按划线錾出油槽，最后用挫刀、油石清理毛刺。

7. 注意事项

(1) 先检查錾子是否有裂纹，锤子与手柄是否有松动。

(2) 工作台须安装防护网，以防錾屑飞出伤人。

(3) 工件必须夹紧，以防錾削时松动。

(4) 錾头不能有毛刺，如有毛刺应及时磨掉，以防伤手。

(5)操作时不能戴手套，以免打滑。

(6)錾削临近终了时要减力锤击，以免用力过猛伤手。

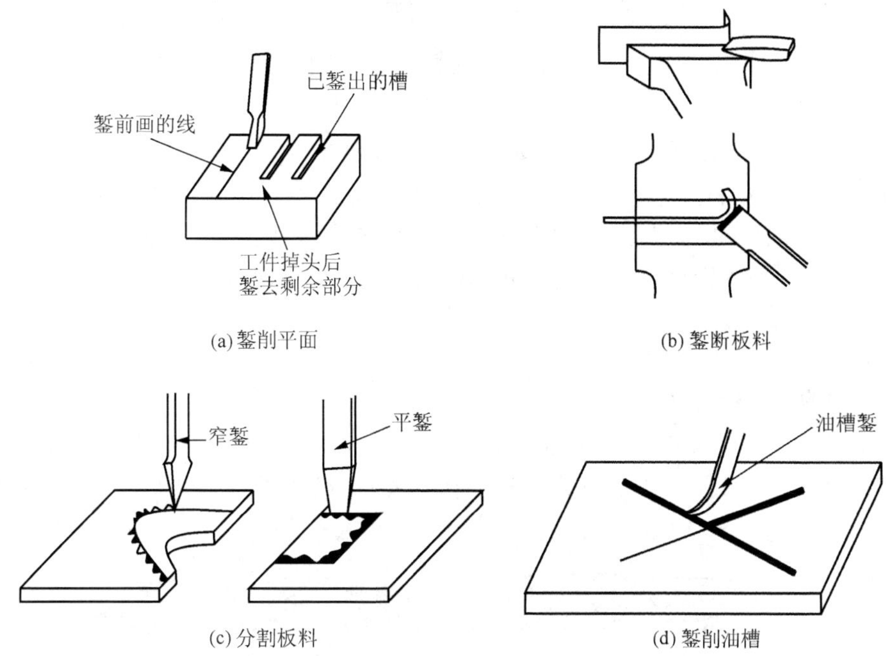

图 8-36　錾削方法

8.4.3　錾削常见缺陷分析

錾削中常见的缺陷有錾子的损坏和工件报废。錾子的损坏包括錾子刃口崩裂和卷边等。工件报废是指尺寸不符合要求、棱边或棱角崩裂、錾削表面凹凸不平。

1. 錾子刃口出现崩裂的主要原因

(1)錾子刃部淬火硬度太高。

(2)锤击力太大。

(3)工件硬度过高或材质不均匀。

2. 錾子刃口出现卷边的主要原因

(1)錾子刃口淬火硬度偏低。

(2)錾子楔角太小。

(3)一次錾削加工余量太大。

3. 工件尺寸不符合要求及出现棱边、棱角崩裂的主要原因

(1)工件装夹不牢。

(2)錾子方向掌握不正，偏斜越线。

(3)收尾未调头錾削。

4. 工件錾削表面出现凹凸不平的主要原因

(1)錾子刃口不锋利。

(2)锤击力不均匀。

(3)錾削时后角过大或时大时小。

(4)錾子掌握不稳。

8.5 锉　　削

锉削是利用锉刀对工件材料进行切削加工，使工件达到所要求的尺寸、形状和表面粗糙度的一种操作方法。它的应用范围广，可锉工件的外表面、内孔、沟槽和各种形状复杂的表面。锉削精度可达 IT8～IT7，表面粗糙度 Ra 可达 0.8。锉削是钳工的主要操作方法之一，多用于成形样板、模具型腔以及组件、部件、机器装配时的工件修理。

8.5.1 锉刀

1. 锉刀的材料和结构

锉刀常用高碳工具钢 T12 或 T13 制成，并经热处理，硬度达 62～67HRC。锉刀构造如图 8-37 所示。锉刀面上有锉齿，锉齿是在剁锉机上剁出来的。锉刀的大小以锉刀面的长度来表示。

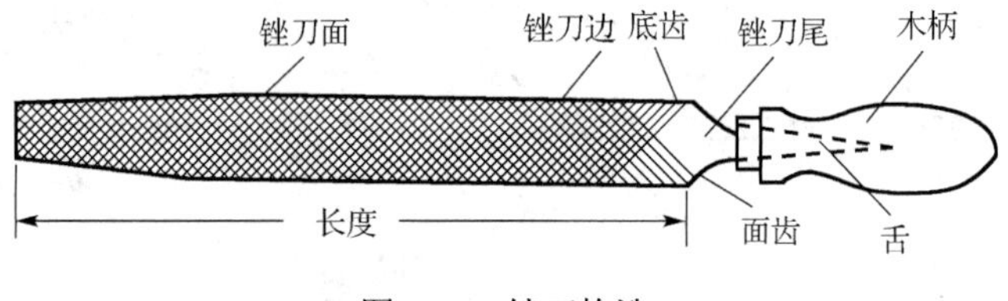

图 8-37　锉刀构造

2. 锉刀的种类

锉刀按其用途不同，可分为下列三种形式。

(1)普通锉：如图 8-38 所示。按断面形状不同分为平锉、方挫、圆挫、三角挫、半圆锉五种；按工作长度不同分 100mm、150mm、200mm、250mm、300mm、350mm、400mm 等七种；按齿纹不同分为单齿纹和双齿纹两种；按齿纹粗细不同分为粗齿、中齿、细齿、粗油光和细油光五种。

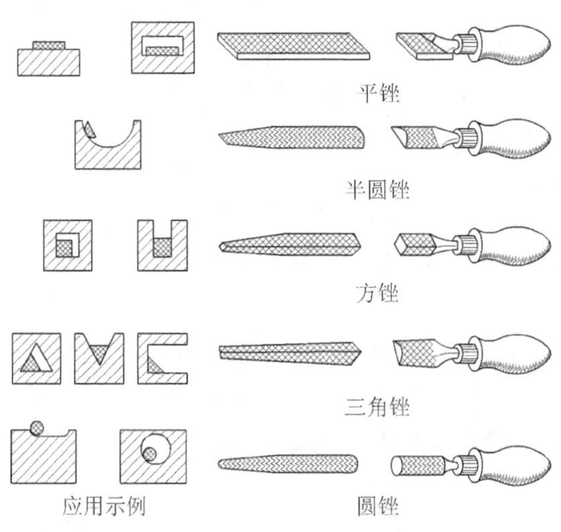

图 8-38　普通锉

(2)整形锉：如图 8-39 所示。主要用于精细加工和修整工件上的细小部位。

(3)特种挫：如图 8-40 所示。用于加工特殊表面，根据截面形状不同有多种类形，如棱形锉。

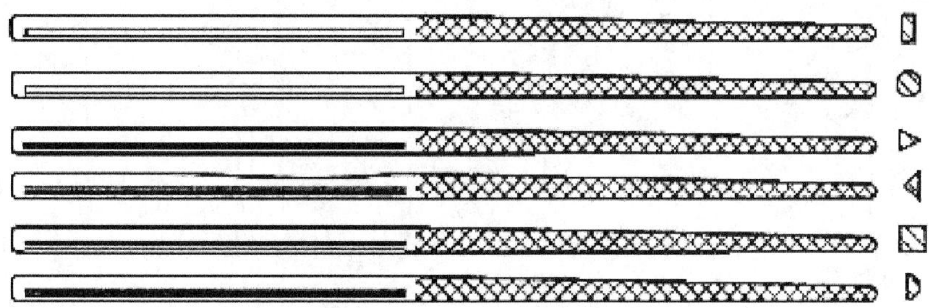

图 8-39　整形锉

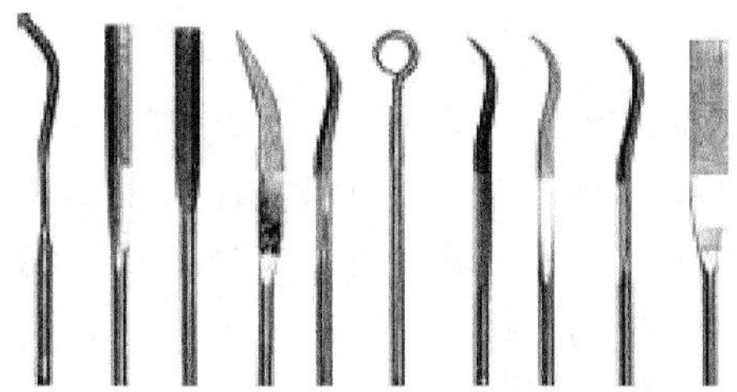

图 8-40　特种锉

3. **锉刀的选用**

锉刀的选择原则是：按工件的形状和加工面的大小选择锉刀的形状与规格，按工件材料的硬度、加工余量、加工要求选择锉刀齿纹的粗细。锉刀的粗细是以每 100mm 长度的齿面上的锉齿齿数来表示的，粗锉为 4～12 齿，细锉为 13～24 齿，油光锉为 30～36 齿。一般粗锉刀用于加工软材料，如铜、铅等或粗加工时；细锉刀用于加工硬材料或精加工时；光锉刀用于最后修光表面。

8.5.2　锉削操作

1. **锉刀握法**

锉刀大小不同，握法不一样。如图 8-41～图 8-43 所示。

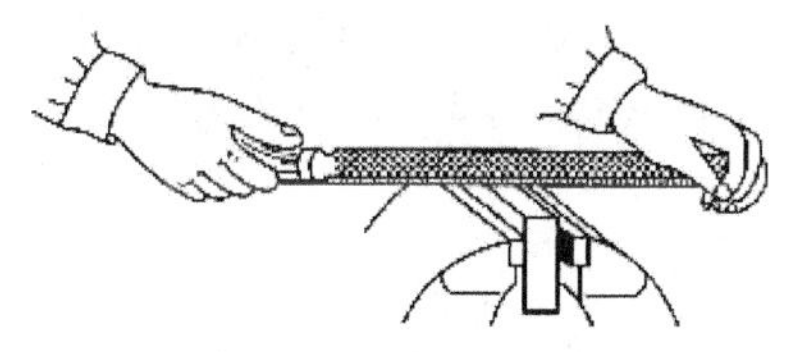

图 8-41　大型锉刀的握法

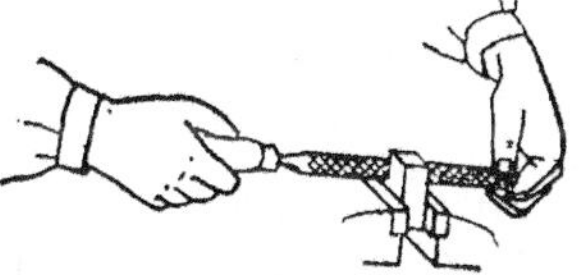

图 8-42　中型锉刀的握法

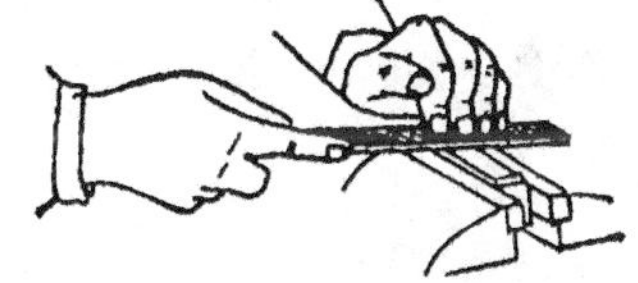

图 8-43　小型锉刀的握法

2. **锉削姿势**

锉削姿势如图 8-44 所示。开始锉削时身体要向前倾斜 10°左右，左肘弯曲，右肘向后。锉刀推出 1/3 行程时身体向前倾斜 15°左右，此时左腿稍弯，右臂向前推，推到 2/3 时，身体倾斜到 18°左右，最后左腿继续弯曲，左肘渐直，右臂向前使锉刀继续推进至尽头，身体随锉刀的反作用方向回到 15°位置。

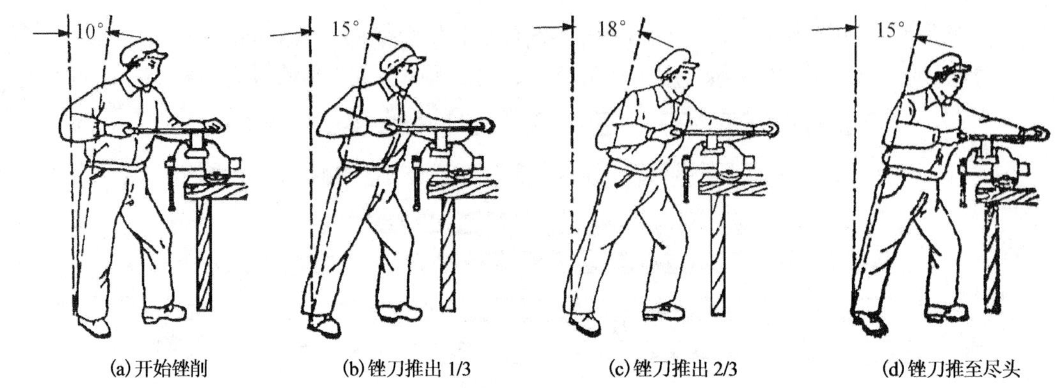

(a) 开始锉削　(b) 锉刀推出 1/3　(c) 锉刀推出 2/3　(d) 锉刀推至尽头

图 8-44　锉削姿势

3. 锉削力的运用

锉削时要求锉刀平直运动。锉削时有两个力，一个是推力，一个是压力，其中推力由右手控制，压力由两手控制，而且在锉削中，要保证锉刀前后两端所受的力矩相等，即随着挫刀的推进左手所加的压力由大变小，右手的压力由小变大，否则锉刀不易锉削。锉削速度以 30～60 次/min 为宜。值得注意的是：锉刀只在推进时加力进行切削，返回时，不加力、不切削，只把锉刀返回即可，否则易造成锉刀过早磨损；锉削时要充分利用锉刀的有效长度进行切削加工，不能只用局部某一段，否则局部磨损过重，造成寿命降低。

4. 锉削方法

1) 选择锉刀

根据加工余量选择：若加工余量大，则选用粗锉刀或大型锉刀；反之则选用细锉刀或小型锉刀。

根据加工精度选择：若工件的加工精度要求较高，则选用细锉刀，反之则用粗锉刀。

2) 工件夹持

将工件夹在虎钳钳口的中间部位，伸出不能太高，否则易振动。装夹要牢固，但又不能用力太大，以防工件变形。若加工已加工表面或精密加工，则应在钳口垫上紫铜皮或铝皮等软材料，以保护加工表面。

3) 平面锉削方法

平面锉削是最基本的锉削，常用方法有交叉锉法(图 8-45)、顺向锉法(图 8-46)和推锉法(图 8-47)三种。一般先采用交叉锉法进行粗锉，再采用顺向锉法锉削，最后用细锉刀以推锉法修光。

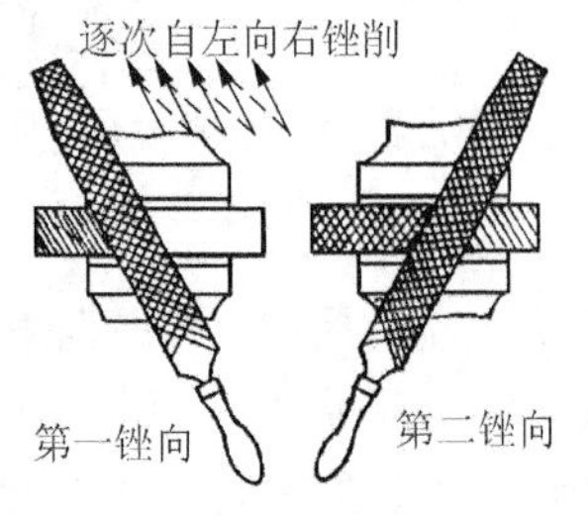

图 8-45　交叉锉法

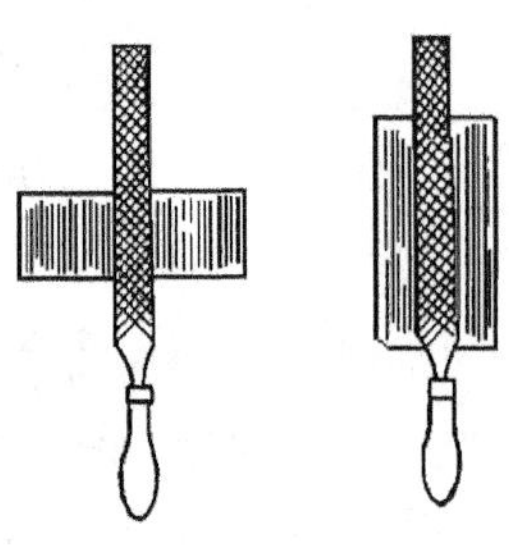

图 8-46　顺向锉法

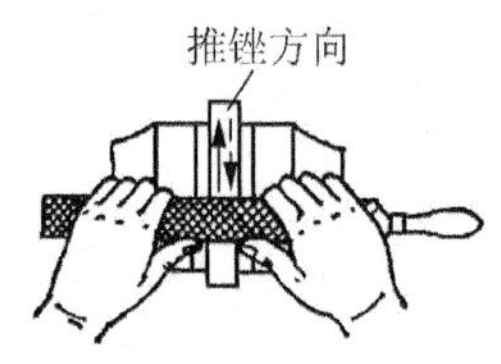

图 8-47　推锉法

4)检验

检验工具有刀口尺、直角尺、游标角度尺等。刀口尺、直角尺可检验工件的直线度、平面度及垂直度。下面介绍用刀口尺检验工件平面度的方法。

(1)将刀口尺垂直紧靠在工件表面，并在纵向、横向和对角线方向逐次检查(图8-48)。

(2)检验时，如果刀口尺与工件平面透光微弱而均匀，则该工件平面度合格。如果进光强弱不一，则说明该工件平面凹凸不平。因此，可在刀口尺与工件紧靠处用塞尺插入，根据塞尺的厚度即可确定平面度的误差(图8-49)。

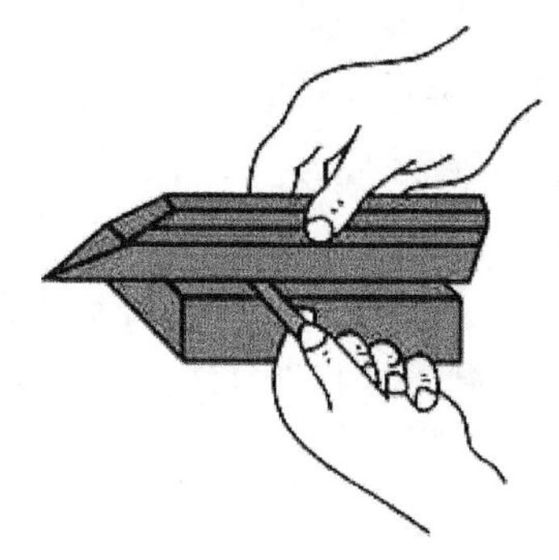

图8-48　用刀口尺检验平面度

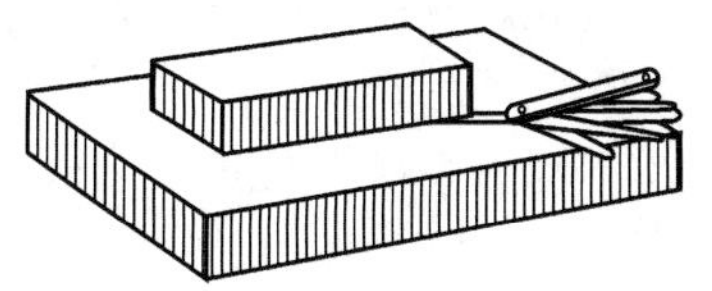

图8-49　用塞尺测量平面度误差值

5. **锉削注意事项**

(1)不使用无柄或柄已裂开的锉刀，防止刺伤手腕。

(2)不能用嘴吹铁肩，防止铁屑飞进眼睛。

(3)锉削过程中不要用手抚摸锉面，以防锉时打滑。

(4)锉面堵塞后，用铜锉刷顺着齿纹方向刷去铁屑。

(5)锉刀放置时不应伸出钳台以外，以免碰落砸伤脚。

8.5.3　锉削常见缺陷分析

锉削时常见缺陷是工件报废。工件报废是指工件表面夹伤或变形、尺寸不符合要求、表面粗糙度超差等。

1. **工件表面出现夹伤或变形的主要原因**

(1)虎钳未装软钳口。

(2)夹紧力太大。

2. **工件出现尺寸不合格的主要原因**

(1)划线不准确。

(2)未及时测量尺寸或测量不准确。

3. **工件出现表面粗糙度不符合要求的主要原因**

(1)锉刀选用不当。

(2)锉刀中的锉屑未及时清理。

(3)粗、精锉削时加工余量选择不当。

8.6　钻孔、扩孔和铰孔

8.6.1　孔加工概述

孔的加工是钳工工作的重要内容之一。孔加工主要有钻孔、扩孔、铰孔和锪孔等。

(1) 钻孔。用钻头在实心工件上加工孔称为钻孔。钻孔只能进行孔的粗加工。加工精度在 IT12 左右，表面粗糙度 Ra 在 12.5 左右。

(2) 扩孔。扩孔用于扩大已加工出的孔，如图 8-50 所示。它常作为孔的半精加工，也可以作为要求不高的孔的终加工。精度可达 IT10～IT9，表面粗糙度 Ra 可达 3.2，加工余量为 0.5～4mm。

(3) 铰孔。铰孔是用铰刀从工件壁上切除微量金属层，以提高其尺寸精度和表面质量，如图 8-51 所示。铰孔是孔的精加工，分为粗铰和精铰。精铰的精度可达 IT7～IT6，表面粗糙度 Ra 可达 0.4，加工余量为 0.05～0.15mm。

图 8-50　扩孔　　　　图 8-51　铰孔

(4) 锪孔。锪孔是用锪孔钻对工件上的已有孔进行孔口形面的加工，如图 8-52 所示。其目的是保证孔端面与孔中心线的垂直度，以便使与孔连接的零件位置正确，连接可靠。

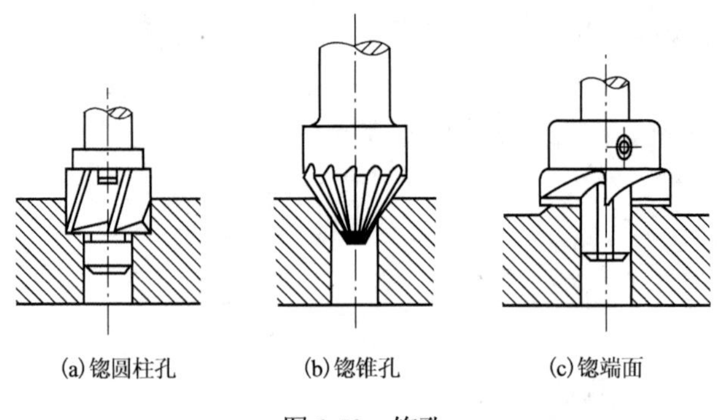

(a) 锪圆柱孔　(b) 锪锥孔　(c) 锪端面

图 8-52　锪孔

8.6.2　钻孔的设备

(1) 台式钻床。台式钻床如图 8-53 所示。它是一种安放在钳工台上使用的小型机床。台式钻床小巧灵活，主要加工小型零件上的小孔，钻孔直径一般为 13mm 以下。

(2) 立式钻床。立式钻床如图 8-54 所示。在立式钻床上可以完成钻孔、扩孔、铰孔、锪孔等加工，一般适于加工中小型零件上的孔。其规格用最大钻孔直径来表示。

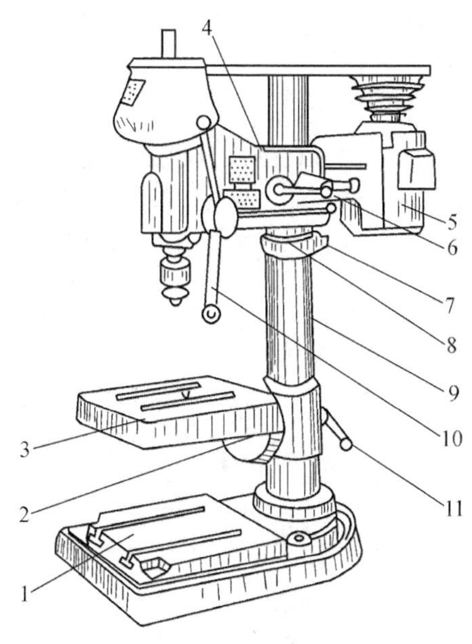

图 8-53　台式钻床

1-底座；2-锁紧螺钉；3-工作台；4-主轴架；5-电动机；6-锁紧手柄；7-锁紧螺钉；8-定位环；9-立柱；10-进给手柄；11-锁紧手柄

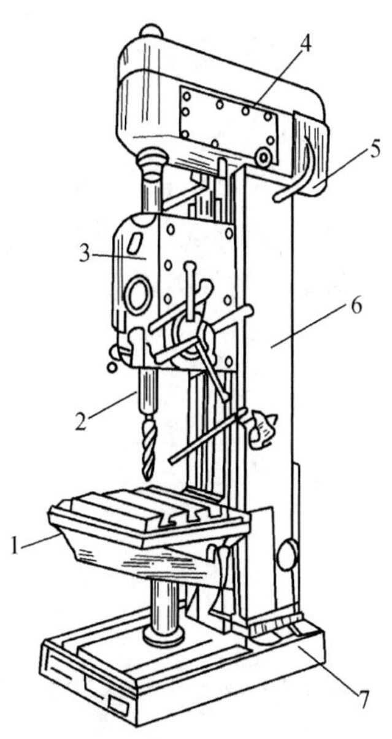

图 8-54　立式钻床

1-工作台；2-主轴；3-进给箱；4-主轴变速箱；5-电动机；6-床身；7-底座

(3) 摇臂钻床。摇臂钻床如图 8-55 所示。它由主轴、摇臂、主轴变速箱、立柱、工作台、底座等组成。 由于它有一个能绕立柱旋转的摇臂，摇臂带着主轴箱可沿立柱垂直移动，同时主轴箱等还能在摇臂上做横向移动，故适用于加工大型零件及多孔零件上的孔。

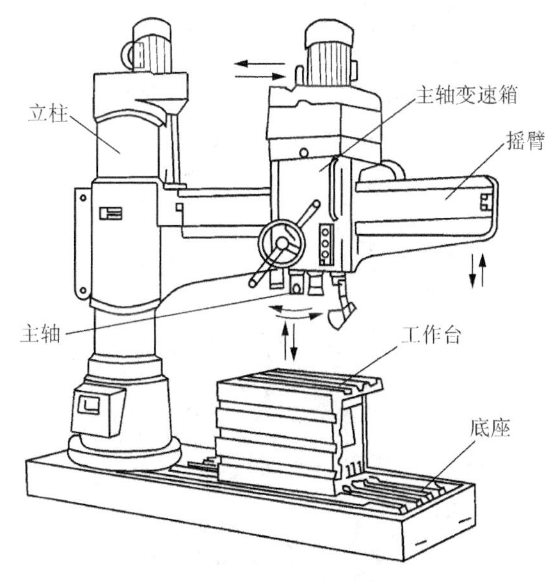

图 8-55　摇臂钻床

(4) 手电钻。在其他钻床不方便钻孔时，可用手电钻钻孔。

另外，现在市场上有许多先进的钻孔设备，如数控钻床，可以减少钻孔划线及钻孔偏移的问题。

8.6.3　刀具及其附件

1. 刀具

(1)麻花钻。钻孔用的刀具主要是麻花钻，由柄部、颈部和切削部分组成。根据柄部形状分为直柄(图 8-56)和锥柄(图 8-57)两种。切削部分有两个前刀面，两个后刀面，两条主切削刃、两条副切削刃，一条横刃，如图 8-58 所示。两条主切削刃之间的夹角称为顶角，一般取 118°±2°。

图 8-56　直柄钻头

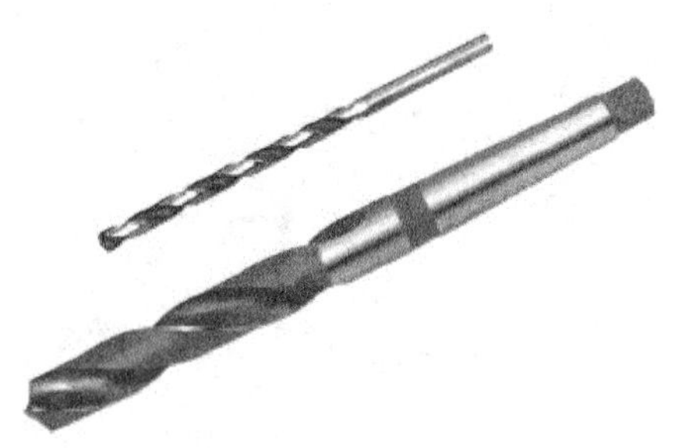

图 8-57　锥柄钻头

(2)扩孔钻。扩孔钻的结构与麻花钻相类似，不同的是，它有 3～4 个切削刃，无横刃，刚度、导向性好，切削平稳，所以加工孔的精度较高、表面粗糙度较好。

(3)铰刀。铰刀有手用、机用两种。手用铰刀为直柄，机用铰刀为锥柄。铰刀有 6～12 个切削刃，没有横刃，刚性、导向性更好，加工精度更高。注意使用铰刀铰孔时，铰刀不能反转，以免崩刃。

(4)锪孔钻：常用的有锥形和圆柱形两种。锪孔钻头有 6～12 个刀齿。

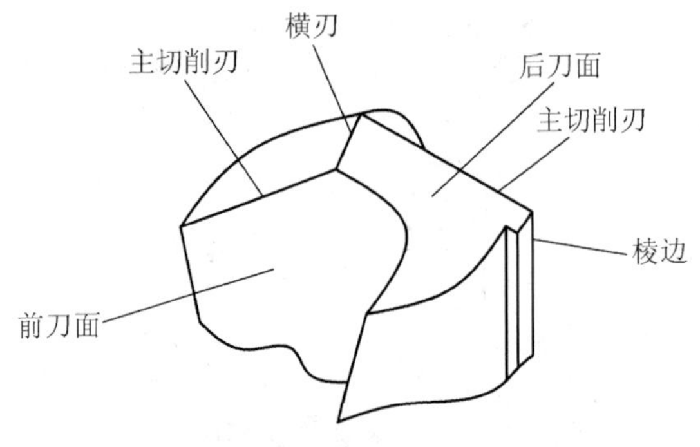

图 8-58　麻花钻的切削部分

2. 附件

(1)钻头夹：用于装夹直柄钻头。

(2)过渡套筒：用于安装锥柄小于主轴锥孔的锥柄钻头。

(3)平口钳：用于装夹中小型工件。

(4)压板：用于装夹大型工件。

8.6.4　钻孔操作

1. 钻孔

(1)划线、在孔中心打样冲眼。

(2)钻孔前先试钻一个约孔径 1/4 的浅坑，判断是否对中。

(3)钻孔，钻孔时进给力不要太大，要时常退出钻头排屑，同时加冷却润滑液，孔要钻透时，要减少进给，防止切削突然增大，折断钻头。当加工孔的直径大于 30mm 时，应分两次钻，先钻一个直径较小的孔，再用钻头将孔扩大到所需尺寸。

2. 注意事项

(1)使用前要检查钻床各部件是否正常。

(2)钻头与工件必须装夹紧固，不能用手握住工件，以免钻头旋转引起伤人事故以及设备损坏事故。

(3)集中精力操作，摇臂和拖板必须锁紧后方可工作，装卸钻头时不可用手键和其他工具物件敲打，也不可借助主轴上下往返撞击钻头，应用专用工具来装卸。

(4)钻薄板需加垫木板，钻头快要钻透工件时，要轻施压力，以免折断钻头损坏设备或发生意外事故。

(5)钻头在运转时，不能戴手套工作，禁止用棉纱和毛巾擦拭钻床及清除铁屑。工作后钻床必须擦拭干净，切断电源，零件堆放及工作场地保持整齐、整洁。

8.6.5　钻孔常见缺陷分析

钻孔时常见缺陷有钻头损坏和工件报废。工件报废是指孔径超差、孔壁粗糙、钻孔不圆、孔歪斜等。

1. 钻头出现损坏的主要原因

(1)钻头崩刃或磨损，仍继续使用。

(2)切削用量选择过大。

(3)导向套端面与工件表面间距太小，排屑困难。

(4)钻孔终了时，进给量突然增加。

2. 工件出现孔径超差的主要原因

(1)进给量太大。

(2)钻床主轴松动，摆差大。

(3)钻头的两切削刃不对称，横刃太长。

3. 工件出现孔壁粗糙的主要原因

(1)钻头切削刃不锋利或后角太大。

(2)切屑未及时排除擦伤孔壁。

(3)切削液供给不足。

(4)进给量太大。

4. 工件出现钻孔不圆的主要原因

(1)钻头的两切削刃不对称，后角太大。

(2)钻床主轴松动。

(3)工件未夹紧。

5. 工件出现孔歪斜的主要原因

(1)钻头的两切削刃不对称，横刃太长钻尖磨钝。

(2)钻头与导向套配合间隙过大。

(3)进给量不均匀。

(4)工件未夹紧，有振动。

(5)工件表面不平，有气孔等内部缺陷。

8.7 攻螺纹和套螺纹

8.7.1 攻螺纹

攻螺纹是指用丝锥在工件圆柱孔内加工内螺纹的操作。

1. 攻螺纹工具

1)丝锥

丝锥是加工内螺纹的工具，如图 8-59 所示。丝锥由工作部分和柄部组成。工作部分开有 3～4 条容屑槽，包括切削部分和校准部分。切削部分呈圆锥形，不仅可以省力，而且容易导入。校准部分是用来修光螺纹和引导丝锥轴向移动的。丝锥分为机用丝锥和手用丝锥，它们有左旋和右旋及粗牙和细牙之分。机用丝锥通常是指高速钢磨牙丝锥，螺纹公差带分为 H1、H2、H3 三种。手用丝锥是用滚动轴承钢 GCr9 或合金工具钢 9SiCr 制成的滚牙(或切牙)丝锥，螺纹公差带为 H4。手用丝锥一般是两支一套，分别称为头锥、二锥，分别承担 7.5∶2.5 的切削量。

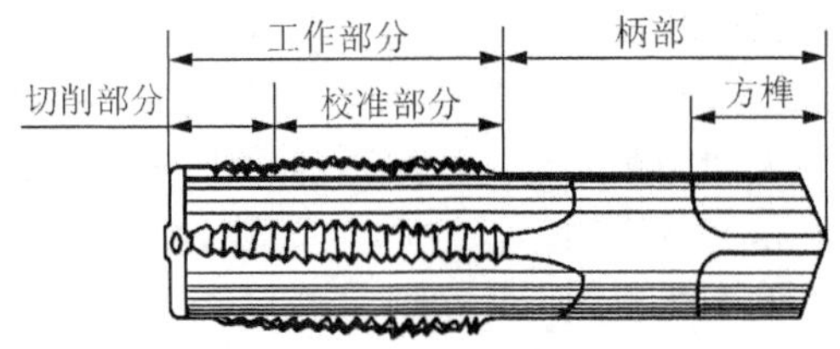

图 8-59　丝锥

2)铰手

铰手是手工攻螺纹时用来夹持丝锥的工具，分固定式铰手(图 8-60)和可调式铰手(图 8-61)两种，常用的是可调式铰手。铰手的规格应与丝锥的大小相适应，否则易造成丝锥的损坏。

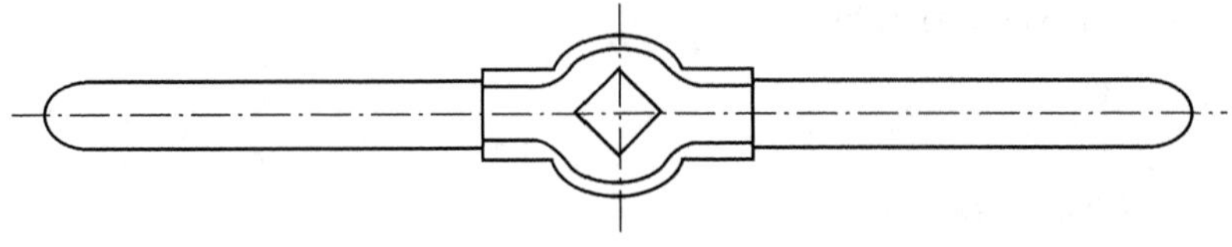

图 8-60　固定式铰手

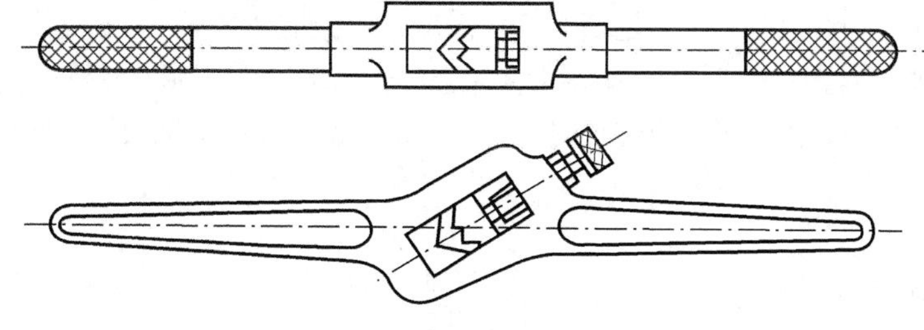

图 8-61　可调式铰手

2. 攻螺纹的方法

1)钻孔

攻螺纹前要先钻孔，并在孔口处倒角。故要确定钻孔直径和深度。钻孔时钻头直径可查表或按下列经验公式确定。

(1)在加工钢和塑性较大金属材料时：

$$D=d-P$$

式中，D 为钻头直径；d 为螺纹大径；P 为螺距。

(2)在加工铸铁和脆性金属材料时：

$$D=d-(1.05\sim1.1)P$$

攻盲孔螺纹时，由于丝锥切削部分有锥角，端部不能切出完整的牙型，所以钻孔深度要大于螺纹的有效深度，一般取：

$$H=L+0.7d$$

式中，H 为孔深；L 为螺纹长度。

【例 8-1】 计算在钢件和铸铁件上攻 M10 螺纹时，所选钻头直径各为多少？若是盲孔且螺纹有效深度为 60mm，则钻孔深度为多少？

解：查表得 M10 螺纹的螺距 P=1.5mm。

①在钢件上攻螺纹时所用钻头直径为

$$D=d-P=10-1.5=8.5(\text{mm})$$

②在铸铁件上攻螺纹时所用钻头直径为

$$D=d-(1.05\sim1.1)P=10-(1.05\sim1.1)\times1.5=8.35\sim8.425(\text{mm})$$

取钻头直径 $Z=8.4$mm (按钻头直径标准系列取一位小数)。

③钻孔深度为

$$H=L+0.7d=60+0.7\times10=67(\text{mm})$$

2)用头锥起攻

攻螺纹时，将丝锥头部垂直放入孔内，适当加力旋入 1～2 圈，检查丝锥是否与孔的端面垂直，若不垂直，应及时纠正。当丝锥旋入 3～4 圈后， 可只转动而不加压，并且每转一圈，应反转 1/4 圈，使切屑碎断后容易排除，如图 8-62 所示。

3)用二锥攻螺纹

先将丝锥放入孔内，旋入几圈后，再用铰手转动，不用加力。

在加工盲孔内的螺纹时，可根据所需螺纹深度在丝锥上做好标记，避免因切屑堵塞而使螺纹达不到深度要求。为了减小切削阻力，降低螺孔的表面粗糙度值，延长丝锥的使用寿命， 攻螺纹时一般都应加润滑油。在钢料上攻螺纹时，应加机油润滑，在铸铁上攻螺纹时可加煤油润滑。

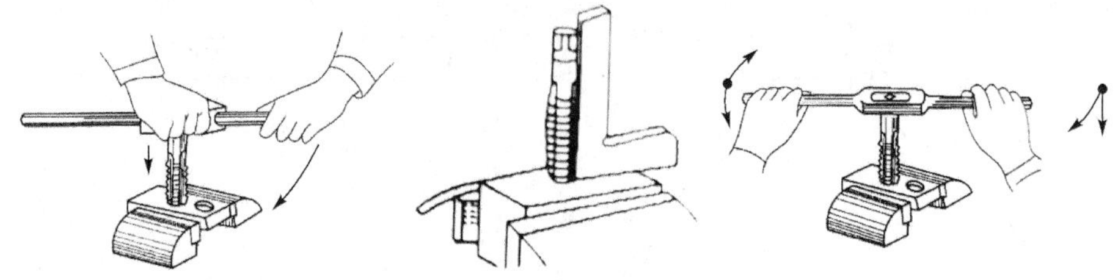

图 8-62 手工攻螺纹操作

3. **攻螺纹时常见缺陷分析**

攻螺纹时常见缺陷有丝锥损坏和工件报废等。丝锥损坏包括崩刃、折断和过快磨损，而工件报废主要是指螺纹出现烂牙。

1) 丝锥出现损坏的主要原因

(1) 螺纹底孔直径偏小或深度不够。

(2) 丝锥硬度过高，刃磨参数不合理。

(3) 切削速度过高，用力过猛，铰手掌握不稳。

(4) 丝锥与底孔端面不垂直。

(5) 工件材料硬度过高或分布不均匀。

(6) 攻丝时未经常反转铰手，排屑不畅。

2) 螺纹出现烂牙的主要原因

(1) 攻丝进入或退出时，铰手掌握不稳，出现晃动。

(2) 攻丝时未经常反转铰手排屑。

(3) 头锥攻歪螺纹，二锥强行纠正。

(4) 攻盲孔时，丝锥已顶住孔底还强行攻削。

(5) 螺纹孔底直径小或孔口未倒角。

8.7.2 套螺纹

套螺纹是指用板牙在圆杆上加工外螺纹的方法。

1. **套螺纹工具**

1) 板牙

板牙是加工外螺纹的工具，用合金工具钢 9SiCr 或高速钢制作并经淬火回火处理。板牙分固定式和可调式两种。它的外形像一个圆螺母，如图 8-63 所示。由切削部分、校准部分和排屑孔组成。板牙两端有锥角的部分是切削部分，排屑孔是板牙的前刀面，板牙的中间一段是校准部分，也是套螺纹时的导向部分。

2) 板牙架

板牙架是装夹板牙的工具，图 8-64 所示为圆板牙架。板牙放入后，用螺钉紧固。不同直径的板牙应选用不同的板牙架。

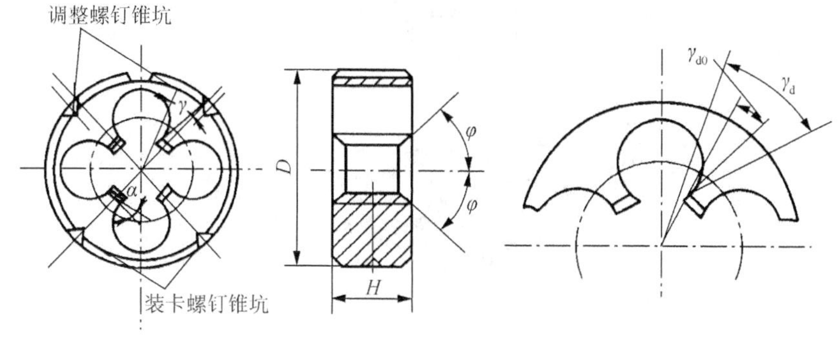

图 8-63 圆板牙

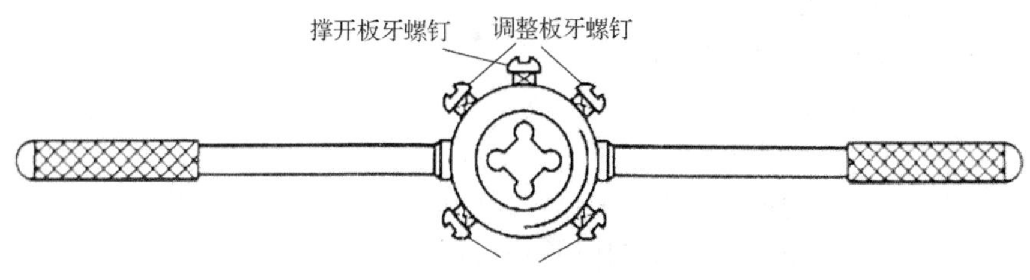

图 8-64 板牙架

2. 套螺纹的方法

1) 套螺纹前检查圆杆直径大小和端部倒角

与丝锥攻螺纹一样，用板牙在工件上套螺纹时，工件材料因挤压会产生变形，牙顶将被挤高一些。因此，套螺纹前圆杆直径应稍小于螺纹的大径(公称直径)。

圆杆直径可用下式计算：

$$d_0 = d - 0.13P$$

式中，d_0 为圆杆直径；d 为螺纹大径；P 为螺距。

为了使板牙容易对准工件和切入工件，圆杆端部要倒角，一般做成斜角为 15°～20° 的锥体。锥体的最小直径可略小于螺纹小径，使切出的螺纹端部避免出现锋口和卷边而影响螺母的拧入。

2) 装夹工件

套螺纹时，切削力矩较大，又由于工件为圆杆形状，圆杆不易夹持牢固，所以要用硬木的 V 形块或铜板作衬垫，才能牢固地将工件夹紧，要求工件伸出钳口的长度尽可能短些。

3) 套螺纹

套螺纹时的手势如图 8-65 所示。起套时，右手手掌按住板牙架中部，沿圆杆的轴向施加压力，左手配合做顺向旋进，此时转动宜慢，压力要大，应保持板牙的端面与圆杆轴线垂直，否则切出的螺纹牙齿一面深一面浅。当板牙切入圆杆 2～3 牙时，应检查其垂直度。起套后，不应再向板牙施加压力，以免损坏螺纹和板牙，应让板牙自然引进，为了断屑，板牙要时常倒转。在钢件上套螺纹时要加冷却润滑液(一般加注机油或较浓的乳化液，螺纹要求较高时，可用工业植物油)，以延长板牙的使用寿命，减小螺纹的表面粗糙度值。

3. 套螺纹时常见缺陷分析

套螺纹时常见缺陷有板牙损坏和工件报废。板牙损坏包括崩齿、破裂和磨损太快等，工件报废指加工的螺纹歪斜、表面粗糙等。

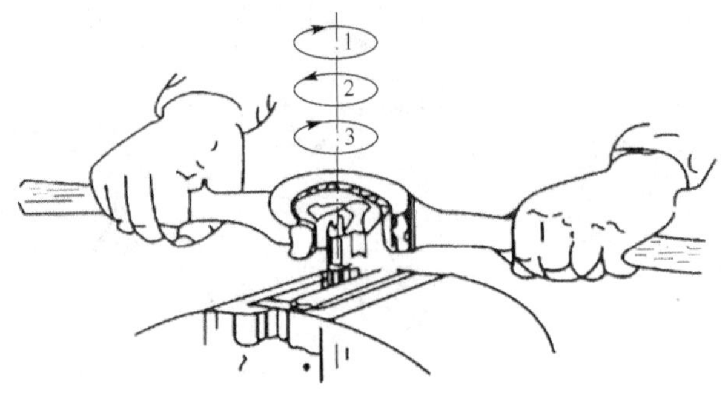

图 8-65　套螺纹

1)板牙损坏的主要原因

(1)圆杆直径偏大或端部未倒角。

(2)板牙端面与圆杆轴线不垂直。

(3)圆杆或板牙硬度太高，切削时未加切削液。

(4)转动板牙架时，速度过快，用力过猛。

(5)未经常反转板牙架断屑，造成排屑不畅。

2)工件报废的主要原因

(1)板牙端面与圆杆轴线不垂直。

(2)板牙架转速过快；板牙磨钝或有积屑瘤。

(3)板牙转动不平稳，左右摇晃。

8.8　刮削与研磨

8.8.1　刮削

刮削是用刮刀从工件表面上刮去一层很薄的金属的操作，是工件精加工的一种方法。如图 8-66 所示。它不受工件形状、位置以及设备条件的限制，具有切削量小、切削力小、产生热量小、装夹变形小等特点，能获得很高的加工精度及较低的表面粗糙度值，常用于要求配合良好的重要滑动面，如机床导轨、滑动轴承等。由于每次的刮削量很少，要求机械加工后留下的刮削余量不宜太大，刮削前的余量一般在 0.05～0.4mm，具体数值根据工件刮削面积大小而定。

图 8-66　刮削

1. **刮削工具**

1) 刮刀

刮刀是刮削中用到的主要工具，常用 T10A、T12A 和 GCr15 钢制造。刀头部分要求具有足够的硬度，刃口必须锋利，用钝后，可在油石上修磨。刮刀分为平面刮刀和曲面刮刀两种。平面刮刀又分为粗刮刀、细刮刀和精刮刀三种，主要用来刮削平面，也可用来刮削外曲面。曲面刮刀分为内曲面刮刀和外曲面刮刀两种。

2) 校准工具

校准工具有校准平板、校准直尺和角度直尺三种，用来为刮削提供依据并检验刮削表面的精度。

3) 显示剂

常用的显示剂为红丹粉，成分有两种：一种是氧化铁，呈褐红色称为铁丹；另一种是氧化铅，呈枯黄色，称为铅丹。红丹粉颗粒较细，使用时，用机油调和而成。红丹粉广泛用于铸铁和钢的工件，因为它没有反光、显点清晰、价格低廉，故为最常用的一种。刮削时，红丹粉可涂在工件表面上，也可涂在基准面上。还有一种显示剂是蓝油，它是用普鲁士蓝粉和蓖麻油及适量的机油调和而成的。蓝油研点小而清楚，故用于精密工件或铜合金、铝合金的工件上。有时候为了使研点清楚，与红丹粉同时使用。使用时，将红丹粉涂在工件表面，蓝油涂在基准面上。通常粗刮时红丹粉应调得稀些，精刮时可调节得稠些，在工件表面应涂得薄些。涂色时要分布均匀，并要保持清洁，防止切屑和其他杂物或砂粒等渗入，否则堆磨时容易划伤工件的表面和基准面。

2. **平面刮削方法**

1) 粗刮

当工件表面还留有较深的加工刀痕，工件表面严重生锈，或刮削余量较多(0.05～0.1mm)时，都需要进行粗刮。粗刮的目的是用粗刮刀在刮削面上均匀地铲去一层较厚的金属，使其很快去除刀痕、锈斑或过多的余量。粗刮刀的运动方向与工件表面的原刀痕方向成 45°，每次刮削要交叉进行。刮削后的研点达到(2～5)/(25×25) mm^2 时，粗刮完成。

2) 细刮

细刮主要是进一步改善刮削面的不平现象，用细刮刀在工件上刮去稀疏的大块研点。刮削时，可采用短刮法(刀迹长度约为刀刃的宽度)刮削。刮点要准，用力均匀，轻重合适，在每刮一遍时须保持同一方向，刮第二遍时要交错刮削，以消除原方向的刀迹，否则刀刃容易在上一遍刀迹上产生滑动。把粗刮留下的大块研点分割至(8～15)/(25×25) mm^2，细刮完成。

3) 精刮

在细刮的基础上，通过精刮增加研点，使工件符合精度要求。刮削时，用精刮刀采用点刮法刮削。精刮时，更要注意落刀要轻，起刀要迅速挑起。在每个研点上只刮一刀不应重复, 并始终交叉地进行刮削。当研点逐渐增多到 20/(25×25) mm^2 以上时，可将研点分为三类，分别对待，最大最亮的研点全部刮去；中等研点在其顶点刮去一小片；小研点留着不刮。 这样连续刮几遍，待出现的点数达到要求即可。在刮到最后两三遍时，研点刀迹大小应该一致，排列应该整齐，以增加刮削面美观。

4) 刮花

刮花是用刮刀在刮削面上刮出装饰性花纹。其作用是使刮削表面美观整齐和储藏润滑油。常见的花纹形状有斜纹花、鱼鳞花和半月花等。

3. **注意事项**

(1)刮削前，工件的锐边、锐角必须去掉，防止碰手。

(2)刮削工件边缘时，不能用力过大过猛。

(3)刮刀用后，用纱布包裹好妥善安放。

8.8.2 研磨

用研磨工具和研磨剂从工件表面上磨掉一层极薄的金属的加工方法，称为研磨。与其他加工方法相比，经过研磨加工后的表面粗糙度较小，一般情况表面粗糙度 Ra 为 0.8～0.05,尺寸精度可以达到 0.001～0.005mm，还可通过研磨来纠正工件在一般机械加工方法中产生的形状误差。经过研磨后的工件，表面粗糙度很小，形状准确，所以工件的耐磨性和抗疲劳强度也相应得到提高，从而延长了零件的使用寿命。由于研磨的切削量很小，一般每研磨一遍所能磨去的金属层不超过 0.002mm，所以研磨余量不能太大。否则会使研磨时间增加并且使研磨工具的使用寿命缩短。通常研磨余量在 0.005～0.03mm 比较适宜。有时研磨余量就留在工件的公差以内。

1. **研磨工具**

1)研具

研具的形状与被加工工件的表面形状一样。研具材料要求具有良好的嵌砂性、耐磨性和较高的精度，硬度比工件硬度稍低。灰铸铁是常用的研具材料，因为铸铁润滑性能好、磨耗较慢、硬度适中，而且研磨剂容易涂布均匀，效果好。

2)研磨剂

研磨剂是磨料和研磨液混合而成的混合剂。磨料在研磨中起切削作用。常用的磨料有刚玉类磨料、碳化硅磨料和金刚石磨料等。研磨液具有调和磨料、润滑和冷却作用。常用的研磨液有煤油、汽油、机油工业甘油和熟猪油等。

2. **研磨方法**

研磨分为手工研磨和机械研磨。钳工一般采用手工研磨。

1)选择合适的磨具和研磨运动轨迹

如图 8-67 所示，研磨时，为使工件表面切削均匀，合理的研磨运动轨迹对提高研磨效率、工件表面质量及研具的使用寿命都有直接影响。手工研磨时常采用的运动轨迹有直线、摆线、螺旋线和 8 字形等。

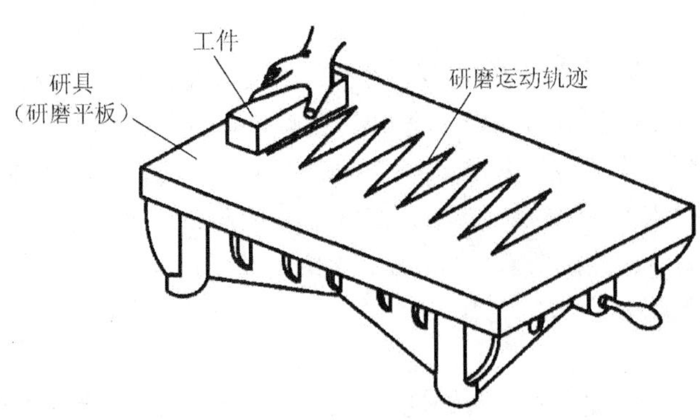

图 8-67　手工研磨运动轨迹的形式

2) 研磨

研磨前，先把研磨平板清洗干净并擦干，再在研磨平板上涂上适当的研磨液，然后将工件需研磨的表面合在平板上，沿平板的全部表面以选定的运动轨迹移动工件，并不断改变工件的运动方向。研磨时，工件受压面的压力分布要均匀，大小要适当。研磨速度不能太快，防止工件发热变形，降低研磨质量。

8.9　装　配

8.9.1　装配概述

从原材料进厂起，到机器在工厂制成，需要经过铸造、锻造毛坯。在金工车间把毛坯制成零件，用车、铣、刨、磨、钳等加工方法，改变毛坯的形状、尺寸。装配就是在装配车间，按照一定的精度、标准和技术要求将若干零件组装成机器的过程，然后，经过调整、试验合格后装箱，整个工作完成。装配是机械制造过程中的最后一道工序，对产品质量起着决定性的作用，对机器的性能和使用寿命也有很大影响。

装配分为组件装配、部件装配和总装配。

(1) 组件装配：将若干个零件安装在一个基础零件上形成一个组件，如减速器中的一根传动轴，它是由齿轮、轴承和键等零件装到轴上形成的一个组件。

(2) 部件装配：将若干个零件、组件安装在另一个基础零件上形成一个部件，如机床的主轴箱、进给箱等。

(3) 总装配：将若干个零件、组件、部件安装在另一个较大、较重的基础零件上构成产品，如汽车。

8.9.2　装配工艺

1. 装配前的准备工作

(1) 研究和熟悉装配图的技术条件，了解产品的结构和零件的作用，以及相互连接关系。

(2) 确定装配的方法、程序和所需设备、工艺装备和其他工具。

(3) 清理和洗涤零件上的毛刺、铁屑、锈蚀、油污等脏物。

2. 装配

根据装配图的技术要求，按组件装配—部件装配—总装配的次序进行装配。在装配过程中要逐项进行检查，并经调整、试验、喷漆、装箱等步骤。

3. 注意事项

(1) 装配时应检查零件是否合格，有无变形、损坏等。

(2) 固定连接的零部件不准有间隙，活动连接的零部件应能在正常间隙下，灵活均匀地按规定方向运动。

(3) 各运动表面润滑充分，油路必须畅通。

(4) 密封部件，装配后不得有渗漏现象。

(5) 试车前，应检查各部件连接的可靠性、灵活性，试车由低速到高速，根据试车情况进行调整达到要求。

8.9.3　典型组件的装配

1．滚动轴承的装配

滚动轴承的装配多数为较小的过盈配合。装配方法有直接敲入法、压入法和热套法。轴承装在轴上时，作用力应作用在内圈上(图 8-68(a))，装在孔里作用力应作用在外圈上(图 8-68(b))，同时装在轴上和孔内时作用力应作用在内外圈上(图 8-68(c))。

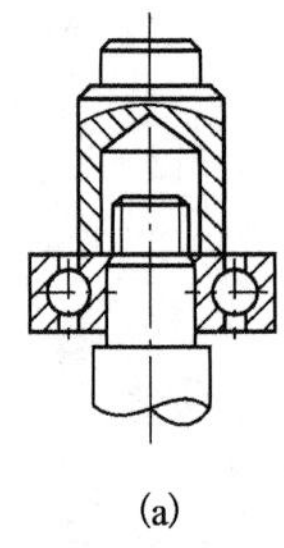

(a)

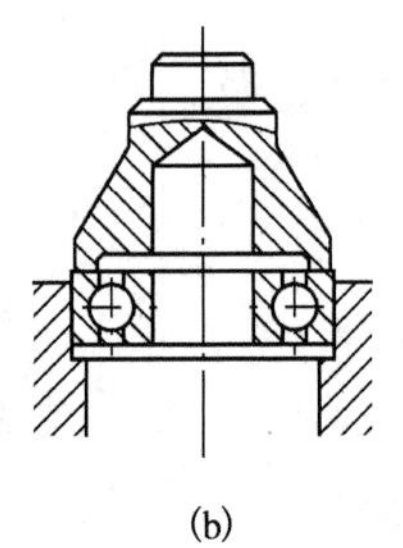

(b)

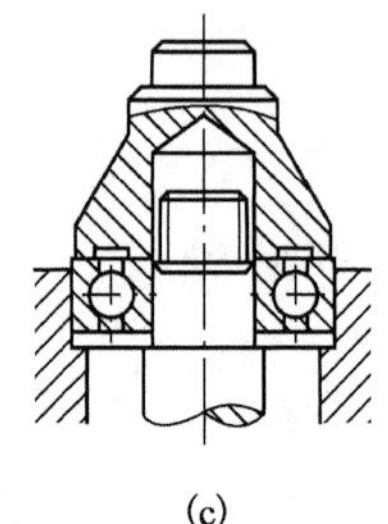

(c)

图 8-68　轴承的安装

2．螺钉、螺母的装配

(1)螺纹配合应做到能用手自由旋入，过紧咬坏螺纹，过松螺纹易断裂。

(2)螺母端面应与螺杆轴线垂直以便受力均匀。

(3)零件与螺母的贴合面应平整光洁，否则螺纹容易松动，还会使螺杆承受附加弯矩。

(4)装配成组螺纹连接时，为了保证零件贴合面受力均匀，螺母应按图 8-69 所示顺序来拧紧，为了保证每个螺栓受力合理，螺母不要一次拧紧，要分两次或三次完成。

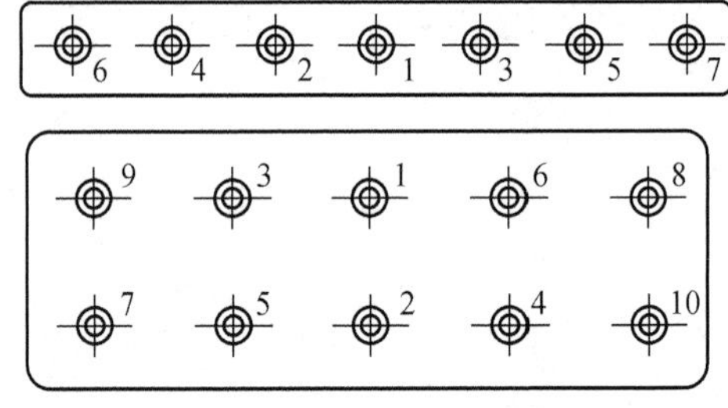

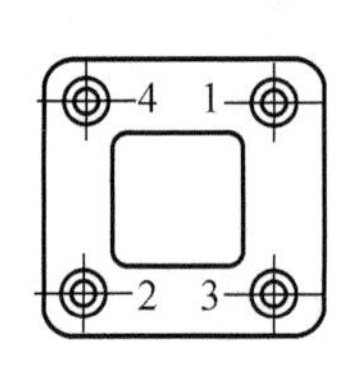

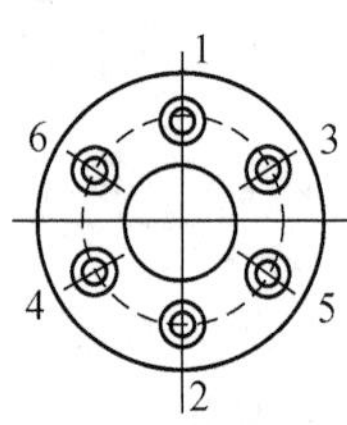

图 8-69　螺母拧紧顺序

(5)在振动、冲击和动载荷条件下工作的螺纹连接，必须采用防松装置。常用螺纹连接的防松方法如图 8-70 所示。

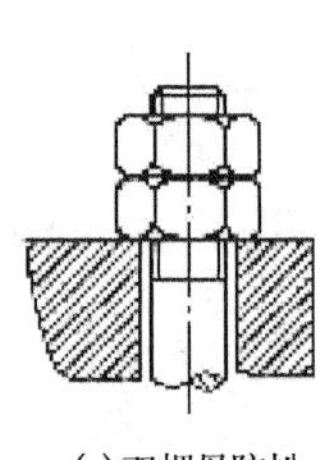

(a)双螺母防松

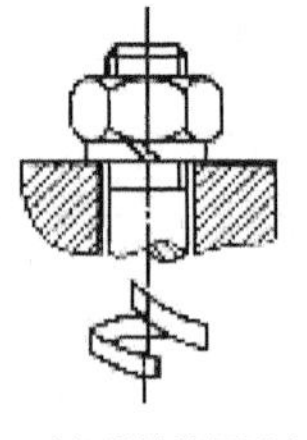

(b)弹簧垫圈防松

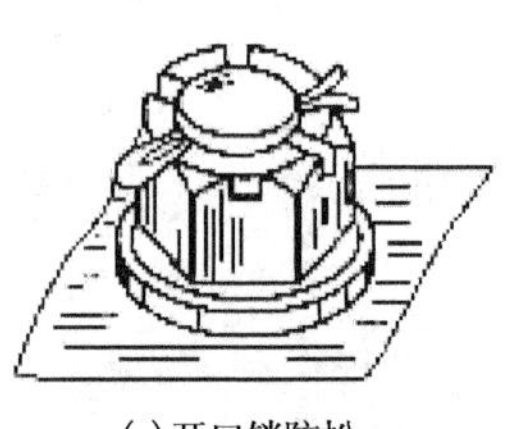

(c)开口销防松

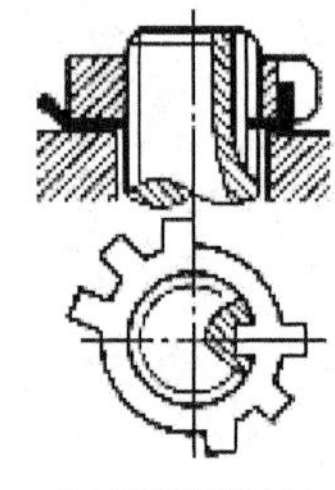

(d)圆螺母防松

图 8-70　常用螺纹连接的防松方法

3．**键的装配**

出除键槽锐边、毛刺。

选取合适的键长，将键装入轴上键槽，要求键底面与轴上键槽底部接触，键的两侧与轴应有一定的过盈量。

试装轮毂。如果轮毂键槽与键配合太紧，可适当挫修键槽，但不能有松动，还需保证键顶面与轮毂键槽底面有一定间隙，如图 8-71 所示。

8.9.4　拆卸操作规程

(1) 分析装配图，了解机器的工作原理，确定拆卸方案。

(2) 根据机器的结构，预先考虑好操作程序，以免先后倒置。

(3) 拆卸顺序与装配顺序相反。一般先拆外部附件，然后按总成、部件进行拆卸。

(4) 拆卸时合理使用工具，保证对合格零件不损伤。

(5) 拆卸螺纹连接时要辨明螺纹的旋向。

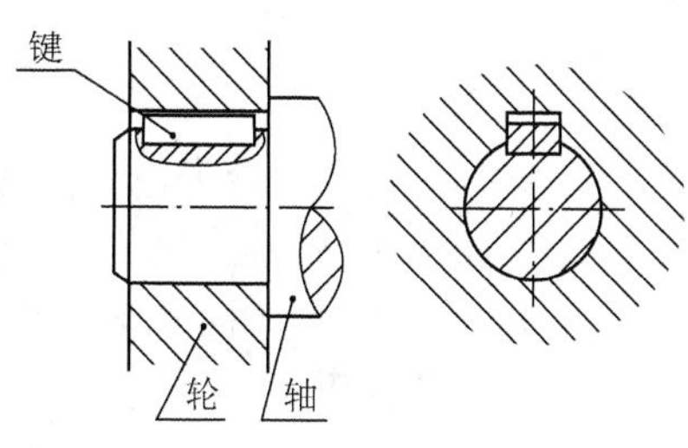

图 8-71　平键连接

(6) 拆下的部件和零件应按顺序、有规则地放好，防止装配时弄错。

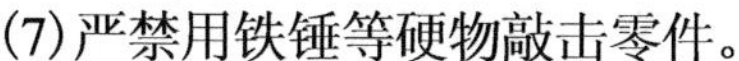
(7) 严禁用铁锤等硬物敲击零件。

8.10　钳 工 实 训

实训内容：手锤制作，手锤零件图如图 8-72 所示。

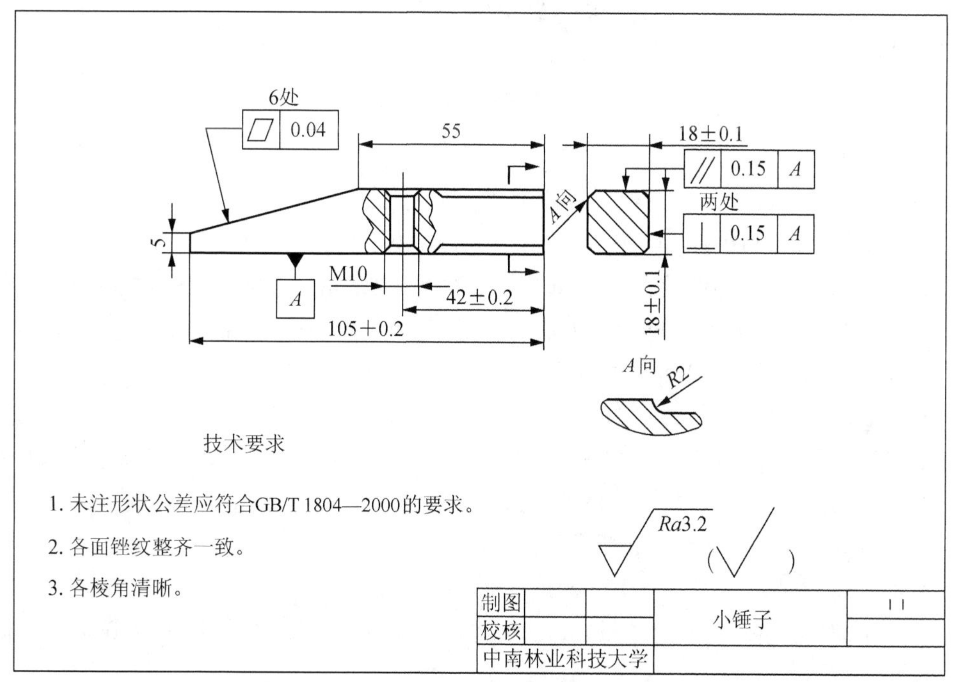

图 8-72　手锤零件图

1．准备工作

(1)下料：使用材料为 45 号钢，毛坯大小如图 8-73 所示。

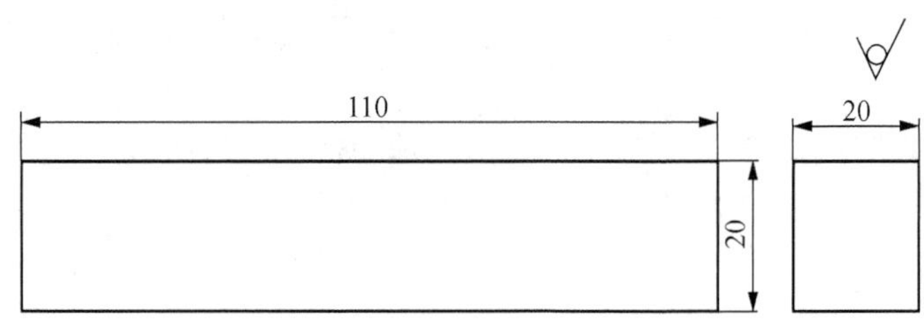

图 8-73　材料

(2)使用设备：台虎钳、台钻。

(3)使用工具和量具：钳工锉、整形锉、高度尺、钢板尺、划针、钻头、丝锥、铰手、锯弓、锯条、样冲、游标卡尺、直角尺、刀口尺等。

2．工艺分析

任何零件加工方法并不是唯一的，有多种方法可以选择。但为了便于加工，方便测量，保证加工质量，同时减小劳动强度，缩短加工周期，特列举加工路线：检查毛坯→分别加工第一、二、三面→加工端面→锯斜面→加工第四面→加工总长→加工斜面→加工倒角→钻孔、攻丝→检查精度→锐角倒钝并去毛刺(图 8-74)。

图 8-74　零件加工

3．具体加工步骤

(1)检查毛坯尺寸大小、形状误差，确定加工余量。

(2)加工第一面，达到平面度 0.04mm、粗糙度 *Ra*=3.2μm 要求。

(3)加工第二面，达到垂直度 0.15mm、平面度 0.04mm、粗糙度 *Ra*=3.2μm 要求。

(4)加工第三面，并保证尺寸 18±0.1mm、平行度 0.15mm，同时达到垂直度 0.15mm、平面度 0.04mm、粗糙度 *Ra*=3.2μm 要求。

(5)加工端面，粗糙度 *Ra*=3.2μm。

(6)以端面和第一面为基准划出锤头外形的加工界线，并用锯削方法去除多余余量(图 8-75)。

(7)加工第四面，并保证尺寸 18±0.1mm、平行度 0.15mm，同时达到垂直度 0.15mm、平面度 0.04mm、粗糙度 *Ra*=3.2μm 要求。

(8)加工总长保证尺寸 105±0.2mm。

(9)加工斜面，并达到尺寸 55mm、2mm，还要保证垂直度和平面度为 0.04mm，以及粗糙度 *Ra*=3.2μm 要求。

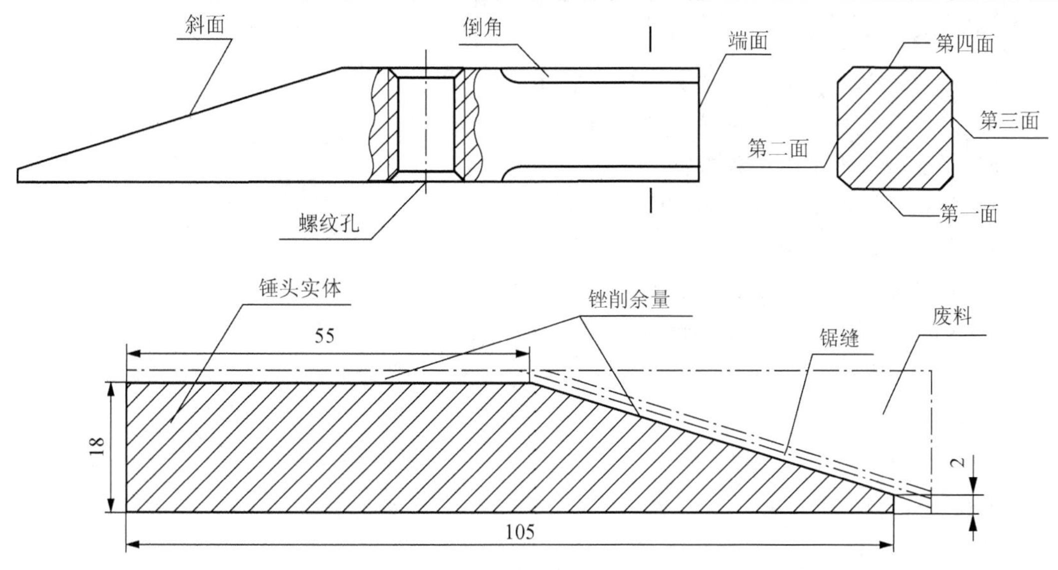

图 8-75　手锤加工示意图

(10)按图样要求划出 4-2×45° 倒角和 4-*R*2 的加工界线，先用圆锉加工出 *R*2，后用板锉加工出 2×45° 倒角，并连接圆滑。

(11)按图样要求划出螺纹孔的加工位置线(图 8-76)，钻孔ϕ8.5mm，孔口倒角 1.5×45°，再攻丝 M10。

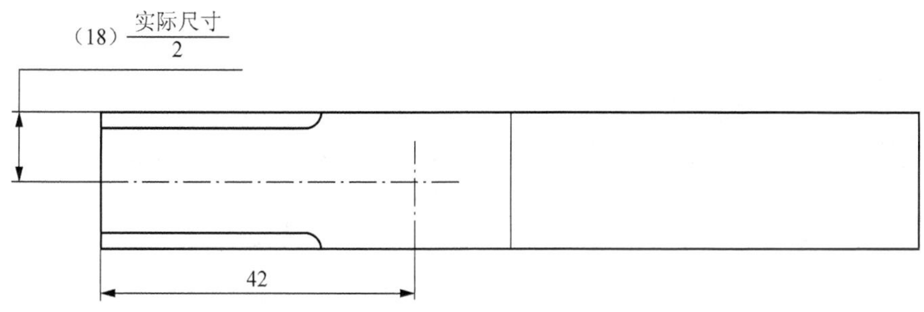

图 8-76　孔的加工位置

具体操作方法步骤如下。

① 划线敲样冲，检查样冲眼是否敲正。

② 钻ϕ3mm 深 2mm 的定位孔，检查孔距是否达到要求。

③ 钻孔ϕ8.5mm、孔口倒角 1.5×45°。

④ 攻丝 M10 螺纹孔。

(12)全部精度复检，做必要的修整锉削，去毛刺、将锐角倒钝。

思考和练习

1. 钳工有何特点？其加工范围有哪些？

2. 钳工的基本操作有哪些？

3. 划线的作用是什么？
4. 什么是划线基准？如何选择划线基准？
5. 安装和使用锯条时应注意哪些问题？
6. 根据什么原则选用锉刀？
7. 简述平面锉削的方法和步骤。
8. 钻孔、扩孔和铰孔各有什么区别？
9. 钻孔时轴线容易偏斜的原因是什么？应如何避免？
10. 简述攻螺纹和套螺纹的操作步骤。

第 9 章　现代加工技术

教学提示　区别于传统的加工方法，现代加工方法有非常显著的特征：加工表面质量更好、加工精度更高、加工范围更广、切削效率更高、环保节能等。例如，数控加工、电火花加工、激光加工和超声波加工等，已逐渐成为现代加工的主流设备。其中数控加工的广泛使用给机械制造业的生产方式、产品结构、产业结构带来了深刻的变化，是制造业实现自动化、柔性化、集成化生产的基础。因此，掌握各类数控加工的基本原理，了解合理的数控加工工艺，学会数控程序编制，熟悉机床的操作流程，是真正熟练运用现代加工方法解决当前实际工程问题的前提。

教学要求　了解典型现代加工技术的方法、特点和应用；掌握典型数控设备操作的基本要求和规范，理论与实践相结合；学会简单零件的数控加工方法。

9.1　数控机床概述

9.1.1　数控设备的产生与发展

随着科学技术和社会经济的不断发展，机械产品的结构越来越复杂，人们对其性能、精度和生产率的要求也日趋提高，因此对加工机械产品的生产设备提出了高性能、高精度和高自动化的要求。在此情况下，一种新型的“柔性”自动化生产设备——数控机床应运而生了。

数控技术的应用使传统的机械制造业发生了质的变化，尤其是近年来微电子技术和计算机技术的高速发展给数控技术带来了新的活力。由于数控机床综合应用了电子计算机、自动控制、伺服驱动、精密检测等方面的技术，大大提高了机械制造业的制造水平，是现代制造业的主流设备，精密加工的必备装备。数控技术和数控装备是各个国家工业现代化的重要基础，因此世界上各工业发达国家均采取重大措施来发展自己的数控技术及其产业。

9.1.2　数控机床的工作原理、组成和特点

1. 数控机床的工作原理

首先分析零件的几何形状和加工工艺，然后编制数控加工程序，把程序输入数控系统，数控系统将加工程序翻译成机器能够理解的控制指令，最后由伺服系统将控制指令变换和放大后驱动机床上的主轴电机和进给伺服电机转动，并带动机床的工作台移动，从而实现零件的加工。

2. 数控机床的组成

数控机床一般由控制介质、数控系统、伺服系统、反馈装置及机床本体等部分组成，基本结构框图如图 9-1 所示。

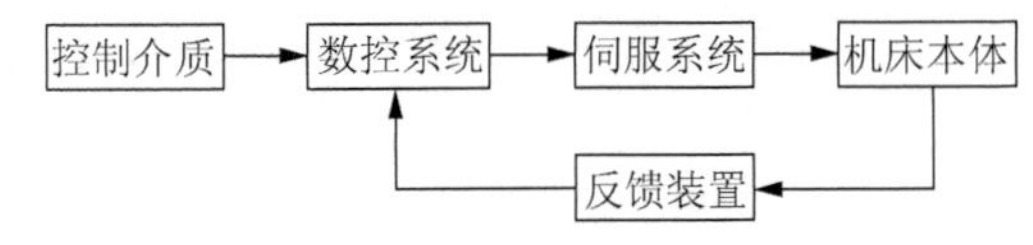

图 9-1 数控机床组成

(1) 控制介质。控制介质是数控系统与外部设备进行交互的装置，主要用于程序的编制、程序和数据的输入及存储等。数控机床常用的输入介质有穿孔带、穿孔卡、磁带、磁盘、存储卡和操作键盘等。随着数控技术的发展，穿孔带、穿孔卡趋于淘汰，而利用 CAD/CAM 软件采用计算机编程，然后通过计算机与数控系统通信，将程序和数据直接传送给数控系统的方法应用越来越广泛。

(2) 数控系统。数控系统是数控机床的核心，用于接受来自输入设备的程序和数据，并按输入信息的要求完成数值计算和逻辑判断后，输出各种信号和指令。

(3) 伺服系统。伺服系统用于接收数控装置的指令，驱动机床执行机构运动的驱动部件，如主轴驱动、进给驱动。

(4) 反馈装置。反馈装置是由测量部件和相应的测量电路组成的，其主要用于检测速度和位移，并将信息反馈给数控装置，构成闭环控制系统。一些精度要求不高的数控机床，没有反馈装置，则称为开环控制系统。

(5) 机床本体。机床本体是数控机床的实体，是完成实际切削加工的机械部分，它主要包括以下部件。

①主运动部件、进给运动部件：如主轴、工作台及相应的传动机构等。

②支撑件：床身、立柱、底座等。

③配套装置：如润滑、冷却、排屑、防护、液压气动装置等。

3. 数控机床的加工特点

数控机床是一种灵活、通用、高效能自动化加工设备，能完成普通机床无法实现的许多复杂曲线和曲面的加工，具有加工精度高、加工质量稳定、适应性强、生产效率高、劳动强度较低和经济效益良好等许多优点，便于实现制造和生产管理的自动化，是机械加工现代化的一项关键性设备。

9.1.3 数控机床分类

目前，数控机床品种规格繁多，常见的分类方法有以下三种。

1. 按工艺用途分类

数控机床按工艺用途可分为普通数控机床和数控加工中心两大类。

(1) 普通数控机床。普通数控机床一般指在加工工艺过程中的一个工序上实现数字控制的自动化机床，如数控车床、铣床、镗床、钻床、冲床、磨床及电火花加工机床等，其自动化程度还不够完善，仍需人工来更换刀具。

(2) 数控加工中心。数控加工中心是在普通数控机床基础上扩充的带有刀库和自动换刀装置的较高档数控机床。使用数控加工中心，通过编程，可使零件在一次装夹中自动完成铣、镗、钻、铰、攻丝等多种工序的连续加工，由于减少了多次安装造成的定位误差，因此，它具有更高的工作效率和加工精度，近年来发展迅速。

2. **按控制方式分类**

(1) 开环控制数控机床。开环控制数控机床采用开环进给伺服系统，没有位置检测元件，结构简单，调试、维修简单，价格较低，但加工精度不高，多用于中、小型经济型数控机床。

(2) 半闭环控制数控机床。半闭环控制数控机床在驱动电机的端部或传动丝杆端部装有角位移检测元件，间接测量移动部件的实际位置或位移。这类机床所能达到的精度要优于开环控制系统的机床，且调试比较方便，因而被大多数中小型数控机床采用。

(3) 闭环控制数控机床。闭环控制数控机床将位置检测元件直接安装在机床移动部件(工作台)上，将检测到的实际位置反馈到数控装置的位置比较器中，并与输入的原指令位置进行比较，用差值控制移动部件随时进行校正。这类机床定位精度极高，但由于结构复杂，调试、维修困难，生产成本高，一般适用于精度要求高的数控机床。

3. **按运动轨迹分类**

(1) 点位控制数控机床。点位控制仅控制刀具相对于工件从一点移动到另一点的精确定位，不控制刀具运动轨迹，在移动过程中不进行任何加工，即空走刀。其运动轨迹如图 9-2 所示。这类机床主要有数控钻床、数控坐标镗床、数控冲床等。

(2) 点位直线控制数控机床。这类机床在工作时，除控制直线轨迹的起点和终点的准确定位外，还要控制刀具以指定进给速度沿与坐标轴平行的方向在这两点之间进行切削加工，如图 9-3 所示。这类机床主要有仅沿单一方向走刀的简易数控车床和数控铣床等。

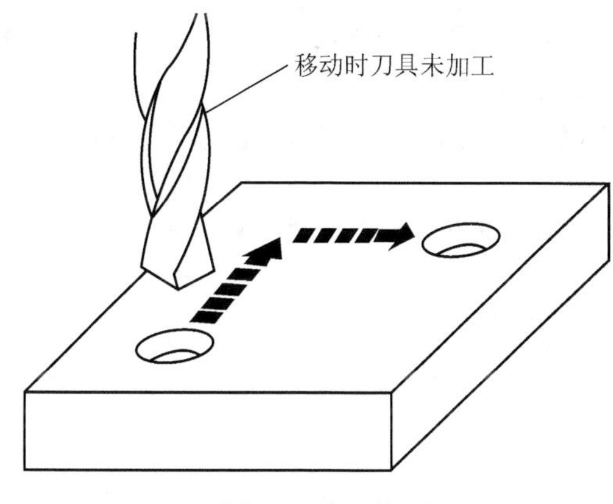

图 9-2　点位控制

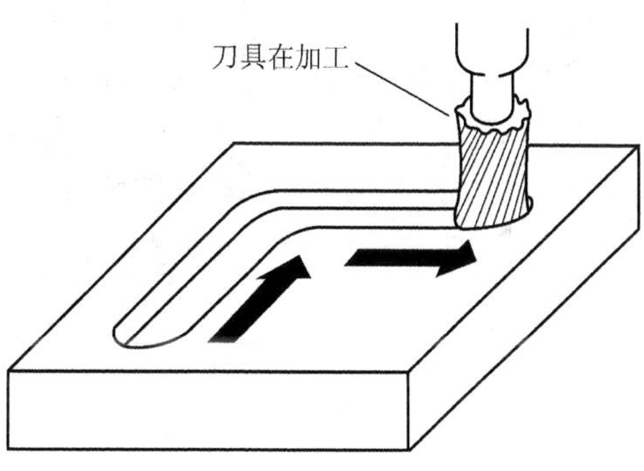

图 9-3　点位直线控制

(3) 轮廓控制数控机床。轮廓控制如图 9-4 所示，机床的控制装置能够同时对两个或两个以上的坐标轴进行连续控制，加工时不仅要控制起点和终点的准确定位，还要控制整个加工过程中每一点的速度和位置，亦称为连续控制。这类机床主要有数控车床、数控铣床、数控磨床和数控加工中心等。

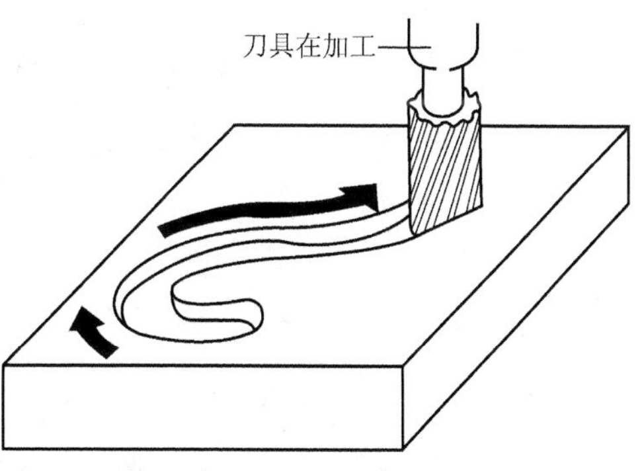

图 9-4　轮廓控制

9.1.4　数控机床的坐标系统

为了简化数控程序编制，保证数控机床的运

行和操作的规范化，国际标准化组织(ISO)及我国国家标准 GB/T 19660—2005 对数控机床的标准坐标系及其运动方向作了出统一的规定。

1. 机床坐标系、机床原点、机床参考点

1)机床坐标系

机床坐标系是机床上固有的基本坐标系，采用右手笛卡儿直角坐标系，三个主要轴称为 *X* 轴、*Y* 轴和 *Z* 轴。如图 9-5 所示，右手拇指为 *X* 轴，食指为 *Y* 轴，中指为 *Z* 轴，其正方向为各手指的指向，并分别用+*X*、+*Y*、+*Z* 表示。分别绕 *X*、*Y*、*Z* 轴回转的旋转轴为 *A*、*B*、*C* 轴，其正方向相应地为在 *X*、*Y*、*Z* 坐标正方向上用右手螺旋定则判定，用+*A*、+*B*、+*C* 表示。

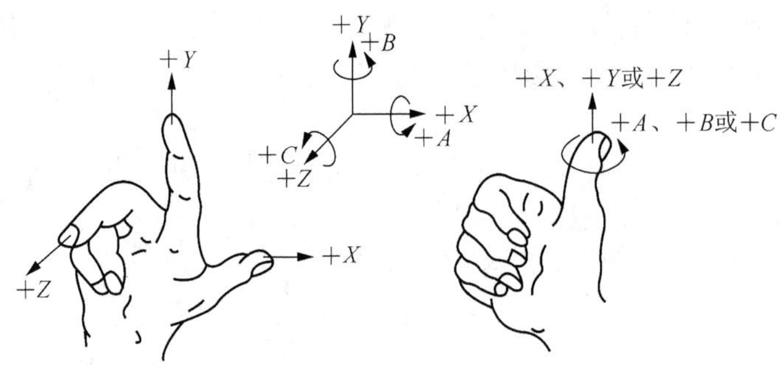

图 9-5　右手直角坐标系

不论数控机床的具体结构是工件静止、刀具运动，还是工件运动、刀具静止，数控机床的运动原则一律假定工件不动，刀具相对于工件运动。

判定机床坐标系时，一般是先确定 *Z* 轴，再确定 *X* 轴，最后按右手笛卡儿直角坐标系确定 *Y* 轴。各坐标轴运动方向的判定方法如下。

Z 轴：平行于机床主轴轴线的坐标轴为 *Z* 轴，正方向为工件到刀具夹持的方向，即刀具远离工件的方向，如图 9-6～图 9-8 所示。

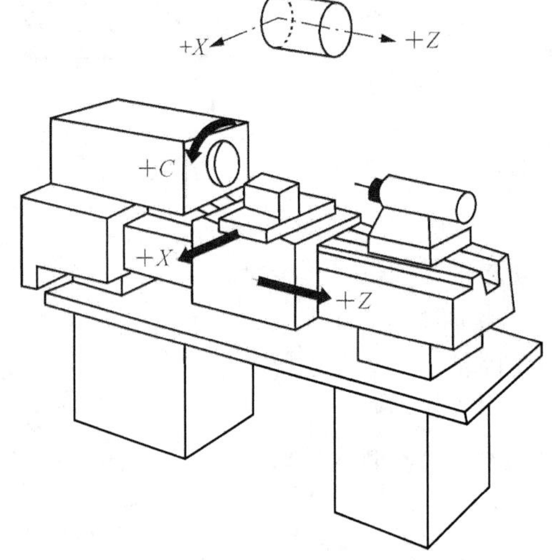

图 9-6　数控车床坐标系(前置刀架)

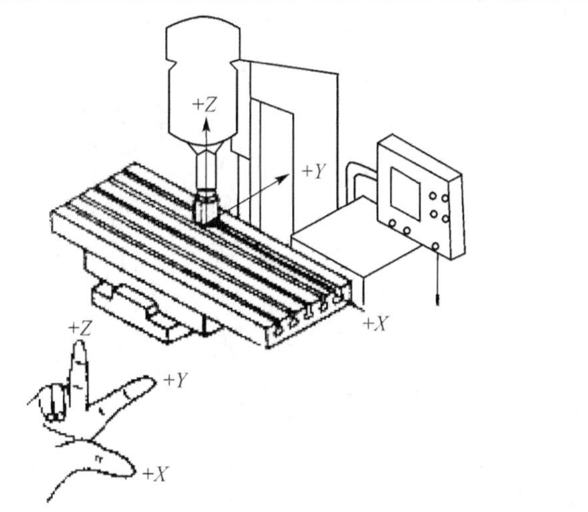

图 9-7　数控立式铣床坐标系

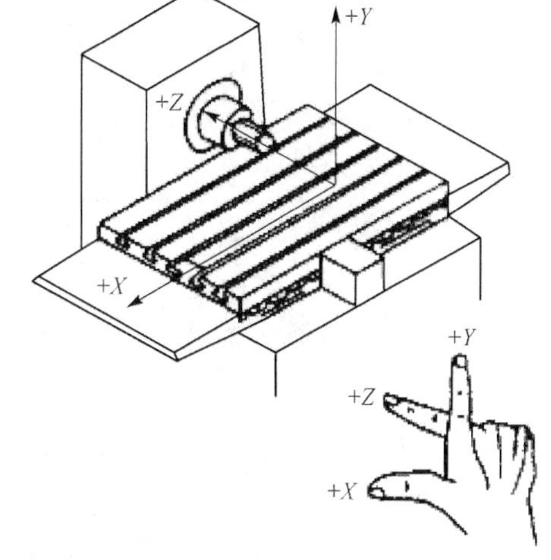

图 9-8　数控卧式铣床坐标系

X 轴：平行于工件的装夹面，且垂直于 *Z* 轴，一般情况下，*X* 轴应是水平方向。

工件旋转的机床：*X* 轴应是工件的径向，其正方向应是离开工件旋转中心的方向，如图 9-6 所示。

刀具旋转的立式机床：从机床的前面朝立柱看，*X* 轴正方向向右，如图 9-7 所示。

刀具旋转的卧式机床：从机床主轴朝工件方向看，*X* 轴正方向向右，如图 9-8 所示。

Y 轴：*Y* 轴及其正方向应根据已经确定好的 *X* 轴和 *Z* 轴，按右手笛卡儿直角坐标系判定。

2) 机床原点

机床原点即机床坐标系原点，也称为机械原点(图 9-9 中 *M* 点)。机床原点是机床制造厂家在制造、装配、调试机床时就已设置好的一个固定点，通常不允许用户改变，是建立其他坐标系和设定参考点的基准点，也是数控机床上进行加工运动的基准参考点。这个点不是一个硬件点，而是一个定义点。

各个生产厂家不一致，机床原点位置也不同，操作时应参照各系统机床操作手册。通常数控铣床的机床原点一般取在 *X*、*Y*、*Z* 坐标轴的正方向极限位置处；数控车床的机床原点一般取在卡盘后端面与主轴旋转中心的交点处，同时，通过设置参数的方法，也可将机床原点设定在 X、Z 坐标轴的正方向极限位置处，如图 9-9 所示。

3) 机床参考点

机床参考点(图 9-9 中 *R* 点)是硬件点，其位置是由机床制造厂家在每个进给轴的正极限位置处用限位开关精确调整好的，是数控机床工作区确定的一个固定点。机床参考点可以与机床原点重合，也可以不重合，可通过参数指定机床参考点到机床原点的距离，因此参考点与机床原点有确定的尺寸联系。通常数控铣床的参考点与机床原点重合；而数控车床上参考点是离机床原点最远的极限点。

对于增量控制系统的数控机床，一旦断电，系统将失去对机床原点的位置记忆，导致上电后无法确定机床原点的位置，因此机床每次开机后，必须首先进行返回参考点操作也称为回零操作，来确定机床原点的位置，从而建立机床坐标系。

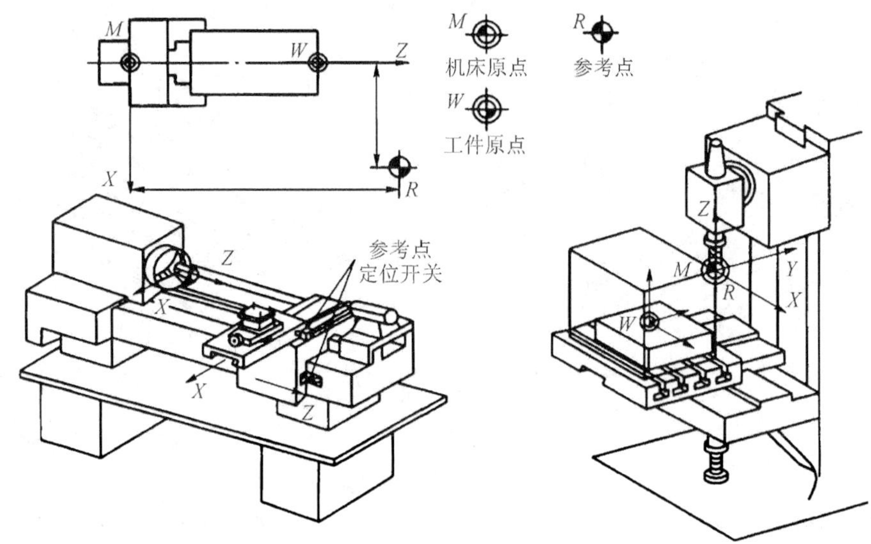

图 9-9　机床坐标系原点及参考点

2. **工件坐标系、工件原点**

1) 工件坐标系

工件坐标系是编程时使用的坐标系，是在机床坐标系的基础上人为设定的。为了编程方便，编程人员根据图纸上零件的几何形状、尺寸及加工工艺等在工件上建立坐标系，使零件图上所有的几何元素在坐标系中都有确定的位置，为编程提供坐标数据。工件坐标系的坐标轴及运动方向与机床坐标系的保持一致。

2) 工件原点

工件坐标系的原点也称为工件原点、编程原点。其位置由编程人员根据情况自行设定，一般应选择在零件的设计基准或工艺基准处。例如，回转件或对称零件，工件原点应设在回转中心线或对称中心线上，*Z* 轴方向的原点应设在零件的某一个表面或端面位置，如图 9-9 中 *W* 点。编程时，以零件图上所选择的这一点为编程原点建立工件坐标系，然后按工件坐标系中的各点坐标值进行编程。工件坐标系一旦建立，就一直后续有效，直到被新的工件坐标系所取代。

当工件装夹在机床上，工件原点与机床原点就存在确定的位置关系，即两原点的偏差不变，因此要测量工件原点与机床原点之间的距离，可以由机床操作者通过“对刀”操作得出。该偏差值可以预存在数控系统内或编写在加工程序中，在加工时就可以确定工件坐标系原点在机床坐标系中的位置，从而实现零件的加工。

3. **绝对坐标编程和增量坐标编程**

数控程序中几何点的坐标位置有两种表示方式：一种是绝对坐标，一种是增量坐标。

绝对坐标方式：所有的坐标点均以工件原点为基准来表示坐标位置。如图 9-10 所示，从 *A* 点移动到 *B* 点，*B* 点的绝对坐标：*X*25，*Y*20。

增量坐标方式：相对于前一点位置坐标尺寸的增量来表示当前坐标位置的。如图 9-10 所示，从 *A* 点移动到 *B* 点，*B* 点的增量坐标：*X*15，*Y*10。

在数控程序中，可采用绝对坐标编程，也可用增量坐标编程，还可同时用两种方式混合编程。通常绝对坐标编程用 G90 指令设定，增量坐标编程用 G91 指令设定，如 FANUC 系统的数控铣床。但 FANUC 系统的数控车床绝对坐标编程不用 G90 指令，而直接采用 *X*、*Z* 表示，增量坐标编程则用 *U*、*W* 来表示 *X*、*Z* 方向的增量坐标。

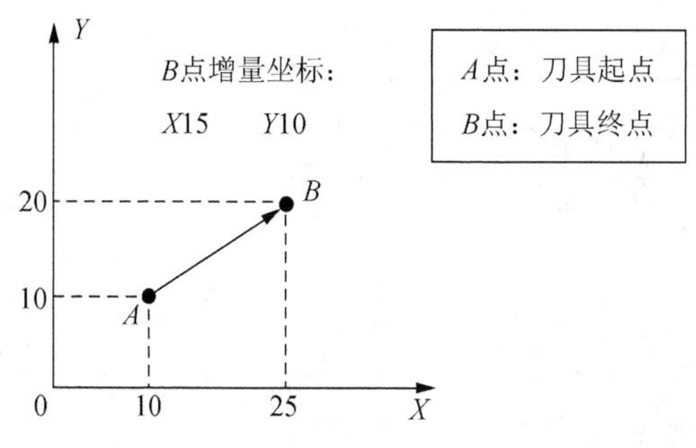

图 9-10　绝对坐标编程和增量坐标编程

9.1.5　数控加工编程

1. 数控编程的方法

数控编程分为手工编程和自动编程。

手工编程是编程人员根据加工图样和工艺，按照数控程序指令和指定格式，沿加工路线依次编写，然后通过键盘输入到数控系统中，进行程序校验、修改。手工编程适用于形状不太复杂的简单零件，计算量不大，程序段不多。但对复杂型面或程序量很大的零件，采用手工编程相当困难，必须采用自动编程。目前，常用的自动数控编程软件有 Mastercam、UG、Pro/Engineer 等，各软件对于数控编程的原理、图形处理方法及加工方法都大同小异，但各有特点。

2. 数控编程的格式

1）程序结构

数控程序的结构由程序号、程序主体和程序结束三部分组成。程序号是便于程序检索，其第一位字符为程序编号的地址，因不同的数控系统而有所不同，如 FANUC 系统用字母“O”表示，华中系统以“%”表示，后跟四位数字符号。若干个程序段构成程序主体，是程序的核心部分，表示数控机床要完成的全部动作。程序结束是以辅助指令 M02 或 M30 来结束零件加工过程。

2）程序段格式

目前国内外使用较多的是字地址可变程序段格式，示例如下。

N_ G_ X_ Y_ Z_ F_ S_ T_ M_;

其中，N 为程序段号；G 为准备功能字；X、Y、Z 为坐标尺寸字；F 为进给功能字；S 为主轴转速功能字；T 为刀具功能字；M 为辅助功能字；“; ”为程序段结束符。

3. 常用的数控指令

1）准备功能指令

准备功能指令也称为 G 指令，由地址 G 和两位数字组成。必须注意的是，不同的数控系统中同一个 G 指令的功能可能不一样，即使同是一种数控系统，数控车床和数控铣床的某些 G 指令功能也会有所不同，因此在编写加工程序时需要认真阅读所用数控机床的编程说明书。表 9-1 为 FANUC 系统数控车床和数控铣床常用 G 指令。

表 9-1　FANUC 系统常用 G 指令

<table>
<tr><th rowspan="2">G 代码</th><th colspan="2">数控车</th><th colspan="2">数控铣</th></tr>
<tr><th>组别</th><th>含义</th><th>组别</th><th>含义</th></tr>
<tr><td>G00</td><td rowspan="4">01</td><td>快速定位</td><td rowspan="4">01</td><td>快速定位</td></tr>
<tr><td>G01</td><td>直线插补</td><td>直线插补</td></tr>
<tr><td>G02</td><td>顺时针圆弧插补</td><td>顺时针圆弧插补</td></tr>
<tr><td>G03</td><td>逆时针圆弧插补</td><td>逆时针圆弧插补</td></tr>
<tr><td>G04</td><td>00</td><td>暂停</td><td>00</td><td>暂停</td></tr>
<tr><td>G17</td><td rowspan="3">16</td><td>XY 平面选择</td><td rowspan="3">02</td><td>XY 平面选择</td></tr>
<tr><td>G18</td><td>XZ 平面选择</td><td>XZ 平面选择</td></tr>
<tr><td>G19</td><td>YZ 平面选择</td><td>YZ 平面选择</td></tr>
<tr><td>G20</td><td rowspan="2">06</td><td>英制单位输入</td><td rowspan="2">06</td><td>英制单位输入</td></tr>
<tr><td>G21</td><td>公制单位输入</td><td>公制单位输入</td></tr>
<tr><td>G27</td><td rowspan="2">00</td><td>返回参考点检查</td><td rowspan="2">00</td><td>返回参考点检查</td></tr>
<tr><td>G28</td><td>返回参考点</td><td>返回参考点</td></tr>
<tr><td>G40</td><td rowspan="3">07</td><td>刀尖半径补偿取消</td><td rowspan="3">07</td><td>刀具半径补偿取消</td></tr>
<tr><td>G41</td><td>刀尖半径左补偿</td><td>刀具半径左补偿</td></tr>
<tr><td>G42</td><td>刀尖半径右补偿</td><td>刀具半径右补偿</td></tr>
<tr><td>G43</td><td>—</td><td>—</td><td rowspan="3">08</td><td>刀具长度正补偿</td></tr>
<tr><td>G44</td><td>—</td><td>—</td><td>刀具长度负补偿</td></tr>
<tr><td>G49</td><td>—</td><td>—</td><td>刀具长度补偿取消</td></tr>
<tr><td>G50</td><td>00</td><td>工件坐标系设定
或最大主轴转速设定</td><td>22</td><td>比例缩放取消</td></tr>
<tr><td>G54-G59</td><td>14</td><td>工件坐标系设定</td><td>14</td><td>工件坐标系设定</td></tr>
<tr><td>G70</td><td rowspan="4">00</td><td>精加工循环</td><td>—</td><td>—</td></tr>
<tr><td>G71</td><td>粗车外圆循环</td><td>—</td><td>—</td></tr>
<tr><td>G72</td><td>粗车端面循环</td><td>—</td><td>—</td></tr>
<tr><td>G76</td><td>车螺纹复合循环</td><td>09</td><td>精镗循环</td></tr>
<tr><td>G90</td><td>01</td><td>内外径车削固定循环</td><td rowspan="2">03</td><td>绝对坐标编程</td></tr>
<tr><td>G91</td><td>—</td><td>—</td><td>增量坐标编程</td></tr>
<tr><td>G92</td><td rowspan="2">01</td><td>螺纹车削固定循环</td><td>00</td><td>工件坐标系设定</td></tr>
<tr><td>G94</td><td>端面车削固定循环</td><td rowspan="2">05</td><td>每分钟进给</td></tr>
<tr><td>G95</td><td>—</td><td>—</td><td>每转进给</td></tr>
<tr><td>G98</td><td rowspan="2">05</td><td>每分钟进给</td><td rowspan="2">10</td><td>固定循环返回起始点</td></tr>
<tr><td>G99</td><td>每转进给</td><td>固定循环返回参考点</td></tr>
</table>

注意：组别“00”为非模态指令，只在本程序段中才有效，若下一程序段还需使用就要重新写入，如 G04 指令。其他组为模态指令，又称为续效指令，在程序中一次指定后(如 01 组的 G01)，直到出现同组(01 组)的其他 G 代码(如 G02)时才失效，否则该指令继续有效。模态代码在其后的程序段中可以省略不写。

2)辅助功能 M 指令

辅助功能指令也称为 M 指令，是用于控制机床辅助功能操作的指令，如冷却泵的开、关，主轴的正、反、停转，程序结束等。在 FANUC 系统中，一个程序段只能使用一个 M 指令，若指定了两个或两个以上，则最后指定的 M 指令有效。FANUC 系统常用辅助功能指令如表 9-2 所示。

表 9-2　FANUC 系统常用辅助功能 M 指令

代码	功能	附注	代码	功能	附注
M00	程序停止	非模态	M06	换刀	非模态
M01	选择停止	非模态	M08	切削液开	模态
M02	程序结束	非模态	M09	切削液关	模态
M03	主轴正转(CW)	模态	M30	程序结束并回到程序头	非模态
M04	主轴反转(CCW)	模态	M98	调用子程序	模态
M05	主轴停止	模态	M99	返回主程序	模态

3) 其他功能指令

F 功能指令：进给功能字用来指定刀具相对工件运动的速度。由地址 F 和后面的数字表示，其单位一般为 mm/min。当进给速度与主轴转速有关时，如车螺纹或者攻丝等，单位为 mm/r。

S 功能指令：主轴功能字用来指定主轴的速度。由地址 S 和后面的数字表示，单位为 r/min。

T 功能指令：刀具功能字用来选择替换的刀具。由地址 T 和后面的两位或者四位数字表示(前两位表示刀具号，后两位表示该刀具的刀具补偿号。如后两位为“00”，则表示取消该刀具的刀具补偿)。

以上 F 功能、S 功能、T 功能均为模态代码。

9.2　数控车床

9.2.1　数控车床的加工对象

数控车床是目前使用最广泛的数控机床之一，约占数控机床的 25%。它主要用于加工轴类或盘类等回转体零件，能够通过程序自动完成内外圆柱、圆锥面、圆弧面和螺纹等工序的切削加工，并能进行切槽、钻孔、扩孔和铰孔等工作。

随着当今数控技术的快速发展，数控车床的工艺和工序将更加复合化和集中化。即把各种工序(如车、铣、钻等)都集中在一台数控车床上来完成，如目前国际上出现的双主轴结构就是这种构思的体现。像四轴控制车削中心还具备旋转 C 轴，除拥有一般的车削功能外，还具备在零件的端面和外圆面上进行铣加工的功能。可以在一次装夹中完成全部或者大部分加工工序，从而大大缩短产品制造工艺链，显著提高生产效率以及加工质量。

9.2.2　FANUC 系统数控车床的操作方法

尽管不同的数控系统和数控车床的功能有所差异，数控操作面板也有一些区别，但其基本使用功能和操作面板的基本设置大同小异。下面以加工型数控车床 CK6132A 配备 BEIJING-FANUC 0i Mate 数控车削系统为例进行介绍。

1. **CRT-MDI 面板的按钮及功能**

FANUC 0i Mate 数控车削系统的 CRT-MDI 面板由 CRT 显示屏、MDI 键盘两部分组成，如图 9-11 所示，各组成单元功能如下所述。

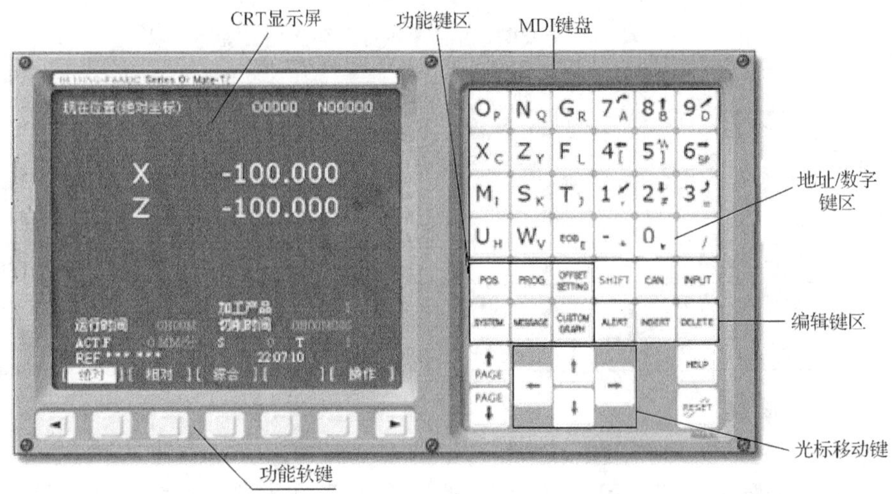

图 9-11 FANUC 0i mate 数控车削系统 CRT-MDI 面板

1) CRT 显示屏

主要用来显示各功能画面信息，在不同的功能状态下，它显示的内容也不相同，再根据要求选择显示屏下方一排功能软键，可以显示更加详细的画面，用户可以获取所需要的信息。

2) MDI 键盘

如图 9-11 所示，各键的意义如下。

地址/数字键：用于输入字母、数字以及其他字符，EOB 为程序段结束符“；”。

POS：位置显示键，显示刀具的坐标位置。

PROG：程序显示键。

OFFSET/SETTING：偏置/设置显示键，设定并显示刀具补偿值、工件坐标系等。

SYSTEM：系统显示键，系统参数设定与显示。

MESSAGE：信息显示键，显示报警信息。

CUSTOM/GRAPH：用户宏/图形显示键，显示刀具轨迹等图形。

光标移动键：可以使光标在屏幕上实现上、下、左、右移动。

翻页键(PAGE UP/DOWN)：用于将屏幕画面朝前或朝后翻一页。

换档键(SHIFT)：当要输入地址/数字键中右下角字符时先按此键切换。

取消键(CAN)：按此键可清除已输入至缓冲器中的最后一个字符。

输入键(INPUT)：当要把输入至缓冲器中的数据设定到寄存器时，按此键。

编辑键：程序编辑时使用。ALTER：替换； INSERT：插入；DELETE：删除。

帮助键(HELP)：按此键可提供与系统相关的帮助信息。

复位键(RESET)：按此键可使 CNC 复位，所有操作停止或解除报警等。

2. 机床操作面板的按键及功能

数控车床 CK6132A 的操作面板见图 9-12，各按键功能如表 9-3 所示。

3. 数控车床操作方法与步骤

1) 机床的开机

打开机床主机上强电控制柜开关→确认机床处于急停状态→接通数控系统电源→旋转急停按钮，弹出→等待约 3 s，按 RESET(复位键)。

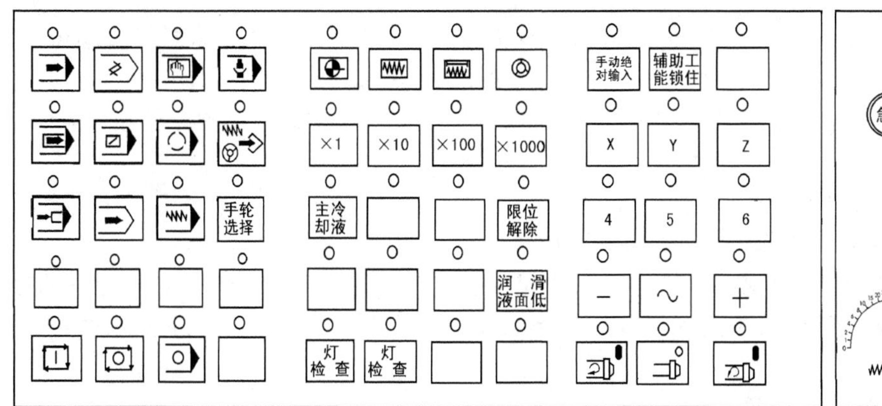

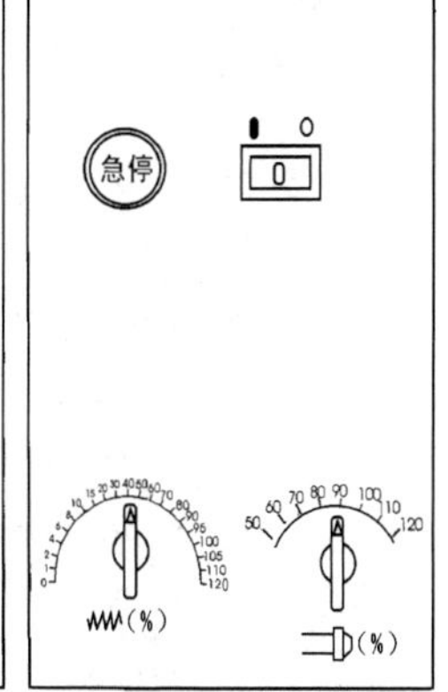

图 9-12　CK6132A 的操作面板

表 9-3　CK6132A 操作面板的部分按键功能

按键	功能	按键	功能	按键	功能
	AUTO 自动运行方式		EDIT 程序编辑方式		MDI 手动数据输入
	DNC 运行方式		REF 回参考点		JOG 手动运行方式
	手动增量方式		手轮方式		程序单段
	跳选程序段		M01 选择停止		手轮示教方式
X	X 轴	Z	Z 轴		程序再启动
	进给锁住		空运行	手轮选择	手轮方式选择
−	坐标轴负向	~	快速进给	+	坐标轴正向
	循环启动		进给保持		M00 程序停止
	主轴正转		主轴停		主轴反转
急停	机床急停		程序保护锁		
	进给修调		主轴转速修调		

2) 手动操作

(1) 回参考点。数控机床开机后必须此操作，以建立机床坐标系。此外，当数控机床在工作过程中遇到急停或超程报警时，故障解除后也必须进行返回参考点操作。具体步骤如下。

① 选择 POS 功能键，再按软功能键“综合”。

② 按下操作面板上的“回参考点”键。

③ 选坐标轴 X，按方向键“+”，等待 CRT 屏幕中“机械坐标”X 显示为 0，对应的 LED 闪烁，X 轴即返回参考点。

④ 选坐标轴 Z，按方向键“+”，等待 CRT 屏幕中“机械坐标”Z 显示为 0，对应的 LED 闪烁，Z 轴即返回参考点。

注意：前置刀架机床回参考点时，应先回 X 轴，然后再回 Z 轴，否则，刀架可能会与机床尾座发生干涉。

(2)手动连续进给。

① 选择“手动”工作方式，调整进给修调开关，选择合理的进给速度。

② 选择移动轴(X 或 Z)，按住方向键“+”或“−”不放，可实现所选轴在对应方向上产生连续慢速进给；若按“+”或“−”时，同时按下快速进给“～”，即可实现所选轴在对应方向上的快速进给。

(3)增量进给。

① 选择“手动增量”方式，选取所需的增量倍率×1、×10、×100 或×1000。

② 选择移动轴(X 或 Z)，每按一下方向键“+”或“−”，可实现所选轴在对应方向上产生一增量位移，位移量=0.001mm×所选增量倍率，即 0.001mm、0.01mm、0.1mm 或 1mm。

(4)手轮进给。

① 选择“手轮”方式，再按下“手轮选择”键。

② 按下“手轮选择”键，在手轮进给盒上选择所需的轴(X 或 Z)。

③ 在手轮进给盒或者机床操作面板上选取增量倍率单位(×1、×10、×100)。

④ 顺时针(正方向)或逆时针(负方向)旋转手轮，每转动一个刻度，将在所选轴上移动 0.001mm、0.01mm、0.1mm。

说明：当机床操作面板上的“手轮选择”接通时，轴向和倍率将以手轮进给盒上的选择为准；断开时，轴向和倍率将以机床操作面板上的选择为准。

3)程序编辑

(1)输入新程序：“程序编辑”方式→PROG 功能键→输入新程序文件名“O××××”→点击 INSERT 编辑键→手工将程序输入至存储器中，也可通过 DNC 通信接收计算机上的程序。

(2)调用程序：“程序编辑”方式→PROG 功能键→输入程序文件名“O××××”→点击“O 检索”软键→CRT 显示屏上将显示程序内容，且光标位于程序头。

(3)修改程序：“程序编辑”方式→PROG 功能键→将光标移至要修改的字符处→通过程序编辑键 ALTER、INSERT、DELETE 可对程序内容进行“替代”、“插入”或“删除”等操作。

(4)删除程序：“程序编辑”方式→PROG 功能键→输入要删除的程序文件名“O××××”→按 DELETE 键，即可完成程序删除。

4)自动运行

(1)校验程序：调用程序→选择“自动运行”方式→根据需要按下“程序单段”“进给锁住”“空运行”“辅助功能锁住”→GRAPH 功能键→“图形”软键→按下“循环启动”键，进行程序校验，观察刀具相对于工件的运动轨迹是否正确。若有错误则修改后再进行校验直至程序无误。

注意事项如下。

①“程序单段”“进给锁住”“空运行”“辅助功能锁住”可根据需要单独选取或同时选取，校验完毕后，需及时解除“进给锁住”“空运行”“辅助功能锁住”键。

② 选择“程序单段”，每按一次“循环启动”键，机床只执行一个程序段后就会暂停，须

反复按“循环启动”键，才能实现连续加工。采用此方法可随时检查程序及操作。

③ 在校验过程中，换刀时需确保刀具不要与工件以及尾座发生干涉。

④ 在校验过程中若使用“进给锁住”，校验结束后要进行坐标复位，方法是：PROG 功能键→“绝对”软键→“操作”软键→▷软键→“WRK-CD”软键→“全轴”软键。

(2) 自动加工：通过校验确认程序准确无误后，调用程序，并确保光标位于程序头→“自动运行”方式→加工过程选择所需的显示方式(PROG、POS 或 GRAPH)→主轴转速打 100%→“进给修调”调整到合理的位置→按“循环启动”键，即进行自动加工。

自动加工过程处理如下。

① 加工暂停：按“进给保持”键暂停执行程序→选择“手动运行”方式→按“主轴停”可停主轴。

② 加工恢复：“手动运行”方式下按“主轴正转”键→将工作方式重新切换到“自动运行”→按“循环启动”键即可恢复自动加工。

③ 加工取消：加工时若想取消加工，可按“RESET(复位键)”即可停止加工。

④ 机床运行中，一旦发现异常情况，应立即按下急停按钮，终止机床所有运动和操作。待故障排除后，方可重新操作机床及执行程序；出现机床报警时，应根据报警号查明原因。

5) MDI 运行

MDI 为手动数据输入。选择“MDI”方式→PROG 功能键→手工输入若干个程序段(不能超过 10 段，每一个程序段以 EOB“；”结束，按 INSERT 键)→光标移至程序头→“循环启动”键，即可执行 MDI 程序。

6) DNC 运行

DNC 加工，也称在线加工，较大型程序一般采用此方式。将机床与计算机联机→选择“DNC”方式→PROG 功能键→“进给速率修调”旋钮设置为“0”→按“循环启动”键，显示“标头”，CNC 数控系统准备好→在计算机中通过软件将加工程序传输给 CNC 数控系统→调整“进给速率修调”旋钮进行加工。

7) 工件坐标系的建立(零点偏置的设置)

以 G54 为例，如图 9-13 所示，将工件右端面的圆心点 O 设为工件坐标系 G54 的原点，操作方法如下。

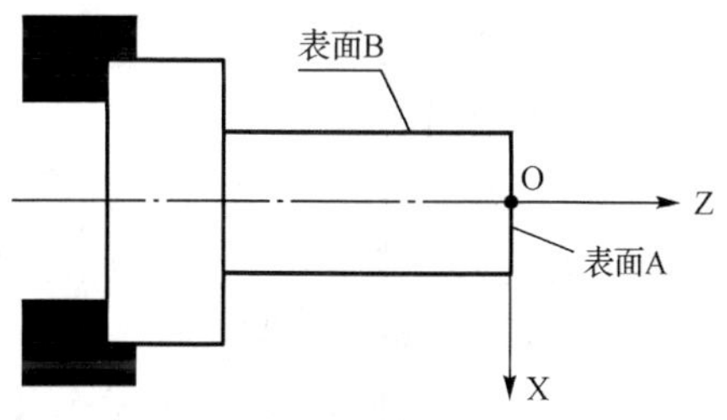

图 9-13　G54 坐标原点的设置

① MDI 方式下调用基准刀。

② 手轮方式车端面 A：“手轮”方式→接通“手轮选择”→摇动手轮车削端面 A(Z 向吃刀约 0.5mm，手轮倍率开关打至×10，手轮始终保持连续匀速进给，刀尖不要越过圆心)→沿+X 方向退刀(倍率开关可打至×100，注意不要移动 Z 轴)。

③ 设置 G54“Z”向零点偏置：“OFFSET/SETTING”功能键→“坐标系”软键→光标移至“G54”零点偏置设置栏内→在 MDI 键盘上输入“Z0”(0 为当前刀位点在工件坐标系 Z 轴的位置)→按“测量”软键，将基准刀当前 Z 向机械坐标值设为 G54 的“Z”向零点偏置。

④ 手轮方式车外圆 B：摇动手轮车削外圆 B(手轮倍率开关打至×10，X 方向吃刀约 1mm)长约 10mm →沿+Z 方向退刀至一安全位置(刀架在此处能安全换刀，倍率开关可打至×100，注意不要移动 X 轴)。

⑤ 测量直径：“手动”方式→按“主轴停”→用游标卡尺测量外圆 B 的直径。

⑥ 设置 G54“X”向零点偏置：“OFFSET/SETTING”功能键→“坐标系”软键→光标移至“G54”零点偏置设置栏内→在 MDI 键盘上输入“X 测量值”(此输入值为当前刀位点在工件坐标系 X 轴的位置)→按“测量”软键，自动将工件中心线位置的 X 轴机械坐标值设为 G54 的“X”向零点偏置。

通过上述步骤可将图中工件右端面的圆心点 O 设为 G54 工件坐标系的原点。

8)机床关机

确认机床在未加工状态，所有外接设备都已关闭→拍下急停按钮→关闭数控系统电源→关闭机床主机电源。

4. 安全操作注意事项

(1)学生初次操作机床，须仔细阅读指导书或机床操作说明书，并在实习教师指导下操作。

(2)工作时请穿好工作服、安全鞋，不得穿凉鞋、拖鞋、高跟鞋、背心、裙子和戴围巾进入实习场所，不允许戴手套、耳机以及长项链等挂饰操作机床。

(3)机床操作过程中，严防刀架或拖板与机床尾座、工件等产生干涉。

(4)机床运转时，千万不要拨动变速手柄。

(5)不要移动或损坏安装在机床上的警告标牌。

(6)卡盘扳手用完后及时取下并放回指定位置，不允许留在三爪卡盘上。

(7)实习学生在操作时，旁观的同学禁止按控制面板的任何按钮、旋钮，以免发生事故。

(8)机床运转期间，勿将身体任何一部分接近数控机床移动范围内，不要试着用嘴吹切屑、或用手去抓切屑或清除切屑。禁止用手或其他任何方式接触正在旋转的主轴、工件或其他运动部位。

(9)禁止加工过程中测量、擦拭工件，也不能清扫机床。严禁用力拍打控制面板、触摸显示屏。严禁敲击工作台、夹具和导轨。

(10)操作人员不得随意更改机床内部参数。

9.2.3 数控车床加工实例

1. 实习目的

通过对典型复合轴零件(图 9-14)的加工，了解其加工工艺的制定过程，熟悉 FANUC 0i Mate-TB 数控车削系统，掌握 CK6132A 型数控车床程序编制过程以及基本操作步骤。

2. 实习设备及辅助设施

设备：自贡长征机床有限公司 CK6132A 型数控车床。

系统：FANUC 0i Mate-TB 数控车削系统。

材料：ϕ34mm 尼龙棒材。

量具：0～125mm 游标卡尺、150mm 钢板尺。

刃具：外圆车刀(4#)、切断刀(1#)、外螺纹刀(2#)、圆弧刀(3#)。

3. 工艺分析

(1)确定工件坐标系原点位置。以工件右端面圆心 O 为原点建立工件坐标系，换刀点设在 A 点。各几何点坐标如下。

A(70,30)	1(32,2)	2(12,2)	3(12,0)	4(16,–2)	5(16,–23.5)
6(13,–25)	7(12,–28)	8(16,–28)	9(24,–38)	10(24,–48)	11(24,–66)
12(24,–80)	13(24,–83)	14(0,–83)	15(12,–25)	16(24,–78)	17(20,–80)

注：X 方向采用直径值编程。

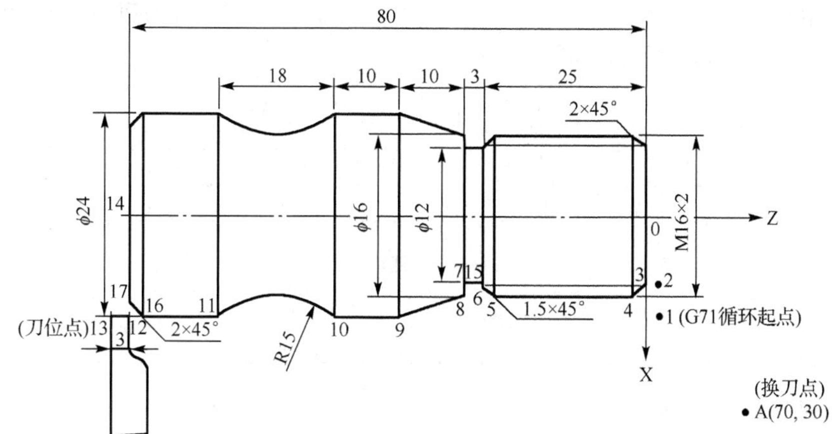

图 9-14 数控车床加工实例零件

(2)根据图纸要求确定加工顺序，分五步进行加工。

① 车削工件外轮廓：选用外圆车刀(4#)，工件轮廓沿 3—4—5—8—9—10—11—12—13 加工，加工完如图 9-15(a)所示。加工时在 X 方向上的尺寸单调递增，且切削余量较大，可选用 G71 指令进行外径粗车循环加工，再用 G70 精加工。粗加工时，为了提高加工较率，可选用较大的吃刀深度和较快的进给速度，同时考虑刀具耐用度，选用较低的主轴转速；精加工时，为了提高加工精度和表面质量，选用较小的吃刀，较慢的进给速度和较快的转速。

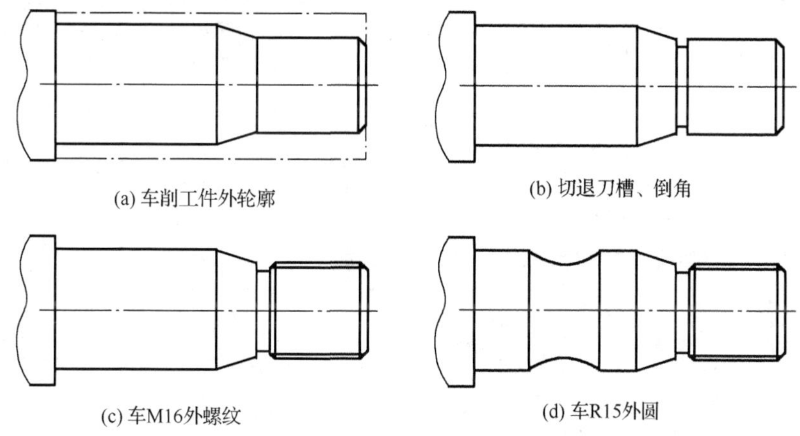

图 9-15 复合轴加工顺序

② 切退刀槽、倒角：选用切断刀(1#，刀尖宽 3mm，刀位点为左刀尖)，加工完如图 9-15(b)所示。因刀具强度较差，且切槽时，工件是径向受力，力臂较长，工件会产生径向跳动，应选用较慢的进给速度和转速，为了保证加工精度，可增加一个延时指令 G04。

③ 车 M16 外螺纹：选用外螺纹车刀(2#)，用螺纹单一固定循环指令 G92。因螺纹刀刀尖

强度较差，应选用较低转速及较小吃刀深度，分多刀加工。同时要考虑螺距补偿，加工完如图 9-15(c)所示。

④ 车 R15 外圆：选用圆弧刀加工(3#)，可通过调用子程序分多刀加工，加工完如图 9-15(d)所示。

⑤ 倒角及切断：选用 1#刀，以左刀尖为刀位点计算坐标值，完成图 9-14 零件加工。

(3)确定加工工艺参数(表 9-4)。

表 9-4　复合轴加工工艺参数

切削表面		主轴转速/(r/min)	进给速度/(mm/r)
车外圆	粗加工	700	0.2
	精加工	800	0.1
切槽		500	0.1
车螺纹		401	2
车圆弧		600	0.2

4. 编制加工程序(表 9-5)

表 9-5　程序代码及注释

程序	注释
O0001；	主程序文件名
N10 G00 G54 X70 Z30；	以工件右端面圆心为原点建立工件坐标系
N20 T0404；	调 4#外圆刀
N30 M32；	主轴转速高档位
N40 M03 S700；	主轴正转，转速 700r/min
N50 G00 X32 Z2；	快速定位到 G71 循环起刀点(1 点)
N60 G71 U1 R0.5；	外径粗车循环，X 轴向单次进刀量 1mm，退刀量 0.5mm
N70 G71 P80 Q130 U0.4 W0.2 G99 F0.2；	G71 粗加工循环，0.2mm/r，程序段号从 N80 到 N130，X 轴向留精加工余量 0.4mm，Z 轴向留精加工余量 0.2mm
N80 G00 X12；	2 点
N90 G01 X12 Z0 ；	直线插补到 3 点
N100 X16 Z-2 F0.1；	4 点，精加工进给速度 0.1mm/r
N110 X16 Z-28；	8 点
N120 X24 Z-38；	9 点
N130 X24 Z-83；	13 点
N140 G70 P80 Q130 S800；	G70 外径精加工，程序段号从 N80 到 N130，转速 800r/min
N150 G00 X70 Z30；	回换刀点
N160 T0400 ；	取消 4#刀具补偿值
N170 T0101 S500；	调 1#切槽刀，转速 500r/min
N180 G00 X17 Z-28；	快速定位到切槽起刀点
N190 G01 X12 F0.1；	直线插补到 7 点，0.1mm/r
N200 G04 X2；	暂停 2 秒
N210 G00 X18；	X 方向退刀
N220 G01 X16 Z-26.5；	刀具右刀尖到 5 点，准备倒角
N230 X13 Z-28；	右刀尖到 6 点，完成倒角
N240 G00 X30；	X 方向退刀

续表

程序	注释
N250 X70 Z30;	回换刀点
N260 T0100;	取消 1#刀具补偿值
N270 T0202 S401;	调 2#外螺纹刀，转速 401r/min
N280 G00 X20 Z2;	螺纹单一固定循环起刀点
N290 G92 X15 Z-21.5 F2;	G92 螺纹单一固定循环，第一刀到 X15mm，螺纹导程 2mm
N300 G92 X14.4 Z-21.5 F2;	第二刀到 X14.4mm，螺纹导程 2mm
N310 G92 X13.8 Z-21.5 F2;	第三刀到 X13.8mm，螺纹导程 2mm
N320 G92 X13.4 Z-21.5 F2;	第四刀到 X13.4mm，螺纹导程 2mm
N330 G92 X13.4 Z-21.5 F2;	重复第四刀
N340 G00 X70 Z30;	回换刀点
N350 T0200;	取消 2#刀具补偿值
N360 T0303 S600;	调 3#圆弧刀，转速 600 r/min
N370 G00 X30 Z-48;	快速定位到切圆弧起刀点
N380 M98 P60002;	调子程序“O0002”6 次，每次 X 轴向进刀量 1mm(30–6×1=24)
N390 G00 X70 Z30;	回换刀点
N400 T0300;	取消 3#刀具补偿值
N410 T0101 S500;	调 1#切槽刀，转速 500r/min
N420 G00 X25 Z-83;	快速定位到切断起刀点
N430 G01 X20 Z-83 F0.2;	右刀尖到 17 点，先完成切槽
N440 G00 X26;	X 方向退刀
N450 G01 X24 Z-81;	右刀尖到 16 点，准备倒角
N460 X20 Z-83;	右刀尖到 17 点，完成倒角
N470 X0;	零件切断
N480 G00 X70 Z30;	回换刀点
N490 T0100;	取消 1#刀具补偿值
N500 M05;	停主轴
N510 M30;	程序结束返回程序头
O0002;	子程序文件名
N10 G00 U-1 W0;	X 轴进刀量 1mm，采用增量坐标编程
N20 G02 U0 W-18 R15 F0.2;	顺圆插补(右手直角坐标系定 Y 轴，从其正方向往负方向看)
N30 G00 U1;	X 轴退刀量 1mm
N40 G00 W18;	Z 轴正方向增量 18mm
N50 G01 U-1;	X 轴进刀量 1mm
N60 M99;	返回主程序

5．加工步骤

(1)机床开机：合上机床主机电源，开启数控系统，解除急停，系统复位。

(2)回参考点：手动返回机床参考点。注意应先回 X 轴，后回 Z 轴。

(3)手动返回：手动操作下负方向将刀架移至机床安全位置。

(4)装夹工件：根据零件长度确定装夹长度，长 110～120mm。

(5)设置 G54 零点偏置：将工件右端面中心点设置成 G54 坐标原点，并进行 G54 零点偏置设定。

(6)输入零件程序：在编辑方式下输入零件程序(若程序已输入则直接调用程序)。

(7)程序校验及坐标复位：自动运行方式下锁定机床进行程序校验后，解除锁定并进行坐标复位。

(8)自动加工：在编辑方式下确认程序文件名是否正确、光标是否处在程序头；选择合适的加工参数，在自动方式下运行程序。

注意：在加工操作过程中，严禁负责操作的学员离开操作区域或干其他工作，要始终观察加工过程，若发现刀具与主轴卡盘发生干涉等异常情况，应立即按下“RESET”或“急停”按钮。

(9)测量零件：使用游标卡尺测量。

(10)关机：按下急停按钮，关闭数控系统，关主机，清理现场，并做好工作记录。

9.3　数 控 铣 床

9.3.1　数控铣床的加工对象

数控铣床是最早研制和使用的数控机床，其加工范围广，工艺复杂，在制造业中具有举足轻重的地位，现在广泛应用的加工中心也是在数控铣床的基础上产生和发展起来的。数控机床主要用于加工各种黑色金属、有色金属及非金属的平面轮廓零件、空间曲面零件和孔加工，如凸轮、样板、箱体、叶片、螺旋桨等零件，广泛应用在汽车、航空航天、军工、模具等行业。

9.3.2　FANUC 系统数控铣床的操作方法

数控铣床配置的数控系统不同，其操作面板的形式也有所区别，但各种开关、按键的功能及操作方法基本大同小异。下面以加工型数控铣床 XK5025/4 配备 FANUC 0i Mate 数控铣削系统为例进行介绍。

1. FANUC 数控铣削系统 CRT-MDI 面板及操作面板的按键及功能

FANUC 0i Mate 数控铣削系统的 CRT-MDI 面板外形、基本功能与数控车削系统相同，见 9.2.2 节。该数控铣床的操作面板如图 9-16 所示，各开关、按键功能见表 9-6。

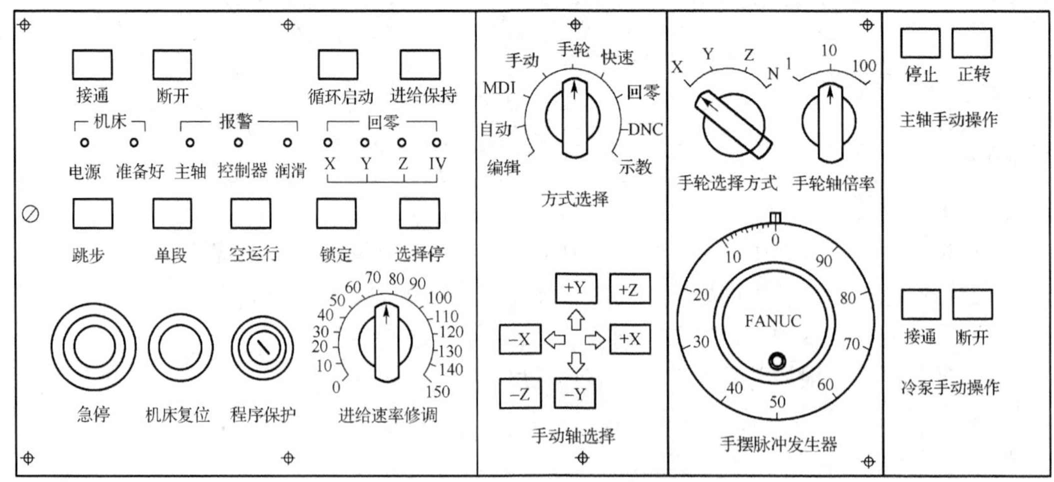

图 9-16　XK5025/4 数控铣床操作面板

表 9-6　XK5025/4 操作面板部分按键、旋钮功能

<table>
<tr><th>开关或按键</th><th colspan="2">功能</th></tr>
<tr><td>接通</td><td colspan="2">NC 接通</td></tr>
<tr><td>断开</td><td colspan="2">NC 断开</td></tr>
<tr><td>循环启动</td><td colspan="2">自动操作方式时，选择所要执行的程序，按下此按钮自动操作开始，自动操作执行期间，按钮内指示灯点亮</td></tr>
<tr><td>进给保持</td><td colspan="2">自动执行程序期间，按下此按钮，机床运动轴减速停止</td></tr>
<tr><td>跳步</td><td colspan="2">自动操作时此按钮接通，程序中有“\”的程序段将不执行</td></tr>
<tr><td>单段</td><td colspan="2">自动操作执行程序时，每按一下循环启动按钮，只执行一个程序段</td></tr>
<tr><td>空运行</td><td colspan="2">自动或 MDI 方式时，此按钮接通，机床按空运行方式执行程序</td></tr>
<tr><td>锁定</td><td colspan="2">自动、MDI 或手动操作时，此按钮接通，即禁止所有轴向运动(已进给的轴将减速停止)但位置显示仍将更新，M、S、T 功能不受影响</td></tr>
<tr><td>选择停</td><td colspan="2">此按钮接通，所执行的程序在遇有 M01 指令处，自动停止执行</td></tr>
<tr><td>急停</td><td colspan="2">机床操作过程中，出现紧急情况时按下此按钮伺服进给及主轴运行立即停止，CNC 数控系统进入急停状态</td></tr>
<tr><td>机床复位</td><td colspan="2">机床通电后，释放急停按钮，如机床正常运行的条件均已具备，按下此按钮，强电复位并接通伺服</td></tr>
<tr><td>程序保护</td><td colspan="2">此开关处于“0”的位置可保护内存程序及参数不被修改，需要执行存入或修改操作时，此开关应置“1”</td></tr>
<tr><td>进给速率修调</td><td colspan="2">以给定的 F 指令进给时，可在 0～150%的范围内修改进给率。手动方式时，亦可用其改变速率</td></tr>
<tr><td>手动轴选择</td><td colspan="2">手动方式下，“+对应轴”为此轴正向按钮，“–对应轴”为负向按钮</td></tr>
<tr><td>手轮轴选择</td><td colspan="2">手轮方式下，轴向选择</td></tr>
<tr><td>手轮轴倍率</td><td colspan="2">用于选择手轮进给的每格位置当量，倍率×1、×10、×100 位移当量分别为 0.001mm、0.01mm、0.1mm</td></tr>
<tr><td>手摇脉冲发生器</td><td colspan="2">手轮工作方式下，与轴选择开关配合可以手轮移动各轴</td></tr>
<tr><td rowspan="9">手动 手轮 快速
MDI 回零
自动 DNC
编辑 示教
方式选择</td><td>编辑</td><td>进行程序的输入、删除、修改，可自动保存在系统中</td></tr>
<tr><td>自动</td><td>编辑方式输入的程序在自动方式下按循环启动键，加工</td></tr>
<tr><td>MDI</td><td>手动数据输入(manual data input)，在此方式下手动输入程序后按循环启动键执行(程序只使用一次)</td></tr>
<tr><td>手动</td><td>处于手动方式，机床通过手动轴选择按键可连续移动</td></tr>
<tr><td>手轮</td><td>处于手轮方式，手轮轴选择轴向，手轮轴倍率选择当量，机床通过转动手摇脉冲发生器移动</td></tr>
<tr><td>快速</td><td>以 G00 速度快速移动机床</td></tr>
<tr><td>回零</td><td>对于增量控制系统(使用增量式位置检测元件)的机床，当机床重新通电后，必须首先执行这一步，以建立机床各坐标的移动基准</td></tr>
<tr><td>DNC</td><td>DNC 运行，也称为在线加工</td></tr>
<tr><td>示教</td><td>示教编程方式</td></tr>
</table>

2. 安全操作注意事项

(1)学生初次操作机床，须仔细阅读指导书或机床操作说明书，并在实训教师指导下操作。

(2)工作时请穿好工作服、安全鞋，不得穿凉鞋、拖鞋、高跟鞋、背心、裙子和戴围巾进入实习场所，不允许戴手套、耳机以及长项链等挂饰操作机床。

(3)机床操作过程中，严防刀具与机床工作台、夹具等产生干涉。

(4)机床运转时，千万不要拨动变速手柄。

(5)不要移动或损坏安装在机床上的警告标牌。

(6)注意不要在机床工作台上或周围放置障碍物，保证工作空间足够大。

(7)操作人员不得随意更改机床内部参数。

(8)实习学生在操作时，旁观的同学禁止按控制面板的任何按钮、旋钮，以免发生事故。

(9)机床运转期间，勿将身体任何一部分接近数控机床移动范围内，不要试着用嘴吹切屑或用手去抓切屑或清除切屑。禁止用手或其他任何方式接触正在旋转的主轴、工件或其他运动部位。

(10)禁止加工过程中测量、擦拭工件，也不能清扫机床。严禁用力拍打控制面板、触摸显示屏。严禁敲击工作台、夹具等。

(11)机床运转中，操作者不得离开岗位，发现异常现象应立即停机。

(12)在加工过程中，严禁负责操作的学员离开操作区域或干其他工作，要始终观察加工过程，若发现异常情况，应立即停止加工。

(13)严禁私自打开数控系统控制柜进行观看和触摸。

9.3.3 数控铣床加工实例

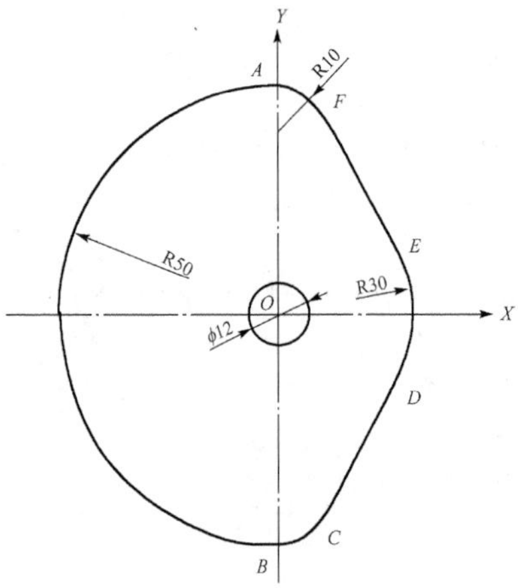

图 9-17 数控铣床加工实例零件

1. 实习目的

通过对典型平面轮廓零件(凸轮，图 9-17)的加工，了解其加工工艺的制定过程，熟悉和掌握 XK5025/4 数控铣床配 FANUC 数控铣削系统的程序编制以及基本操作方法。

2. 实习设备及辅助设施

设备：南通数控立式升降台铣床 XK5025/4。

系统：FANUC 0i Mate-TB 数控铣削系统。

材料：110mm×110mm×8mm 聚氯乙烯板。

量具：0～125mm 游标卡尺、150mm 钢板尺。

刃具：ϕ10mm 高速钢螺旋立铣刀(4 刃)。

3. 工艺分析

经图纸分析可知，该零件由 *AB*、*BC*、*AF* 三段圆弧及线段 *CD*、*EF* 构成，采用ϕ12 孔中心作为定位基准，通过螺栓螺母装夹，加工方法为铣削。

(1)确定工件坐标系原点位置。凸轮设计基准在ϕ12 孔中心，所以工件原点定在ϕ12 孔中心线与凸轮上表面的交点处 O 点。A、B、C、D、E、F 各点的坐标计算如下。

A(0，50)　　B(0，–50)　　C(8.66，–45)

D(25.98，–15)　　E(25.98，15)　　F(8.66，45)

(2)进刀点及退刀点。从凸轮 A 点开始切入加工，综合考虑毛坯的尺寸、刀具形状与规格等，设置进刀线长 10mm，进刀圆弧 R10，退刀圆弧 R10，则下刀点坐标(10，70)，提刀点坐标(–10，60)，刀具半径右补偿，下刀深度 9mm，采用 G01 直线切削指令。铣削凸轮走刀路线见图 9-18。

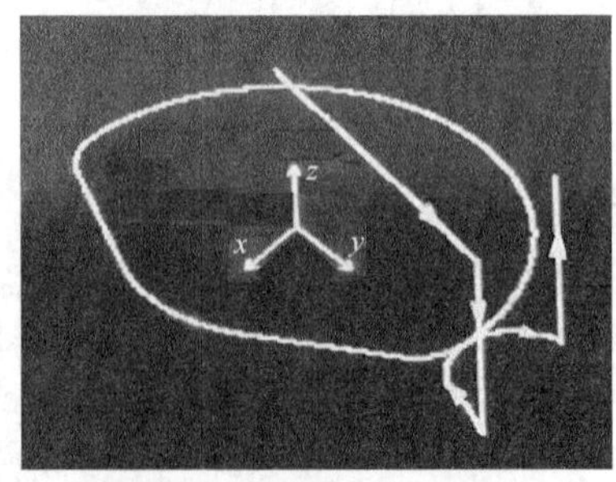

图 9-18 铣削凸轮走刀路径

(3)加工工艺参数。主轴转速挡位调至 S 为 285r/min、进给速度 F 设为 100mm/min。

4. **编制加工程序(表 9-7)**

表 9-7　程序代码及注释

程序	注释
O2002;	主程序文件名
G40;	取消刀具半径补偿值
N010　G90　G54　G00　Z30;	选择工件坐标系；刀具抬刀至安全高度
N020　X10　Y70　M03;	转主轴；走到下刀点
N030　G01　Z-9　F200;	下刀
N040　G42　D1　Y60;	走进刀直线；同时刀具半径右补偿
N050　G02　X0　Y50　I-10　J0　F100;	切入工件至 A 点；“I-10 J0”可用“R10”代替
N060　G03　Y-50　I0　J-50;	切削 AB 弧；“I0 J-50”可用“R50”代替
N070　X8.66　Y-45　I0　J10;	切削 BC 弧；“I0 J10”可用“R10”代替
N080　G01　X25.98　Y-15;	切削 CD 直线
N090　G03　Y15　I-25.98　J15;	切削 DE 弧；“I-25.98 J15”可用“R30”代替
N100　G01　X8.66　Y45 ;	切削 EF 直线
N110　G03　X0　Y50　I-8.66　J-5;	切削 AF 弧；“I-8.66 J-5”可用“R10”代替
N120　G03　X-10　Y60　I0　J10　F300;	走退刀圆弧；“I0 J10”可用“R10”代替
N130　G40　Z30　M05;	Z 向提刀同时取消刀具半径补偿；停主轴
N140　M30;	程序结束

5. **加工步骤**

1)机床开机

强电控制柜电源打到 ON→确认机床处于急停状态→接通 NC 电源→系统引导，屏幕上电后，显示 POS(位置画面)→解除急停→机床复位键(按住不动直到系统解除报警，大约 5s)→“RESET”(系统复位)。

2)机床回零(返回机床参考点)

(1)工作方式选择“回零”。

(2)选择“POS”功能键→“综合”软键看机械坐标→各轴距离机床零点位置大于 20mm(机械坐标值都小于–20)。

(3)按住“+Z”不动，直至对应的 LED 灯亮(同时屏幕上机械坐标显示：Z=0)方能松手，即 Z 轴回到零点位置。

(4)分别按住“+X”或“+Y”，直至回到相应零点位置。

注意：

① 不能在机床零点及零点附近位置回零，各轴距离机床零点位置应大于 20mm，不足可通过手轮、手动等方式移动。

② 为防止刀具和工件、夹具发生干涉，回零必须先回 Z 轴，然后才回其他两轴。

3)装夹工件

使用合适的紧固件(图 9-19)，将工件毛坯固定在机床工作台上，并保证毛坯左端面与 Y 轴平行。

图 9-19　紧固件

4) G54零点偏置设置(根据现有条件和加工精度选择试切法对刀)

(1) X向零点偏置设定(结合图9-20)。

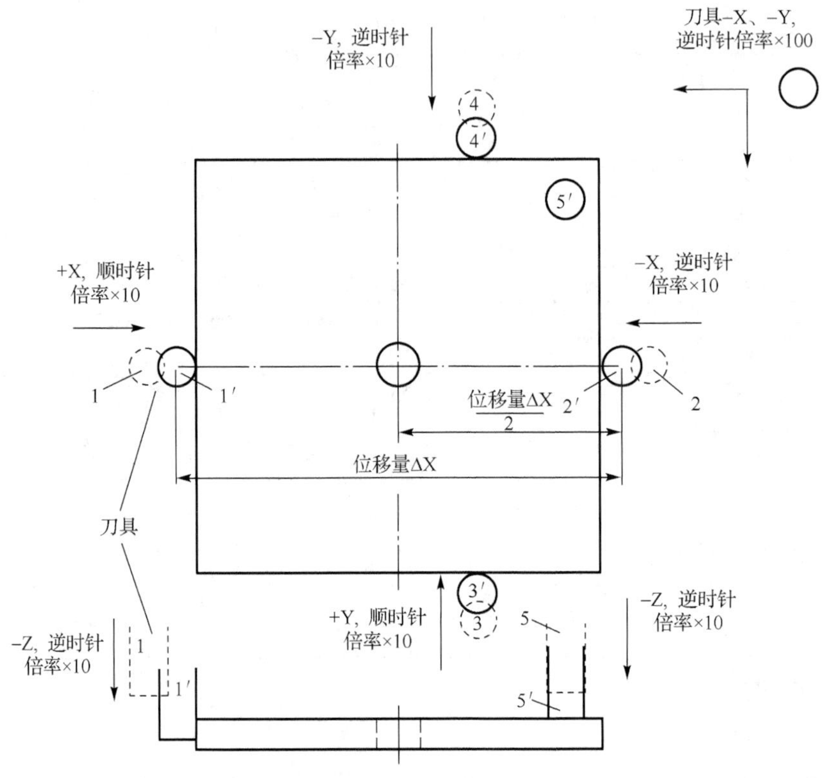

图9-20　G54零点偏置设置简图

① 主轴手动操作正转。

② 工作方式选择“手轮”→手轮轴倍率×100→“–X”、“–Y”方向(逆时针)旋转手轮,将刀具移到零件左端外围1处→“–Z”方向(逆时针)下刀至零件表面以下→倍率×10→“+X”方向(顺时针)慢慢靠近工件左侧,以刀具恰好接触零件为准1′处(观察,听切削声音、看切痕、看切屑,只要出现一种情况即可)。

③“POS”功能键→“相对”软键→操作→起源→全轴(屏幕坐标值清零)→倍率×100,“+Z”(顺时针)移至安全高度(注意请勿超程)。

④“+X”移至零件右端外围2处→“–Z”下刀至零件表面以下→倍率×10,“–X”方向进刀,直到刀具恰好接触零件2′处→倍率×100 ,“+Z”移至安全高度→从屏幕中记录相对位移量ΔX值。

⑤“OFFSET SETTING”功能键→坐标系→光标移至 01(G54)零点偏置设置栏内→输入“X$\frac{位移量\Delta X}{2}$”(输入值为当前刀具刀位点在工件坐标系相应轴的位置,注意正负)→“测量”软键,工件坐标系原点的X向机床坐标值设定完毕。

(2) Y向零点偏置设定(结合图9-20同X轴方法操作)。

(3) Z向零点偏置设定。

① 主轴手动操作正转。

② 倍率×100，刀具移至零件一角→“–Z”至零件表面以上 5mm 左右 5 处→倍率×10，以刀具底面刚好接触工件上表面为准 5′ 处。

③ 在零点偏置设置栏内输入“Z0”（当前刀具刀位点在工件坐标系 Z0 位置）→“测量”软键，工件坐标系原点的 Z 向机床坐标值设定完毕→+Z 移到安全高度，停主轴。

5) 输入刀具半径补偿值

“OFFSET/SETTING”→“补正”软键→光标移到程序对应的 1 号刀半径补偿值位置→输入刀具实际半径值“5”→按“INPUT”键(或“输入”软键)。

注释：数控铣床加工时，由于程序所控制的刀具刀位点的轨迹和实际刀具切削刃口切削出的工件轮廓并不重合，在尺寸上存在一个刀具半径的差别，为此就需要根据实际加工的形状尺寸算出刀具刀位点的轨迹坐标，据此来控制加工。而利用数控系统的刀具半径补偿功能时，编程时不需要考虑刀具实际尺寸，只需按照零件的轮廓计算坐标数据，有效简化了数控加工程序的编制。在实际加工前，只需将刀具的实际尺寸输入到数控系统的刀具补偿值寄存器中，在程序执行过程中，数控系统根据加工程序调用这些补偿值并自动计算实际的刀具中心运动轨迹，使刀具偏离工件轮廓一个半径值，即进行刀具半径补偿。

6) 输入零件程序(方法参考数控车床)

7) 程序校验及坐标复位(方法参考数控车床)

8) 自动加工(方法参考数控车床)

注意：在加工过程中，严禁负责操作的学员离开操作区域或干其他工作，要始终观察加工过程，若出现刀具碰撞工件或夹具等异常情况，应立即按下“RESET”或“急停”按钮。

9) 拆卸工件及测量

10) 关机并且进行机床维护与卫生

按下急停→NC 断开→机箱控制柜电源打到 OFF→清理现场，并做好工作记录。

9.4　数控加工中心

9.4.1　加工中心简介

加工中心是在数控铣床的基础上发展起来的，也是目前世界上应用最广泛的数控机床之一。加工中心是典型的集高新技术于一体的机械加工设备，它的发展代表了一个国家设计和制造业的水平，成为现代机床发展的主流和方向。

加工中心是带有刀库和自动换刀装置的数控机床，可预先将不同用途的刀具存放于刀具库内，需要时再通过换刀指令，可在一次装夹中通过自动换刀装置更换主轴上的刀具，能够进行铣削、钻削、镗削、切槽及攻螺纹等多种加工，适用于零件形状比较复杂、工序多、精度要求较高的中小批量生产。

9.4.2　加工中心机加工实例

以南通 XH714/6 立式铣削加工中心配 SIEMENS 810D 数控系统为例，介绍加工中心的加工过程。

1. **实习目的**

通过对简单零件(图 9-21)的加工，掌握其加工工艺规程的设计，了解常用工装、夹具、刀具的功能和使用，熟悉和掌握有关机床及其系统的基本操作步骤。

2. **实习设备及辅助设施**

设备：XH714/6 立式加工中心，配 SIEMENS 810D 数控系统。

工装及刀具：平口钳、弹簧夹头、钻夹头、刀柄、面铣刀、立铣刀、钻头、中心钻、刻刀。

材料：聚氯乙烯板。

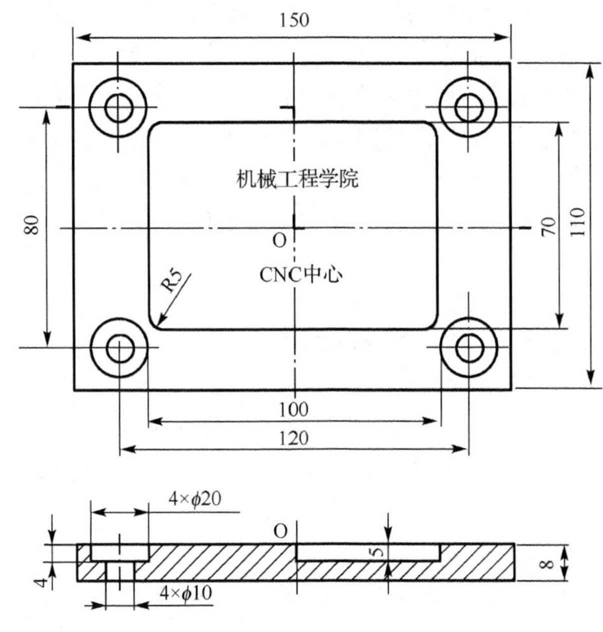

图 9-21　加工中心加工实例零件

3. **工艺分析**

经图纸分析可知，该零件形状结构并不复杂，外形尺寸为 150mm×110mm×8mm，四角有ϕ10mm 的通孔，孔上方为ϕ20mm 深 4mm 的台阶孔，中间挖槽尺寸为 100mm×70mm×5mm，四角倒 R5 的圆角，槽中刻字。零件毛坯尺寸为 160mm×120mm×15mm，长、宽双边留有 10mm 余量，上表面 2mm，下表面 5mm。

(1) 工装与刀具(表 9-8)。

表 9-8　工装与刀具

工装		刀具			
夹具名称	夹具型号	刀具名称	刀具型号	刀具材质	刀号
平口钳	125mm	面铣刀	ϕ50	硬质合金	T01
弹簧夹头	ϕ8mm、ϕ10mm	立铣刀	ϕ10	硬质合金	T02
钻夹头	ϕ1～10mm	中心钻	A2(夹持ϕ8)	高速钢	T03
刀柄	BT40	钻头	ϕ10	高速钢	T04
		刻刀	ϕ8	高速钢	T05

(2) 加工工艺方案(表 9-9)。

表 9-9　零件加工工艺及加工参数

工序号	工序名称	工序内容	刀号	主轴转速 S/(r/min)	进给速度 F/(mm/min)
1	铣上平面	铣削零件上表面 2mm	T01	1000	500
2	铣外形	铣 150mm×110mm 的外形，深–8.3mm	T02	700	300
3	打中心孔	4×ϕ10mm 孔钻中心孔	T03	1000	100
4	钻孔	4×ϕ10mm 孔钻通孔	T04	600	150
5	挖槽	100mm×70mm×5mm 挖槽	T02	700	300
6	铣台阶孔	铣ϕ20mm×4 台阶孔	T02	700	300
7	刻字	刻中间文字	T05	1000	200
8	铣下平面	翻面装夹，铣削零件下表面 5mm	T01	1000	400

4. 编制加工程序

(1)程序编制方法。该零件形状、尺寸虽然比较简单，但是刻字部分比较复杂，不便于手工编程，采用自动编程方法更为恰当。但程序中要更换刀具时需手动修改调用换刀子程序，表 9-10 为换刀子程序。

表 9-10　换刀子程序代码及注释

程序	注释
L221	换刀子程序文件名
G01　Z-129.20　F4000	主轴由当前位置移到主轴准停高度位置，高度与刀库高度相匹配，是机床调试时测出，不能随意修改
SPOS=284.139	主轴旋转到准停角度位置，角度为机床调试时测出，不能随意修改
M28	刀库进入主轴下方，准备接刀
M11	主轴松刀
G01　Z0　F2000	主轴由当前位置返回 Z 轴参考点
M32	刀库旋转寻找换刀位
G04　F0.5	暂停 0.5s
G01　Z-129.20	主轴由 Z 轴参考点位置返回到主轴准停高度位置
M10	主轴夹刀
M29	刀库退出
G04　F2.5	暂停 2.5s
M17	由子程序返回

(2)工件坐标原点。考虑零件在机床工作台上的安装位置，取长度方向为 X 坐标，宽度方向为 Y 坐标，厚度方向为 Z 坐标。零件为对称图形，工件坐标系 X、Y 轴原点设置在零件对称中心，Z 轴原点设置在零件上平面(图 9-21 的 O 点)。

5. 加工步骤

(1)机床开机：开主机→急停确认→开系统→解除急停→Reset。

(2)回参考点：按照 Z、X、Y 的顺序依次回参考点→再主轴(4 轴)回参考点→手动操作将各轴移到各轴中间位置，机床主轴空运行 15min 以上，冬天空运行 30min 左右。

(3)装夹工件：要保证夹具不妨碍刀具运动。

(4)装夹刀具：开启空气压缩机，将所需刀具依次装在主轴上，执行换刀子程序，放入对应的刀库号中。

(5)设定 G54 零点偏置：采用试切法正确对刀，确定工件坐标系，并核对数据。

(6) 设定刀具长度补偿及半径补偿：需认真核对刀补号、补偿值、正负号、小数点等，确保无误。

(7) 程序传输：采用 Mastercam 自动编程，传输到机床并模拟运行。

(8) 自动加工：根据加工状态适时调整进给速度和主轴转速。

注意：在加工过程中，严禁负责操作的学员离开操作区域或干其他工作，要始终观察加工过程，若出现刀具碰撞工件或夹具等异常情况，应立即按下“RESET”或“急停”按钮。

(9) 拆卸工件、清理机床、关机：先急停→关系统→关主机→清理现场，并做好工作记录。

9.5 特种加工技术

9.5.1 特种加工概述

特种加工直接利用电能、热能、光能、声能、化学能、电化学能和液流能等能量达到去除或者增加材料的加工方法，从而实现材料被去除、变形、改变性能或被镀覆等，亦称为非传统加工或现代加工方法。

1. 特种加工分类

特种加工技术所包含的范围很广，每产生一种新能源，都有可能出现一种新的特种加工方法。目前主要涉及的特种加工方法和所适应的工件材料以及应用范围如表 9-11 所示。

表 9-11 特种加工方法

加工方法		工件材料	应用
电火花加工	成型加工	导电材料	型腔模等
	线切割加工		样板、冲模
电子束加工		任何材料	微孔、镀膜、焊接、蚀刻、抛光
离子束加工		任何材料	蚀刻、抛光
电解加工		导电材料	金属型孔、型面、型腔
电铸加工		金属	金属成型小零件
超声波加工		脆硬材料	型孔、型腔
激光加工		任何材料	打孔、切割、焊接、热处理等
快速成型加工		光敏树脂、陶瓷粉末、塑料、金属	产品原型、模具制造等

2. 特种加工特点

特种加工与传统的切削加工相比，具有以下特点。

(1) 加工时工具与工件不接触，不存在显著机械力，因此工具材料的硬度可低于工件材料的硬度。

(2) 可加工型面比较复杂、细微工件，工件表面质量高。

(3) 可获得较低的表面粗糙度，其残余应力、冷作硬化现象、热应力等影响程度较小，尺寸稳定性好。

(4) 两种或两种以上的不同类型的能量可相互组合形成新的复合加工方法，其综合加工效果明显，且便于推广使用。

3. "绿色制造"与环境保护

自 2007 年开始，内蒙古霍煤鸿骏铝电有限责任公司在生产电解铝的过程中，大量排放氟化物，造成阿日昆都楞镇等周边下风地区的牛羊患上了"异牙病"。据不完全统计，近几年，阿日昆都楞镇累计死亡 4 万余头牲畜，甚至有的人也患上了"斑状齿"等怪病，严重影响了本地区数十平方公里农牧民的正常生产生活。

污染问题是影响和限制某些特种加工(如电解加工)应用、发展的严重障碍，加工过程中的废渣、废气若排放不当，会造成大面积环境污染，影响工人健康，不利于人类社会可持续发展。因此，必须花大力气利用废气、废液、废渣，使其向"绿色制造"的方向发展。

"绿色制造"技术较之传统制造工艺而言，可以实现对材料和技术的合理开发利用，降低制造成本的同时，尽可能减少对环境的污染和破坏，生产高质量的产品。绿色制造技术是应可持续发展要求衍生的技术，可以对传统制造过程进一步优化和整合，降低资源和能源消耗，提升制造效率和质量，保护生态环境。

绿色制造技术在机械制造领域的应用，推动了我国机械行业朝着"绿色、环保、节约"型发展，促进社会资源可持续发展。我们要牢固树立"绿色制造"理念，形成环境保护意识，并自觉践行在日后的生活和岗位之中。

9.5.2 电火花成型加工

1. 电火花成型加工原理

电火花成型加工是利用工具电极和工件电极间脉冲火花放电，对工件表面进行电蚀作用，将工件逐步加工成形的。

电火花成型加工的原理如图 9-22 所示：工件电极和工具电极分别与脉冲电源的两个不同极性输出端相连接，自动进给调节装置使工件和电极间保持一定的放电间隙。两极间加上脉冲电压后，在间隙最小处或绝缘强度最低处将工作液介质击穿，产生火花放电，如图 9-23(a)所示。放电区域产生的瞬时高温使两极表面材料熔化甚至汽化，各自形成一个微小的放电凹坑，如图 9-23(b)所示。脉冲放电结束后，经过一段脉冲间隔时间，排除电蚀产物和工作液恢复绝缘后，再在两极间加上脉冲电压，当此过程以高频率反复进行时，工具电极不断地向工件进给，就可将其形状精确地"复制"在工件上，加工出所需要的零件。从微观上看，整个加工表面是由无数个小凹坑所组成的。

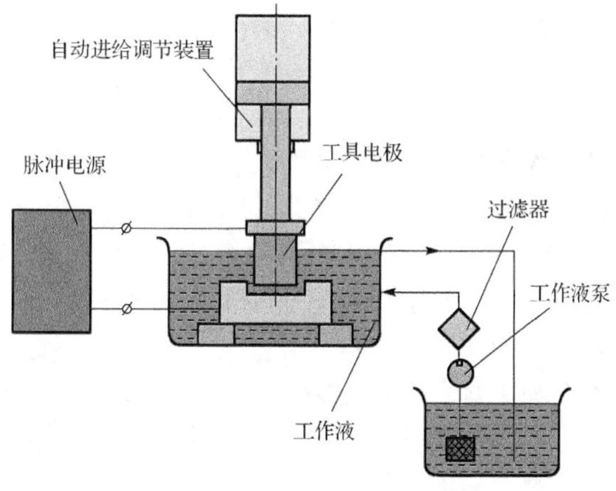

图 9-22　电火花成型加工原理图

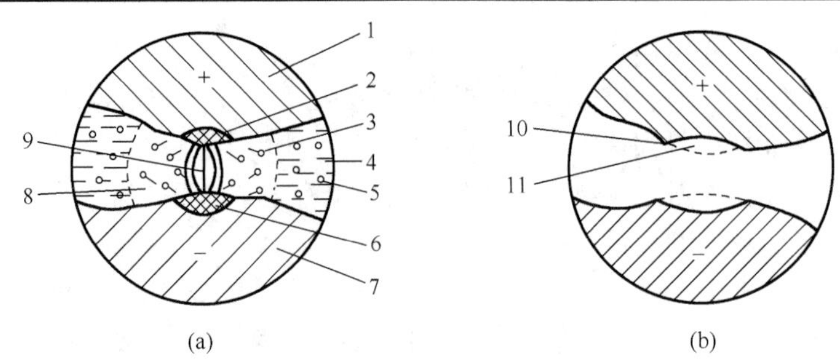

图 9-23　放电间隙状况示意图

1-阳极；2-阳极上抛出的区域；3-熔化的金属微粒；4-工作液；5-工作液中凝固的金属微粒；6-阴极上抛出的区域；7-阴极；8-气泡；9-放电通道；10-翻边凸起；11-凹坑

2. 电火花加工条件

(1)工具电极和工件电极之间要有适当的放电间隙(一般为 0.01～0.05mm)，并能维持这一间隙。

(2)必须在具有一定绝缘性能的液体介质中进行，电火花成型加工一般用煤油作为工作液。

(3)必须是脉冲式瞬时放电，并具有足够放电强度。

(4)脉冲放电需要多次进行，并且多次脉冲放电在时间上和空间上是分散的，避免发生局部烧伤。

(5)脉冲放电后的电蚀产物需及时排出至放电间隙之外，使重复性脉冲放电顺利进行。

3. 电火花加工的应用

电火花成型加工主要用于模具生产中型孔和型腔加工，已成为模具制造业的主导加工方法。其常见的加工类型如下。

(1)电火花型腔加工主要用于加工锻模、压铸模、挤压模、塑料模等模具的型腔。工具电极常用石墨和紫铜。

(2)电火花穿孔加工主要用于加工冲裁凹模、各种形状的孔(圆孔、方孔、多边形孔、异形孔等)、小孔(直径为 0.1～1mm)和微孔(直径小于 0.1mm)。近年来，为了解决小孔加工中电极截面小、易变形、孔的深径比大、排屑困难等问题，在电火花穿孔加工中发展了电火花高速小孔加工，加工速度可达 60mm/min，深径比达到 1:100，取得了良好的社会经济效益。

9.5.3　电火花线切割加工

1. 电火花线切割加工原理

电火花线切割加工的加工原理与电火花成形机加工基本相同，但加工方式不同，图 9-24 为电火花线切割加工的工作原理图。加工前脉冲电源负极接电极丝，正极接工件，根据零件几何形状和尺寸参数编制好数控加工程序。加工时，脉冲电源发出一连串的脉冲电压，期间喷注工作液，并由伺服电动机驱动坐标工作台移动。当工件和电极丝之间的距离小到一定程度时(0.01～0.2mm)，绝缘介质被击穿，产生火花放电，瞬时高温会将工件材料腐蚀掉。同时工作台在水平面内沿 X、Y 两个坐标方向带动工件移动，使电极丝沿加工图形零件轮廓进行切割加工。

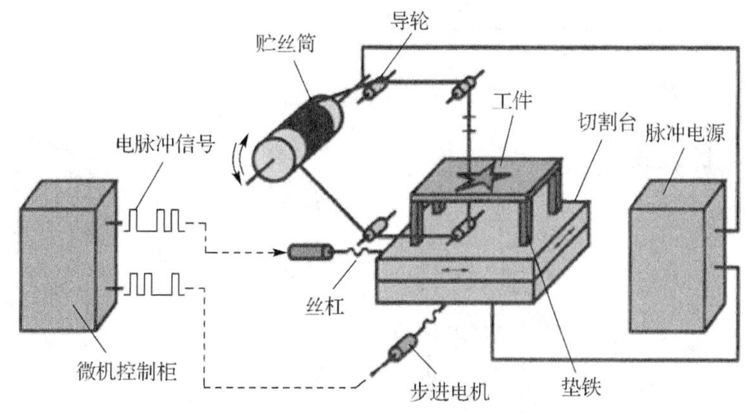

图 9-24　电火花线切割加工原理图

线切割加工中，为了避免火花放电总在电极丝的局部位置而导致电极丝被烧断，影响加工质量和生产效率，在加工中，电极丝必须沿其轴向作走丝运动，使长的电极丝以一定速度连续不断地通过切割区。根据电极丝运动的速度，电火花线切割机床可分为两大类：一类是高速走丝电火花线切割机床(俗称快走丝)，这类机床的电极丝做高速往复运动，走丝速度为 6～12m/s，这是我国生产和使用的主要机种，也是我国独创的机种，广泛应用于各类中低档模具制造和特殊零件加工，成为我国数控机床中应用最广泛的机种之一。另一类是低速走丝电火花线切割机床(俗称慢走丝)，这类机床的电极丝一般以低于 0.2m/s 的速度做单向运动，其工作平稳、抖动小、加工精度高、加工表面质量好。

2. 电火花线切割加工的应用范围

(1)加工冷冲模，包括各种形状冲裁模的凸模、凹模、固定板、卸料板等。

(2)加工粉末冶金模、挤压模、弯曲模、塑压模等带锥度的模具。

(3)加工试制品以及零件包括成形刀具、样板、凸轮、电火花成形加工用的电极。

(4)加工微细孔、任意曲线、窄槽、窄缝等，如异型孔喷丝板、电子器件等微孔与窄缝等。

(5)加工各种特殊材料、各种导电材料，特别是稀有贵重金属的切断，各种特殊结构零件的切断等。

9.5.4　超声波加工

1. 超声波加工原理

超声波加工是利用工具做超声频振动，通过磨料撞击与抛磨工件，使工件表面逐渐破碎成粉末，以进行穿孔、切割和研磨等加工的方法。超声波加工的原理如图 9-25 所示，加工时在工具和工件之间注入液体(水或煤油等)和磨料混合的悬浮液，工具对工件保持一定的进给压力，并作高频振荡(振幅为 0.01～0.15mm，频率为 16～30kHz)，磨料在工具的超声振荡作用下，以极高的速度不断地撞击工件加工部位，使加工表面材料在瞬时高压下产生局部破碎。由于悬浮液的高速搅动，又使磨料不断抛磨工件表面，随着悬浮液的循环流动，磨料不断得到更新，同时带走被粉碎下来的材料微粒。随着加工的进行，工具逐渐深入到工件中，最终工具的形状便“复印”在工件上。

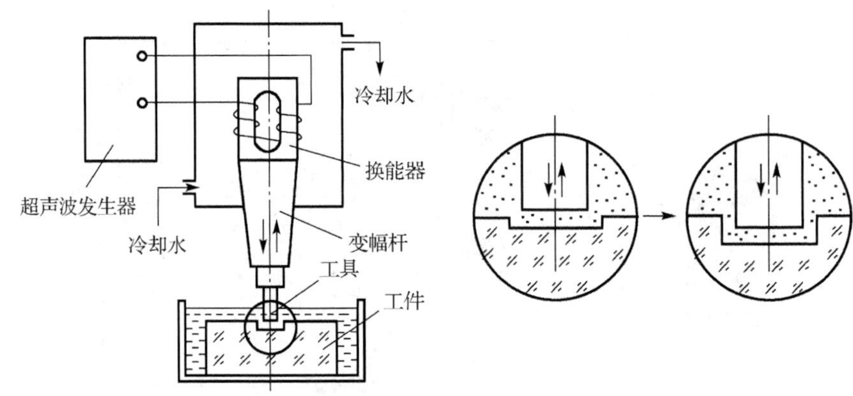

图 9-25　超声波加工原理

2. 超声波加工的特点

(1) 适合加工各种硬脆材料，特别是某些非金属材料，如玻璃、陶瓷、石英、硅、宝石、金刚石等。

(2) 工具可用较软的材料，做成较复杂的形状。

(3) 超声波加工机床结构比较简单，操作与维修方便。

(4) 切削力小、切削热少，不会引起变形及烧伤，工件加工精度与表面质量也较好，适用于加工薄壁、窄缝及低刚度工件。

3. 超声波加工的应用

超声波加工广泛应用于加工半导体和非导体的脆硬材料，如玻璃、石英、金刚石等；由于其加工精度和表面粗糙度优于电火花、电解加工，因此电火花加工后的一些淬火钢、硬质合金零件，还常用超声抛磨进行光整加工；此外，还可以用于套料、清洗、焊接和探伤等。

9.5.5　激光加工

1. 激光加工原理

由于激光的发散角小和单色性好，通过光学系统可以聚焦成ϕ0.01mm 或更小的光束，加工时从激光器输出的高强度激光经过透镜聚焦到工件上，其焦点处的温度可达 10000℃以上，能量密度可达 10^8～10^{10}W/cm^2，使被加工材料迅速熔化和蒸发，熔化物以冲击波形式喷射出去，实现焊接、打孔和切割等加工。由于激光加工是无接触式加工，工具不会与工件的表面直接摩擦产生阻力，所以激光加工的速度极快，加工对象受热影响的范围较小，而且不会产生噪声。由于激光束的能量和光束的移动速度均可调节，因此激光加工可应用到不同层面和范围上。

2. 激光加工的应用

(1) 激光打孔：用于加工金刚石拉丝模、发动机燃料喷嘴、化学纤维喷丝头、仪表宝石轴承等小孔和微孔。

(2) 激光切割与焊接：可切割钢板、钛板、石英、陶瓷、塑料、木材等。激光焊接常用于微型精密焊，能焊接不同种类的材料。

(3) 其他加工：激光还可用于打标、封装、动平衡去重以及对精密零件进行刻线等。

思考和练习

1. 简述数控机床的组成及各部分的功能。
2. 数控机床伺服系统的控制方式有哪些？各有何特点。
3. 什么是机床坐标系、工件坐标系？两者之间有何关系？
4. 数控车床和数控铣床的工件坐标系是如何确定的？
5. 简述对刀操作的目的。
6. 数控机床开机后为什么要先返回机床参考点？
7. 简述数控车床、数控铣床、数控加工中心机床的主要加工对象。
8. 数控铣削加工为什么要设定刀具半径补偿值？
9. 什么是特种加工？其特点有哪些？

第 10 章　机械创新设计案例

📖 **教学提示**　学习了机械加工的方法，了解了各种加工工艺的特点，在面对一个具体的工程作品时，同学们如何利用自己所学进行设计、制造与装配，这是大学生进行工程实训的一个基本要求。我们通过一些案例演示，让同学们可以了解其他学生在开展机械工程实训后是如何学以致用，并最终完成一个作品。本章图片标注来源于专利申报书。

📖 **教学要求**　了解一个工程作品的形成过程，尤其是一个作品如何从想法到实物的设计—方案—加工方法—制造—装配调试全过程。

10.1　案例 1：硬币清分机

2016 年 12 月进行的湖南省第七届大学生机械创新设计大赛，主题之一是"服务社会——钱币的分类、清点、整理机械装置"。同学们首先应该审题，一是要完成钱币分类清理，要在功能上可行、可操作。二是作品要能服务社会，既要实用，又要经济性和功能性结合得好，具有市场推广前景，不能只是纸上谈兵的花架子。

1．选题

同学们选定将现在市场流通的硬币清分作为参赛选题。一是，硬币使用频率高，在银行、公交等系统钱币清分要求上可以发挥作用，具有市场前景。二是，从装置的功能实现上，不同面值硬币的几何尺寸存在差异，运用机械装置识别有实现的可行性。三是，目前的硬币清分机体积比较大、清分效率不高，因此，设计一款小型的高效率的硬币清分机思路非常好。

2．创新性

同学们要调研已有专利、产品，了解关于硬币的清分原理，熟悉已有作品的工作原理，评价其优缺点，进行创新设计。调研发现，目前市场上国内外主要有振动筛式、仿形漏筛等物理清分模式，1000～1500 枚/min，在此领域比较有代表性的是著名的瑞典 SCAN COIN AB 公司，其产品的误判率≤0.5%。同时，这些机器必须使用 220V 有线电源，不方便室外便携操作。针对这些特点，同学们提出采用多重螺旋式轨道，通过抗扰动转盘和中心锥桶旋转，使硬币有效向圆周分离，并顺轨道进行物理清分。除此之外，在下面接币盘处设置计数开关，对收集的硬币分类清点和总数合计，实现清分和统计功能。

3．结构设计

在调研基础上，同学们提出了自己的想法和思路，认为采用小型圆桶结构，在镂空的内部加装旋转电机和计数装置，下部设置接币盘，这样整体上结构紧凑，便于携带，而且不需要外带电源。同时，识别轨道可以利于硬币滚动和离心筛漏，可靠性上得到了保证。

如图 10-1 所示，外筒是包装层，内桶设置了螺旋轨道，轨道内设置了适合硬币掉落的物理开口。当硬币滑落在对应区间时，就会掉落到对应的接盘里，轨道开口从上到下是由小到大设置，在延长对应区域长度的基础上，确保小币先筛，大币后掉，没有遗漏。

如图 10-2 是硬币分选的关键部件，即硬币有效分离的装置。因为在硬币被倾倒入转筒后，很容易造成堆积卡死，因此设计该转盘，并在转盘上设计 18 个拨币小肋板。这个装置确实有效地解决了硬币堆积现象，能将硬币较均匀地分配到滚筒周边轨道上。

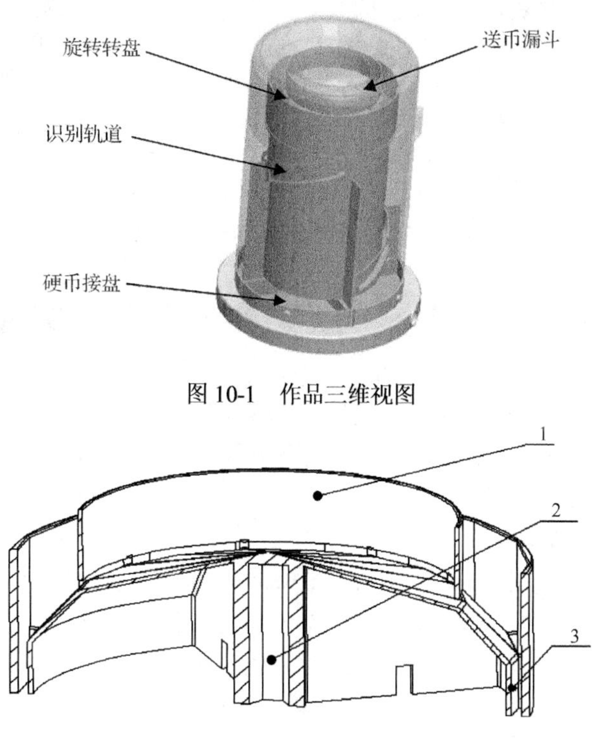

图 10-1　作品三维视图

图 10-2　转盘

1-落料口；2-电机轴；3-排列槽

如图 10-3 是轨道及其他关键部件，轨道上开出的侧槽就是为了让对应尺寸的硬币掉落，侧槽的一定长度可以确保硬币有足够的机会掉落，而弯曲轨道的设计，使得硬币滑落的速度不会很大，这样硬币的有效掉落就得到了保证。

4. 加工方法

整体结构中可以看到有许多细小零件、螺旋类零件，这些零件运用传统机械加工方法比较困难，而运用现代加工方法又比较贵，并且金属零件会增加作品的重量，综合考虑这些因素以后，同学们选择用增材制造的 3D 打印技术。3D 打印很好地解决了复杂零件和重量轻量化的问题，然而制造精度稍有欠缺，因此，在装配调试时，同学们运用打磨，锯切等钳工手段予以解决。

5. 实物外观

实物外观如图 10-4 所示。

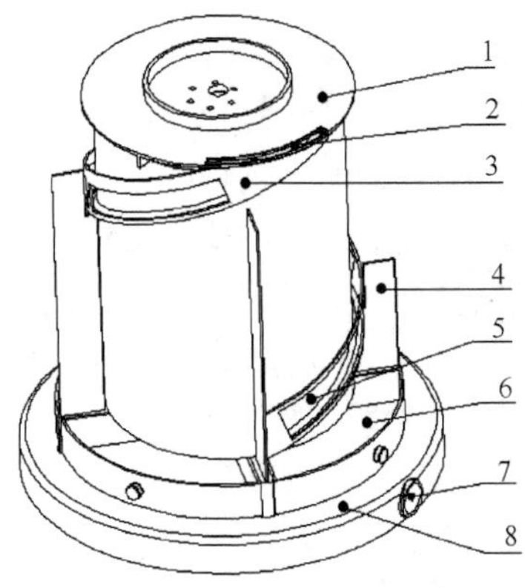

图 10-3　轨道及其他部件

1-电机托盘；2-硬币入口；3-螺旋导轨；4-隔板；
5-侧槽；6-硬币收集盒；7-电源开关；8-底座

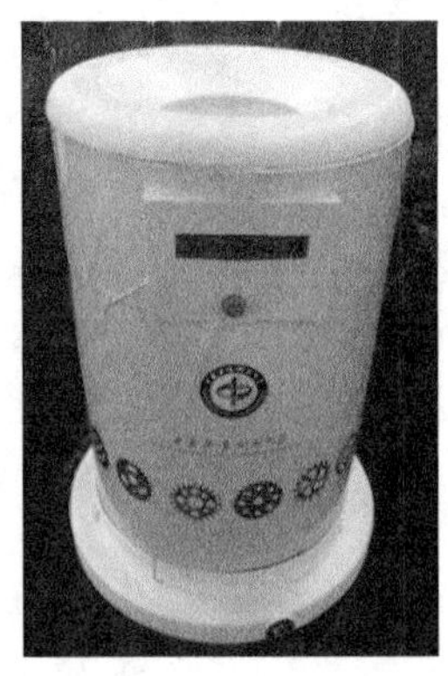

图 10-4　实物外观

本作品获得 2016 年第七届湖南省大学生机械创新设计大赛一等奖，并获得国家发明专利授权。

10.2　案例 2：背负手持式梨果采集器

2018 年 4 月进行的湖南省第八届大学生机械创新设计大赛，主题之一是“简易水果采摘装置”，解决农林果园采摘林果的问题，一是要求能够解放人力，二是要求操作方便，同学们选择了其中采摘梨子的装置设计。

1. 梨子传统采摘方法

农民在摘果的时候，用一只手握住果实的底部，另一只手拇指和食指提住果柄上部，握住果实的手轻轻地向上一抬，果柄就从果台上轻轻地掉下来了。采收的时候要注意保护果柄，不要生拉硬拽，伤了果枝。采收过程中应小心轻放，尽量避免擦伤等，保持果实完好。采收的顺序应当先外后里，先上后下，这种采摘的顺序可以很好地避免碰掉果实。在采摘时候，还要防止折断果枝，如图 10-5 所示。

图 10-5　摘果子

2. 背负手持式梨子采摘器的设计过程

1) 前期的准备与方案的确定

在设计之初本组成员对市场上现有采摘器进行了研究与分析，初步确定了设计方案，决定采用可伸缩采摘机构，来满足不同高度的梨子采摘问题，并确定采用夹爪先夹住梨子，再用啮齿咬合式刀具实现对梨子果柄的剪切，形成一系列采摘过程，并确定利用弹簧来进行刀具与夹爪的复位，伸缩机构主要利用发条来实现绳子的绷直。

2）设计与仿真

学生使用 Inventor 进行零件图的绘制和装配仿真，在绘图的过程中不断对零件进行修改与构想，以确定采摘头部的支撑架应该可支撑夹爪、固定刀具，并且由于要实现夹爪先闭合，刀具再合拢，这就要求支撑架应分为上下两部分。上部分在弹簧的压力下实现夹爪的闭合，下部用一个架子并利用绳索与刀具相连接(两绳索交叉)，在拉杆的共同作用下实现剪切功能。伸缩部分利用曾经看到的某些机构中的伸缩部分，决定采用绳轮内部装入发条进而实现绳索的绷直，因此便可进行对主要零件的绘制。

绘制与装配统一完成以后进行模拟仿真，确定所设计的机构可以实现相应的功能，导出工程图。

3）加工

非标类零件广泛采用了 3D 打印，数控车削、钳工以保证安装精度。例如，三个爪齿就用了钳工进行造型处理，开合用的连杆就用了数控加工以保证配合精度，外围支撑件则用 3D 打印加工技术实现减重。

3. 采摘器的基本结构

(1) 夹持机构，如图 10-6 所示。

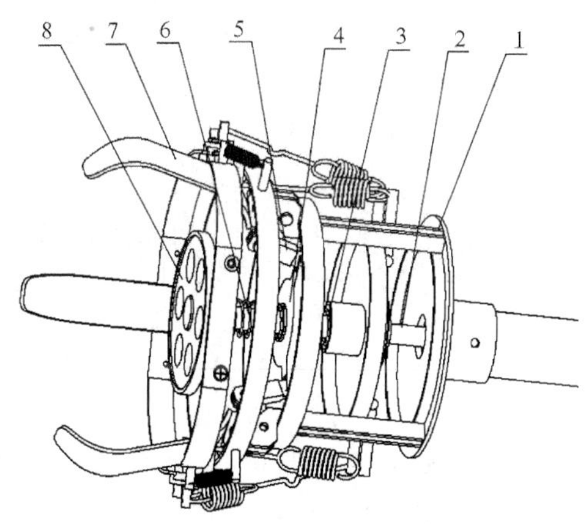

图 10-6　夹持机构

1-机械手夹爪支架；2-开合拉杆；3-复位弹簧；4-夹爪拉杆连接盘；5-夹爪拉杆；6-缓冲弹簧；7-夹爪；8-夹爪开合拉杆

(2) 切断机构，如图 10-7 所示。

(3) 操作机构，如图 10-8 所示。

4. 工作原理

如图 10-9 所示，采摘实施过程：将夹爪 10 伸到果实外侧(在复位弹簧 15 的作用下，夹爪 10 在不工作的状态下是张开的)，拉动操作手柄 4，通过操作手柄连杆 3 作用于绳轮 2；绳轮 2 转动，将拉索 5 回收，拉索 5 拉动开合拉杆 6 运动；开合拉杆 6 拉动开合拉杆安装盘 14 压缩压缩弹簧 12，压缩弹簧 12 将夹爪拉杆连接盘 11 向右推，从而带动夹爪拉杆 9 运动；夹爪拉杆 9 向右运动从而带动夹爪 10 闭合抱住果实。在这个过程中刀具是不动的，等拉索 5 拉动夹爪 10 收拢到限位环的位置时，刀具在拉索的进一步拉动力的作用下开始运动。开合拉杆 6 将刀具拉杆环 7 向右顶，通过拉伸弹簧 8 拉动内刀片组 13 和外刀片组 16 收拢闭合，从而切断已经被抱住果实的果柄。将采摘器置于果篮适当位置，松开采摘手柄，刀具首先松开，在刀具支架复位弹簧 17 的作用下，刀具复位。夹爪 10 在复位弹簧 15 的作用下张开复位，果子掉入果篮，从而完成采摘动作。

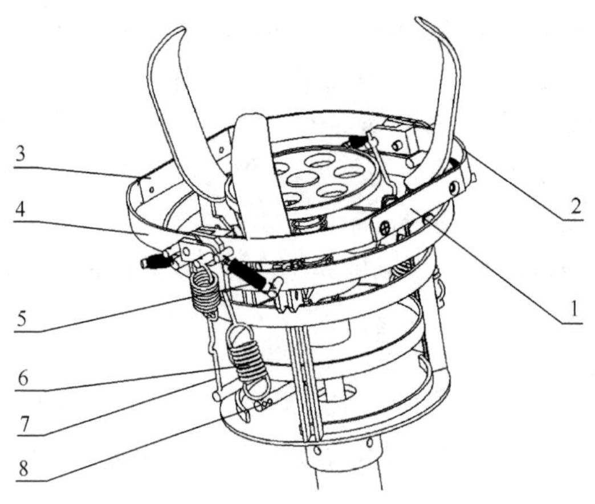

图 10-7　切断机构

1-内刀片；2-内刀片安装半圆支架；3-外刀片；4-外刀片安装半支架；5-支架复位弹簧；6-拉伸弹簧；7-刀具闭合拉索；8-刀具拉杆环

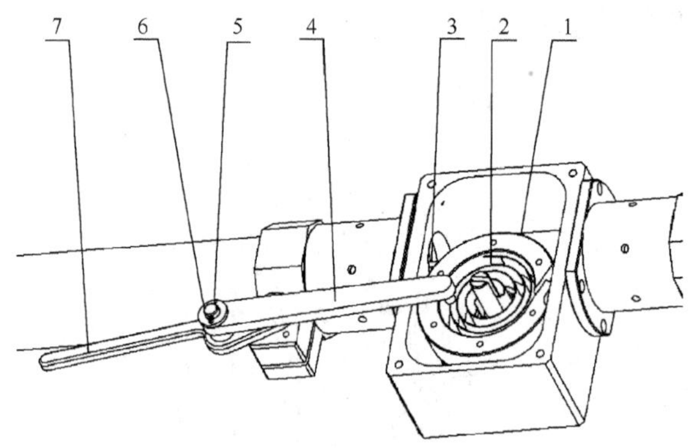

图 10-8　操作机构

1-绳轮；2-拉紧发条；3-拉索；4-操作手柄连杆；5-连杆开口销；6-手柄销；7-操作手柄

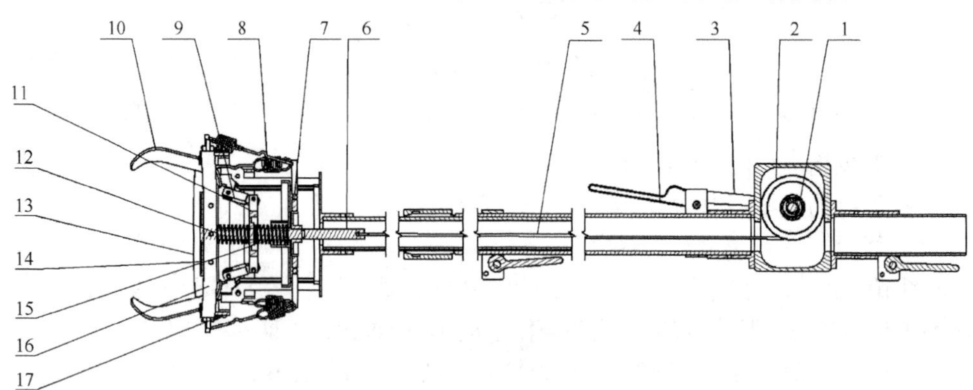

图 10-9　结构整体

1-拉紧发条；2-绳轮；3-操作手柄连杆；4-操作手柄；5-拉索；6-开合拉杆；7-刀具拉杆环；8-拉伸弹簧；9-夹爪拉杆；10-夹爪；11-夹爪拉杆连接盘；12-压缩弹簧；13-内刀片组；14-开合拉杆安装盘；15-复位弹簧；16-外刀片组；17-刀具支架复位弹簧

本作品获得2018年第八届全国大学生机械创新设计大赛二等奖，并获得国家发明专利授权。

10.3　案例 3：便携式扎钢筋钳

在建筑施工过程中，需要先用钢筋搭建钢筋骨架，然后进行水泥浇注，通常做法是：钢筋工用铁丝和钩针手工对交叉的钢筋打结固定，铁丝固定钢筋不需要承受很大的力，只是一个普通的限位，便于浇注成型。

目前在进行捆扎钢筋时，采用的工具一般是一个普通的弯钩工具，需要工人具备娴熟的捆扎钢筋的技术，还要多次转圈使捆扎钢筋的铁丝捆绑住十字交叉的钢筋，长时间作业会使得工人感到很疲惫，劳动强度高，如图 10-10 所示。同学们通过观察和现场调研发现：钢丝交叉缠绕在两根或多根钢筋上以固定钢筋的相互位置，但是并不要求较高强度，且缠绕要求并不严格，只要起到固定功能即可，因此，同学们想到了订书机原理的拓展应用。

图 10-10　建筑工人在徒手扎钢筋

1. 方案的提出

从降低劳动强度和操作简便的角度，同学们在订书机应用基础上提出一种手持式便捷扎钢筋钳方案，类似于订书机原理，如图 10-11 所示。

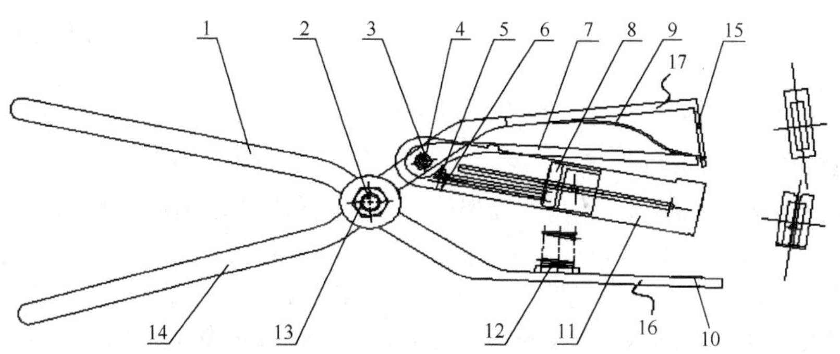

图 10-11　钢筋钳结构示意图

1-上手柄；2-主螺栓；3-副螺母；4-副螺栓；5-导轨；6-送料弹簧；7-压片；8-滑块；9-弹片；10-垫板；11-钉子匣；12-弹簧；13-主螺母；14-下手柄；15-压形器；16-下钳台；17-上钳台

2. 加工与装配

本作品的加工并不复杂，可以在已有产品的设计理念基础上进行改试加工，如手钳和订书机，但是却很实用，属于典型的集成创新理念。钢筋钳结构细节图如图 10-12 所示。

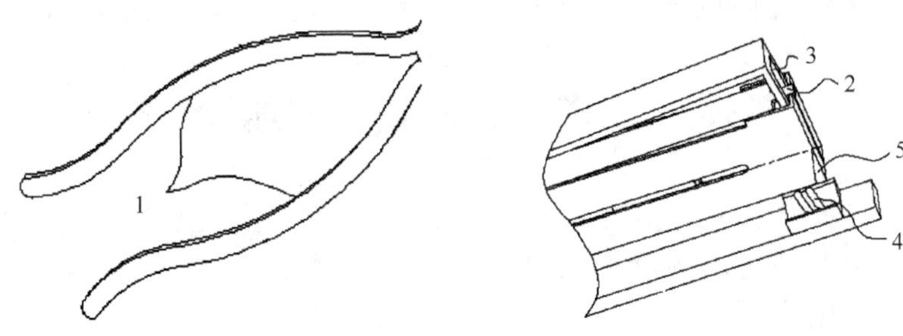

图 10-12　钢筋钳结构细节图

1-弧线形握把；2-压舌；3-活动槽；4-交错凹槽；5-出钉槽

本作品获得 2015 年第三届湖南省大学生工程训练、综合能力竞赛一等奖，并获得国家发明专利授权。

10.4　案例 4：自动穿脱鞋套机

同学们发现进入实验室或别人家里，都会经常穿鞋套，因此如果有一个不需要弯腰，只需要将脚伸进机器就能完成穿-脱的自动操作，就会使得穿戴者很方便。经过学生调研发现，市场上已经推出了自动穿脱鞋机，但是在使用以后，学生们发现了一些不足。

(1) 大多是采用外部动力源进行驱动完成鞋套的自动穿脱，耗能高、不环保。

(2) 自动穿脱鞋套机上使用的鞋套大多是塑料或布制的软性鞋套，鞋套与鞋底面贴合的部分也容易出现破损，鞋套使用寿命短，重复使用率并不高。

(3) 鞋套自动脱离后，不能回到待穿位置，当鞋套机上的待穿鞋套用完后，需要人工将脱回的鞋套叠放在待穿位置，自动化程度不高。

1．方案的提出

针对上述存在的问题，同学们想要设计并研制一种环保、全自动且鞋套使用寿命长的自动穿脱鞋套机。

设计中广泛采用弹簧、杠杆机构。如图 10-13 所示，穿鞋套时，踩下踏板，连接左踏杆和十字伸缩架的软绳拉动靠近左踏杆一侧的两个十字伸缩架伸长，连接右踏杆和十字伸缩架的软绳拉动靠近右踏杆一侧的两个十字伸缩架伸长，强力磁片伸出与铁片相吸附，松开踏板，十字伸缩架回缩，强力磁片拉动铁片向回缩方向运动，鞋套布层的开口被铁片带动撑开；将鞋从鞋套布层的开口处进入置于硬质底板上，踩下鞋套支撑板，鞋套支撑板向下运动踩压分离收拢拆钩的短拆边使分离收拢拆钩绕安装矮座垂直摆动，分离收拢拆钩的长拆边从附吸在一起的强力磁片和铁片之间摆过，使强力磁片与铁片分离，鞋套布层开口处的橡皮筋迅速收紧套在鞋上，鞋套布层随之被套在鞋上，鞋稍向后方用力，使鞋套弹力卡紧组件稍向后撑开，鞋套前端与弹力卡紧组件分离，顺势将鞋提出，完成穿鞋套。

脱鞋套时，向下轻踩鞋套支撑板，鞋套弹力卡紧组件受力撑开，鞋稍向上提，鞋套弹力卡紧组件回弹，鞋套前后两端被弹性卡紧组件卡紧，向上将鞋从鞋套布层的开口处提出，鞋套重新被鞋套弹力卡紧组件卡紧，完成脱鞋套。

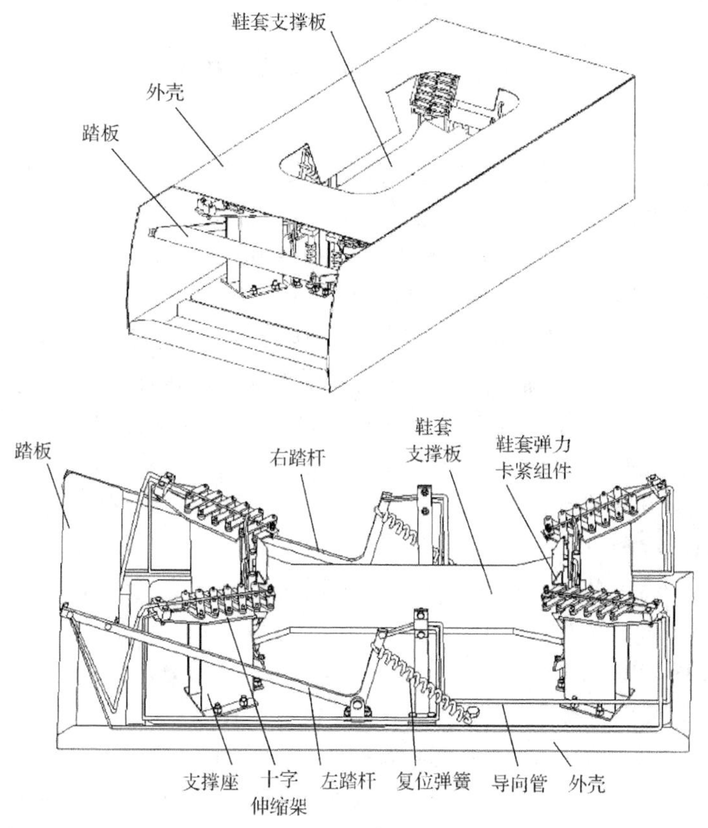

图 10-13　穿脱机构细节图

图 10-14 是设计中的一个关于鞋套拾取的功能性结构，四个铁片鞋套布层内呈矩形排列，其位置与强力磁片伸出的位置相对应，使鞋套能够紧置于底座。

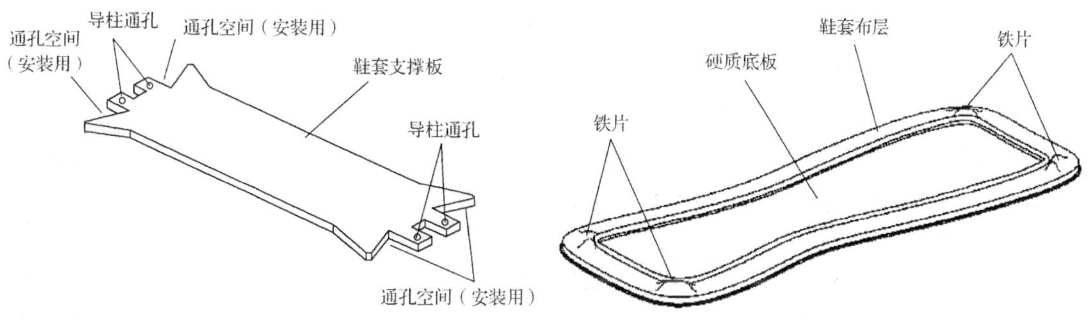

图 10-14　鞋套结构细节图

2. 加工

本作品中的弹簧、螺栓螺母、伸缩架是标准件或成品，可以直接购买。平板类件可以铣削，由于精度要求不高，可用即可。杆类零件可以采用成品改制和直接加工的方法，例如，左踏杆就是采用六角扳手进行改制，这样既节约了成本，又可以借助扳手本身的强度进行杠杆传动。

本作品获得 2012 年第五届全国大学生机械创新设计大赛一等奖，并获得国家发明专利授权。

10.5　创新如何准备

很多同学在面对机械创新设计的时候很迷茫，要解决什么样的问题、要用到哪些知识、从何处着手？同学们不知道该准备些什么。通过参加大赛和与实践能力强的同学交流，我们发现了一些共性的特征，希望可以帮助同学们逐渐培养其对机械设计与制造的热爱，以及对创新的热爱。

1. 热爱生活、关注社会

设计基于需要，如果连需要是什么都不知道，那么设计和创新就没有根基，就是纸上谈兵，因此，社会需要、工程需要、群体需要、个体需要等都是我们设计的源泉和出发点。上面的案例都来自于现实需要，有了对需要的深刻了解，我们才有可能利用已有的知识进行解决。那么，又从哪里去发现需要呢？答案就是生活。大学生要学会独立生活、学会观察生活中的细节、要去了解和关注社会发展过程中亟须解决的问题，关注工程技术发展的新情况等，不能两耳不闻窗外事，一心只读圣贤书。例如，现在进入老龄化社会，很多老人的起居和出行都需要一些辅助器具，同学们有没有去观察一下，如何帮助老人起床、坐立，帮助老人上楼，帮助老人可以省力提物等，这些就是需要。

2. 知识要丰富更要积累

丰富是说要围绕专业知识，扩展自己的知识面，机械专业的知识要学，与机械相关的知识也要学，如力学、计算机、电子信息等，要精学和泛学相结合，有了宽广的知识面，才会有更多选择方案。所谓积累，就是要多去看看你感兴趣的别人的设计案例，通过媒体、网络、专利等，积累创新设计的理念、思路，如中央电视台的《我爱发明》。同学们要记住：创新设计并不是要求大家做一个从来没有过的东西和作品，原有产品的改进、现有结构和功能的优化也可以是一种创新。

3. 不要畏难

万事开头难，要画三维图、要做动力学仿真、要做结构设计、要做动力学分析等，这些以前都没有接触过，同学们一听起来就很怕，这是正常的。但是这些都可以解决，不要畏难，拿起书本的那一刻起，你的问题就在逐步解决中，只要你想，你就一定可以解决，因为这些问题都不会是疑难杂症，只不过你没学而已。不要畏难是一种态度，对待学习也好，对待机械创新设计也好，都是同学们必须具备的基本品质。

4. 多思考多推敲

没有思考的行动是盲目的，没有行动的思考是徒劳的。这句话的意思就是要求大家在实践的过程中多思考、多提问，带着问题学习，在学习中琢磨推敲，多问问自己：这个方案是不是就是最好的，这个结构是不是可靠的，为什么？这样你的实践能力、文献检索分析能力、计算能力、创新意识才能得到提高，才能成为一名真正的机械设计者。

5. 要有团队合作精神

在大学里不是说每一个设计、创造都需要团队，有些作品一个人也可以做，对大学生为什么特别强调这一点，主要原因有三：一是，知识交叉扩展、长短互补互促，形成合力好解决问题；二是，健全人格，懂得协调合作，情商比智商更重要；三是，为将来走入社会、融入集体做好准备。找几个志同道合的同学，最好可以分布在几个相关专业，并且每个人都有一技之长

(情报收集、作图、仿真、演说等能力)，组成一个团队，开展协同合作，将个人潜力汇聚在一起，从而实现既定目标。

6. 找一个好导师

一个有丰富实践指导经验且品德优良的导师非常关键，他能引导这个团队在正确的创新实践道路上奔跑，也能帮助学生获得最佳的学习状态。如何去找，无非是多看这名导师的过往成绩，多问学长关于这个导师的情况，综合周围的反馈意见从而确定自己的目标。但千万要记住，你要找到优秀的导师首先你自己得优秀，可见，你要好学、才可能有人来助学。

参 考 文 献

郭永环, 姜银方, 2006. 金工实习[M]. 北京: 中国林业出版社.

贾恒旦, 2009. 生产实习规范指导手册[M]. 北京: 机械工业出版社.

雷萍, 2006. 机械加工通用基础知识[M]. 北京: 中国劳动社会保障出版社.

李亚江, 王娟, 刘强, 2006. 有色金属焊接及应用[M]. 北京: 化学工业出版社.

廖凯, 韦绍杰, 2014. 机械工程实训[M]. 北京: 科学出版社.

刘胜青, 陈金水, 2005. 工程训练[M]. 北京: 高等教育出版社.

孟庆森, 王文先, 吴志生, 2006. 金属材料焊接基础[M]. 北京: 化学工业出版社.

明兴祖, 2015. 数控加工技术[M]. 北京: 化学工业出版社.

魏斯亮, 邱小林, 2016. 金工实习[M]. 北京: 北京理工大学出版社.

张海魁, 2009. 车工技能训练[M]. 北京: 中国劳动社会保障出版社.

张木青, 余兆勤, 2005. 机械制造工程训练[M]. 广州: 华南理工大学出版社.